# 도해 군함

다카히라 나루미
사카모토 마사유키 저

## 시작하며

유사 이래 인류가 만들어낸 병기 중 가장 크고 가장 강한 화력을 자랑하는 것은 「전함」일 것이다. 인간이 직접 휴대하는 총기, 지상을 활보하는 전차, 넓은 하늘을 모두 제압하는 전투기, 그중 어떤 것도 갖지 못한 매력이 전함에는 있다.

딱히 군함매니아가 아니라도, 전함 야마토가 얼마나 대단한 함이었는가는 대충이라도 알고 있을 것이다. 전투기를 가득 실은 항공모함이나 새까만 원자력 잠수함 등을 보면 「거대하고 어딘지 모를 끝없는 힘을 지니고 있을 것 같다」고 하는 생각은 누구나 갖고 있을 것이다.

거대한 모습과 압도적인 힘은 전함이 가진 매력 중 하나일 뿐이고, 넓은 해원을 유유히 나아가는 모습에서 아름다움과 낭만을 느끼는 팬도 있다. 또 많은 승무원을 태운 채 실력을 발휘할 수 있고, 병기자체가 생활장소가 된다고 하는 점에서 다른 병기와는 그 풍취가 다르다.

지난세기, 전함은 결전병기로 취급되었고, 현대에는 잠수함이 국가전략에 관련되는 기밀이다. 활동할 수 있는 범위가 바다뿐이라는 점도 있어, 전차나 전투기에 비해 조금 친근감이 덜한 존재일지도 모른다. 하지만 그러한 수수께끼에 싸여있는 부분이 또한 매력이라고 할 수 있다.

그런데 전함이라고 칭하는 것은 왠지 초보자 같은 느낌이 든다. 실제로는 「군함」이라고 하는 표현이 정확한데, 초보자같은 표현이기에, 일부러 서두에 전함이라고 하는 단어를 사용해 보았다. 본서는 입문서로서, 군함을 여러가지 방면에서 해설하고 있으며, 입문시의 장벽은 될 수 있는 한 낮게 하려고 했다.

군함의 구조, 스펙을 읽는 법, 동력, 함종이나 개발사, 병장 등의 기본적인 지식부터, 작전이나 임무, 승무원의 일상, 함재기의 이착함, 기지의 모습이나 정비 시의 가격, 이러한 이야기까지 다루고 있다. 어떤 테마를 이야기할 때에는, 세계대전 전의 군함, 제2차 세계대전 시의 군함, 현대의 군함처럼 시대별로 비교하여 실태를 이야기하고 있다. 그로 인해 넓고 얕은 내용이 되어버렸지만, 「초보의 질문」에 최대한 대답할 수 있는 모습으로 제작하였다.

이것을 읽고 어느정도 군함에 대해 잘 알게되고, 독자들의 지식욕을 만족시킬 수 있다면 저자로서는 행복할 따름이다.

다카히라 나루미 高平鳴海

## 목 차

## 제1장 해군과 군함 7



## 제2장 수상전투함 57



## 제3장 항공모함 109

## ◆해군 카레와 해상자위대 레시피

해군이라고 한다면 세계적으로 오래전부터 식사가 맛있다고 하는 이야기가 나온다. 해군 군인의 대부분은 군함에서 근무를 하지만 해상에서는 생활이 부자유스럽게 되기 쉽고「즐거움이라고 한다면 식사 정도」이기 때문이다.

매주 금요일의 메뉴가 카레라이스라고 하는 것은 너무나도 유명한 이야기다. 그 뿌리는 영국 해군의 카레가루가 들어간 스튜이지만 일본 해군에서는 러일전쟁 시부터 이것을 채용하고 있어 카레라이스가 탄생했다고 하는 설이 있다. 금요일에 카레를 먹는 것은 일주일간의 구분을 짓기 위한 것으로 요일감각을 잊지 않기 위한 것이라고 하지만 어쨌든, 밥과 상성이 좋고 따뜻한데도 흔들리는 함내에서 튀어오르지 않는 카레는 바다에서의 식사에 딱 맞는 것이었다.

그래서 카레라이스를 일본국내에 퍼트린 원조가 제2차 세계대전 후 전국의 가정에 돌아간 귀환병들이라고 하는 이야기도 있다.

현재의 해상자위대에서도 매주 금요일에 카레라이스가 제공된다. 모든 함정, 지상의 모든 부서에서도 메뉴는 반드시 카레로 이 날은 해상자위대의 약 1000명의 조리사가 전국방방곡곡에서 카레를 만들게 된다.

해상자위대의 카레에 대한 고집은 엄청나서 같은 카레라도 함이나 기지별로 독특한 레시피(칼피스, 잼, 복숭아캔, 일본주 등)가 들어가 그 맛은 각 함별로 대대로 전해져오고 있다. 명물 카레의 소문을 듣고 카레를 만들기 위한 레시피를 전수받기 위해서 해상자위대에 들어간 대원들도 있다고 할 정도이다.

지금까지 전통의 카레는 그 함에 탑승하든가, 기지 축제가 아니면 먹을 수 없는 환상의 물품이었지만 최근에는 해상자위대의 홈페이지에서 각지의 레시피가 공개되고 있는 듯 하다. 사이트에서 많은 명물 카레라이스가 소개되고 있기 때문에 요리를 좋아하는 사람은 집에서 즐겨보는 것도 좋을 것이다.

참고로 저자가 맛있다고 생각하는 것은 호위함「다카나미」에 전해지는「다카나미 특제 카레」이다.

# 제 1 장
# 해군과 군함

No.001

# 군함이란 무엇인가?

군함은 무장한 배의 총칭이라고 생각할지도 모르지만, 실은 국제조약에 의해 엄밀히 정의되어 있다.

## ●군에 소속된 배

**군함의 정의**는 그때까지의 국제관습법에 근거하여 1958년에 제정된 「해군에 관한 조약」에 명문화된 사항이 기초로 되어 있다. 1994년에 이것을 기초로 「해군법에 관한 국제연맹조약」이 발포되어, 그 제29조 「군함의 정의」에 정식으로 정해져있다.

「어느 국가의 군대에 소속된 선박」「소속된 국가의 표식(군함기, 국기 등)을 걸고 있을 것」「소속된 국가 정부의 정식 장교의 지휘하에 있을 것」「소속된 국가의 군대의 명령에 따를 것」…… 이것들이 군함의 정의이다.

예를 들면 무장하고 있더라도 해적선(장교의 지휘하에 있지 않는 배)이나 반란을 일으킨 배(명령을 따르지 않는 배)는 군함이 아니다.

또한, 해상보안청의 함정(순시선)은, 무장하고 있고 정부의 관리하에 있지만, 장교(군인)의 지휘하에 있지 않기 때문에, 국제법상으로는 군함이라고 부르지 않는다. 마찬가지로 제외국의 연안경비대도 군함은 아니지만, 그것들은 준군대로서 인정되어, 현실적으로는 군함과 동일한 취급을 받는 경우가 많다.

반대로 **보급함** 등은 비무장 배이지만, 해군에 소속되어 있다면 군함인 것이다.

## ●군함의 권리

군함은 예를 들면 다른나라의 영해나 항구에 있더라도, 통항이나 검문 등의 법령 이외의 타국의 법률은 적용되지 않는다.

단, 타국에 입항할 경우는(긴급시를 제외하고) 사전허가가 필요하다. 타국영해를 통과할 때는, 잠수함이라고 해도, 소속국의 깃발을 걸고, 수면위를 항행해야만 한다. 몰래 영해에 들어가면 영해침범이 된다.

더욱이 군함은, 자국영해나 공해상에서 임검·나포·추적등 타국선을 단속할 권리를 갖고 있다.

## 군함이란 무엇인가?

### ●군함의 정의

「해안법에 관련된 국제연합조약」(1994년 발효)

[제29조 군함의 정의]

이 조약의 적용상, 「군함」이란, 일국의 군대에 소속되어 있는 선박으로, 당해국의 국적을 지니고 있는 선박임을 표시하는 외부표식을 걸고, 당해국의 정부에 의해 정식으로 임명된 그 이름이 군무에 종사하는 자 혹은 그에 상당하는 자로 기재되어 있는 사관의 지휘하에 있으며, 또한 정규 군대의 규율에 따르는 승조원이 배치되어 있는 것을 말한다.

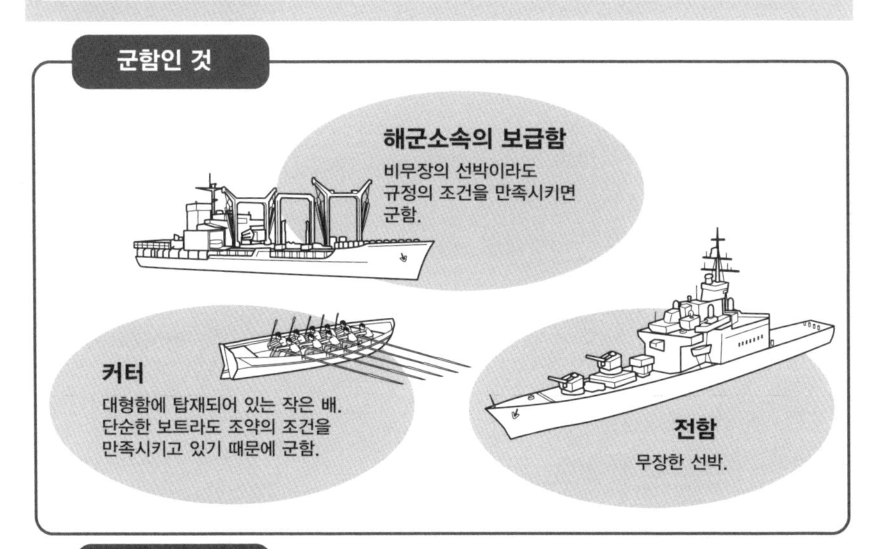


**군함이 아닌 것**

| 해적선 | 반란함정 | 불심선 |
|---|---|---|
| 무장하고 있지만, 한 나라의 군대에 소속되어 있지 않다. | 정규 군대의 규율에 따르지 않는다. | 해당국의 국적을 표시하는 표식을 걸지 않음. |

관련항목
●군함에는 어떠한 종류가 있는가? →No.003
●보급함은 어째서 필요한가? →No.088
●잠수함이란 무엇인가? →No.065

No.002

# 어째서 군함이 필요한가?

군함이 해야하는 역할은 제해권을 획득하는 것. 즉, 아군이 어느 해역을 자유롭게 사용하게 하고, 적은 사용하지 못하게 하는 상태를 만드는 것에 있다.

## ● 군함의 존재의의

자국의 시랜Sea lane : 해상통상로을 보호하는 것을 「제해권을 확보한다」라고도 표현한다.

이것은 아군 함선이나 민간선이 안전히 항해할 수 있고, 보급을 받을 수 있는 상태이다. 동시에 아군이 아닌 배의 항행을 허가하지 않고 방해할 수 있는 상태를 가리킨다. 제해권을 확보하기 위해 군함이 필요한 것이다.

이러한 해군의 전략사상을 이론화한 것은 19세기말의 미해군대학교장이었던 알프레드 마한과, 20세기초두에 영국해군대학에서 교편을 잡고 있던 줄리앙 코르벳이었다.

제2차 세계대전직전에는 적함대를 격파하는 것을 제해권을 확보하는 것이라고 생각하었다. 그러나 대전이 시작되자, 항공기가 유력한 병기가 되었고 제해권을 확보하기 위해서는 항공병력도 격멸하지 않으면 안되었다. **역사에 남는 많은 해전**은, 그러한 상황에서 발생했다.

또한, 이쪽이 제해권을 갖지 못한 경우에는, 적의 제해권확보를 방해하는 일이 행해졌다. 예를 들면 **잠수함**은, 제해권획득에는 기여할 수 없지만, 적선의 항행을 위협하는 것은 가능하다. 혹은 적함과의 직접전투하지 않는 상태로 전투가능한 전투함을 보유하고 있다면, 적해군을 압박하는 것으로 제해권확보를 방해할 수 있다.

제2차 세계대전이후는 대규모 해군끼리의 충돌이 발생하기 어려워졌다. 즉 대국끼리의 전쟁이 일어나지 않게 되었다는 것이다. 그래서 군함의 역할도 변화했다.

현대의 해군은 해전에서 승리하는 것보다도, 해상에서 육상으로의 전력투입, 전력지원(전력투사라고도 한다)이 주임무이다. 테러나 지역분쟁에 대한 대응도 요구되며, 평시에는 호위 · 임검 · 소해 · 시위 등의 역할을 수행하고 있다.

## 어째서 군함이 필요한가?

**알프레드 세이야 마한 (1840~1914년)**

미해군군인, 소장

해양전략론의 시조.

저서 :
『해상권력사론』
(1890년)
『해군전략』
(1911년)
등

**쥴리앙 스탠퍼드 코르벳 (1854~1922년)**

영국해군사가, 지정학자

바다에서 육지로의
전력투입의 중요성을 제창.

저서 :
『러일전쟁의 해양작전』
(1914년)
『해양전략제원칙』
(1911년)
등

### 제해권

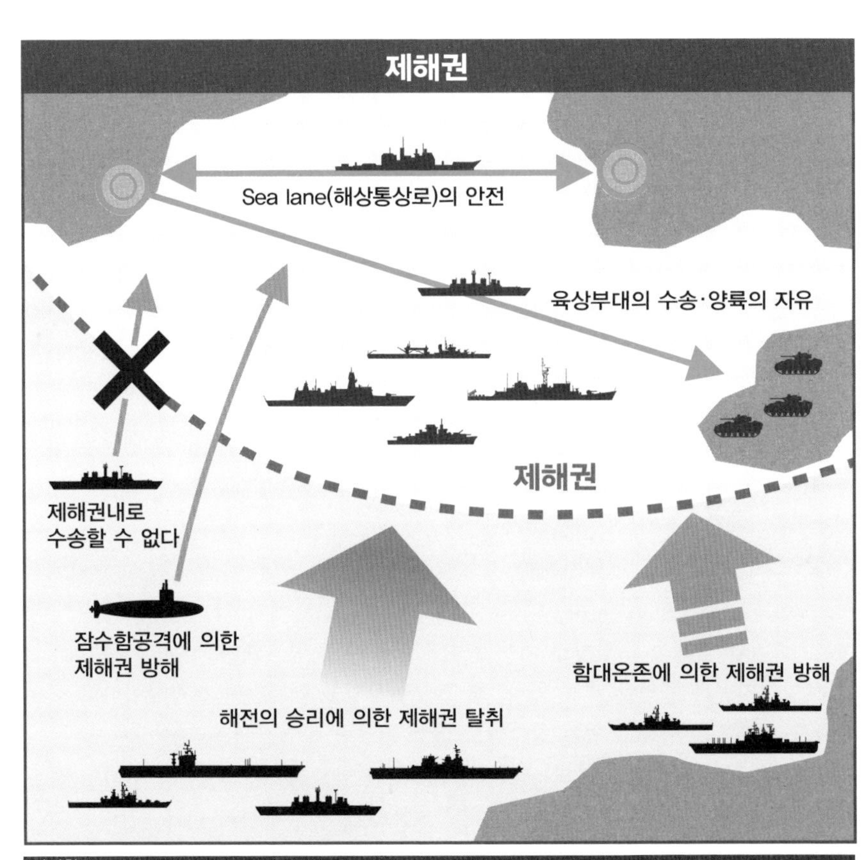


관련항목

●함대결전으로 전쟁을 끝낼 수 있는가? →No.024
●잠수함이란 무엇인가? →No.065

No.003

# 군함에는 어떠한 종류가 있는가?

군함에는 그 용도에 따라 여러가지 종류가 있다. 크게는 항공모함, 수상함, 잠수함, 그 외의 함정으로 나뉜다.

## ●군함의 종류

**항공모함**은 항공기를 운용하는 군함으로, 예나지금이나 결정적인 전력이다. 정규항모, 그보다 작은 경항모, 상선을 개조한 것 같은 호위항모 등이 있다. 제2차 세계대전 후의 한시기, 공격항모와 대잠항모라고 분류된 것도 있었다.

**전함**은, 포격으로 적을 공격하는 대형함이다. 제2차 세계대전까지는 주력함이었지만, 항공기의 발달에 의해 현재는 사용되지 않게 되었다.

**순양함**은, 제2차 세계대전 시에는 중순양함과 경순양함으로 분류되었다. 포격력은 전함에게 뒤지지만, 속도나 항속력은 뛰어났다. 준주력함에서 호위 · 정찰 · 통상파괴 · 함대기함 등 여러가지 임무에 사용되었다. 현재는 순양함이라고 하는 카테고리에 묶여있지만, 구축함보다 대형인 수상함을 의미할뿐으로 명확한 정의는 없다.

**구축함**은 함수가 많은 범용함으로, 여러가지 임무에 이용된다. 제2차 세계대전에서는 전함이나 항공모함, 혹은 수송선단의 호위에 투입되어 다수 소모되었지만, 현대에는 주력함의 지위에 있다. 주무장은 한때는 어뢰였지만, 지금은 강력한 미사일이 탑재되어 있다. 간이형이나 소형 구축함을 호위구축함이라고 세분화하는 경우도 있다. 유사함종에는 프리깃이 있는데 이는 일반적으로 구축함보다 작은 함을 의미하지만, 국가에 따라서 정의는 다르다.

**잠수함**은, 제2차 세계대전에는 정찰에 사용되거나, 어뢰로 수상함을 공격했었다. 당시에는 단순히「잠수할 수 있는 함」일 뿐으로, 전력으로서는 거의 기대받지 못했다. 하지만 현재는 수상함뿐 아니라 잠수함에 대한 공격을 하거나, 미사일을 싣고 대함대지공격을 하는 것도 있다. 핵 탄도미사일을 탑재하여 전략함이라고 하는 중요한 임무를 수행하고 있는 잠수함도 있다.

그외에, 상륙작전에 이용되는 강습양륙함이나 양륙정, 어뢰정이나 미사일정 등의 소형전투정, 기뢰를 처분하는 소해정, 보급함 등 지원함정이 있다.

# 군함에는 어떠한 종류가 있는가?

## ●함종과 함종번호일람

| 분류 | 함종기호 | 함종 | 대표적인 함 | 보충 |
|---|---|---|---|---|
| 항공모함 | CV (N) | 정규항모 | 미「엔터프라이즈」, 일「아카기」, 영「아크로얄」 | 대전 후의 한시기, CVA(공격형항모), CVS(대잠형항모)라고 하는 분류도 있었다. |
| | CVL | 경항모 | 일「즈이호」, 영「인빈시블」 | 현재는 V/STOL항모를 가리킴. |
| | CVE | 호위항모 | 미「롱아일랜드」「보크」 | 제2차 세계대전말기에 미국에서 대량건조. 영국에도 공여되었다. |
| | CVH | 헬기항모 | 프랑스「잔다르크」 | |
| 수상기모함 | AV | 수상기항모 | 일「치세」「치요다」 | 제2차 대전기까지 존재. |
| 전함 | BB | 전함 | 일「야마토」, 미「아이오와」 | |
| | BC | 순양전함 | 일「콘고」(대개장전) | 미국에서는 CC. 제2차 세계대전에서는 공식적으로는 존재하지 않았다. |
| 순양함 | CA | 중순양함 | 일「다카오」, 미「펜사코라」 | 일등순양함이라고도 함. |
| | CL | 경순양함 | 일「야하기」, 미「애틀란타」 | 이등순양함이라고도 함. |
| | CG (N) | 미사일순양함 | 미「타이콘테로가」 | 이지스순양함은 여기에 포함된다. |
| 구축함 | DD | (범용)구축함 | 일「나카나미」, 미「마한」 | 함대의 수로서 중핵을 담당하는 범용함. |
| | DDG | 미사일구축함 | 일「콘고」, 미「알레이 버크」 | 이지스구축함(호위함)은 여기에 포함된다. |
| | DDH | 헬리콥터 탑재구축함 | 일「하루나」「시라네」 | |
| | DE | 호위구축함 | 일「마츠」, 미「캐논」 | 비교적 소형의 구축함. |
| 프리깃 | FF | 프리깃 | 영「리버」 | 일반적으로 구축함보다 더욱 작은 소형함. 구축함을 여기에 분류하는 나라도 있다. |
| | FFG | 미사일 프리깃 | 미「올리버 해저드 페리」 | |
| 잠수함 | SS (N) | 잠수함 | 독「U VII형」, 미「시 울프」 | 공격형 잠수함이라고도 함. |
| | SSB (N) | 탄도 미사일 잠수함 | 미「조지 워싱턴」「오하이오」(개장전) | 전략핵미사일 탑재 잠수함. |
| | SSG (N) | 미사일 잠수함 | 미「오하이오」(개장후) | 전술미사일(순항미사일)탑재 잠수함. |
| 양용선박정 | LHA/LHD | 강습양륙함 | 미「타라와」「와스프」 | |
| | LPH | 헬리콥터 강습양륙함 | 미「이오 지마」「오키나와」 | |
| | LPD/LSD | 도크형 양륙함 | 미「샌 안토니오」 | |
| | LST | 전차양륙함 | 미「LST-1급」 | 이러한 함정은 해안에 각좌(올라타거나)해서 문을 열고, 탑재한 인원, 기재를 상륙시킨다. |
| | LSM | 중형양륙함 | 미「LSM-1급」 | |
| | LSU | 범용양륙함 | 일「유라」 | |
| 그 외 | PT | 어뢰정 | 미「PT-20형」 | |
| | PG | 미사일정 | 일「하야부사」 | |
| | MSC | 소해정 | 일「히라시마」 | |
| | MST | 소해모함 | 일「우라가」 | 소형소해정의 모함(지원함). |
| | AO | 급유함 | | 단순히 보급함이라고도 함. |

※함종기호의 말미에 N을 붙이면 원자력함이 된다. (예) CVN→원자력항모

사실 여기서 나타낸 함종은 대표적인 일부. 국가나 시대에 따라, 분류에 차이가 있다. 또한, 함종기호는 일본에서 일반적인 것(현대 미해군의 분류를 베이스로 한 것)을 따랐지만, 이것도 나라나 시대에 따라 차이가 있다.

관련항목

●항공모함이란 무엇인가? →No.050
●전함이란 무엇인가? →No.027
●순양함이란 무엇인가? →No.028
●구축함이란 무엇인가? →No.030
●프리깃이란 무엇인가? →No.081
●잠수함이란 무엇인가? →No.065

No.004

# 군함의 스펙이란?

군함의 스펙은, 일반적으로 제원이라고도 불린다. 배수량이나 길이, 속도나 무장 등을 나타낸 수치이다.

## ● 데이터를 보면 강함을 알 수 있다

군함의 성능을 나타내는 주요 요소로서, 길이, 속력, 무장의 세가지를 들 수 있다. 군사기밀에 관련되기 때문에, 때때로 수치가 맞지 않거나, 허위로 발표되는 경우도 있다.

가장먼저 길이에 대해서 말하자면, 이것은 일반 선박과 동일하게 측정된다.

「전장」은 가장 앞에서 가장 끝까지의 길이로, 가동하는 부분은 포함하지 않는다.

「수선장」은 간단히 말하자면 계획홀수선(선저도료가 칠해진 경계부분)의 선체의 길이. 수면에 닿는 부분의 길이이다.

「전폭」은 가장 두꺼운 부분의 폭이다.

「홀수」는 계획홀수선부터 가장 깊은 선저까지의 깊이를 표시한다. 수중에 잠겨있는 부분이다.

두번째로 속력이다.

「속도」란 노트(kt)로 표시한다. 1노트는 1시간에 1해리를 나아가는 속도로 환산하면 1.852km/h에 해당한다.

「순항거리」는 최대연속항행가능거리. 연료탱크를 가득채우고 항행할 수 있는 거리이다.

「순항속도」는 「항속거리」의 뒤에 표시하는 수치로, 가장 연비가 좋은 속도를 말한다. 이유가 없다면 이 속도로 항행한다.

「연료」는 연료의 최대적재중량이다.

세번째로 무장이지만 「병장」이라고 표기된다. 일반적으로는 **주포, 부포, 어뢰발사관**, 그 외의 병장의 순으로 표기한다.

각포는 구경(포신의 안쪽지름), 1포탑당 문수, 거기에 포탑수를 표기한다. 구경은 국가나 시대에 따라 인치표기였다가 cm표기였다가 하지만, 인치를 cm로 고치기 곤란한 경우는 생략표기하는 일도 있다.

## 군함의 스펙이란?

### 전함 「콘고」(제2차개장후)

| | | |
|---|---|---|
| 준공 : 1913년 | 제2차 개장 : 1938년 | |
| 배수량 : 32,200t | 전장 : 219.34m | 전폭 : 31.04m |
| 속도 : 30.3노트 | 항속거리 : 9,800해리/18노트 | |
| 연료 : 중유 6,480t | | |

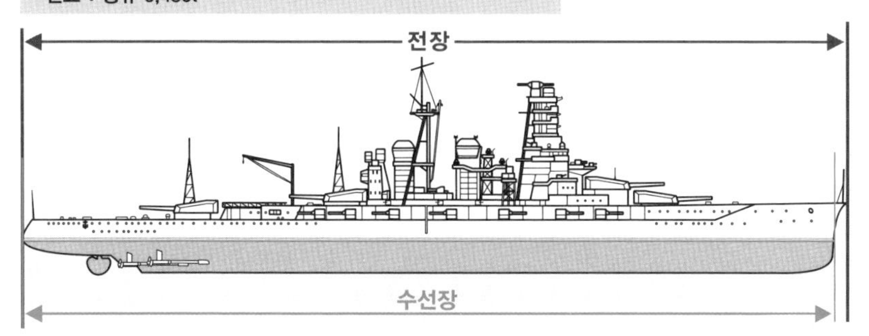


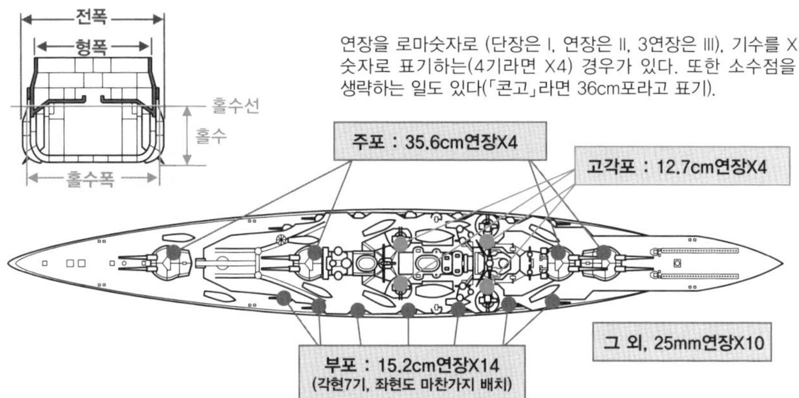


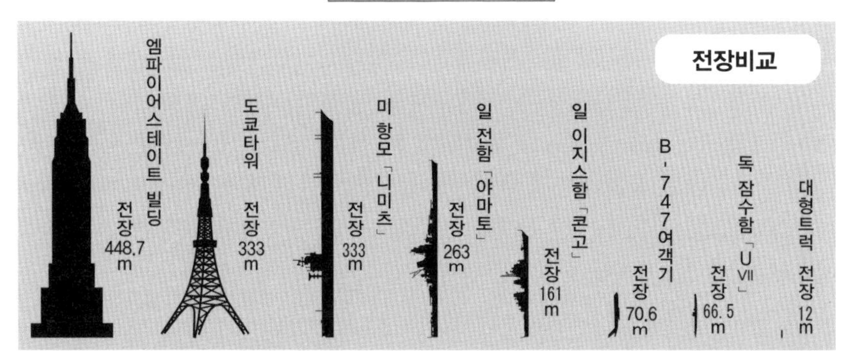


#### 관련항목

- ●군함의 크기는? →No.005
- ●어뢰는 어떠한 병기인가? →No.038
- ●전함의 주포는 최강병기인가? →No.034
- ●부포는 무엇을 위해 붙어있는가? →No.037

No.005

# 군함의 크기는?

군함의 크기는 톤수로 표시하는 것으로, 실제로는 배수량이라고 하는 독특한 표현이 이용된다. 배수량의 기준은 조금 복잡하다.

## ● 크기를 재는 방법

함정의 크기는 톤수로 표현되지만, 상선과 군함은 그 내용이 완전히 다르다.

상선에 있어 함전체의 용적을 표기하는 총톤수, 싣는 화물의 용적을 나타내는 총톤수, 혹은 싣고 있는 화물의 중량인 적재중량톤이 이용된다.

이에 비해, 군함은 「함자체의 무게」로 표현된다. 함의 톤수는 아르키메데스의 원리에 의해 산출된다. 군함을 물에 띄운다고 가정하고 그때 밀려나온 물의 중량을 표시한다. 이것은 「배수량」이라고 불리지만, 몇가지 종류가 있고, 시대에 따라 공식데이터로 여겨지는 수치가 다르다.

우선 「상비배수량」이라고 불리는 수치는, 승무원전원 · 탄약의 3/4 · 연료의 1/4 · 예비 보일러수 1/2 · 소모품의 1/2를 탑재한 상태를 가리킨다. 이 어정쩡한 탑재량은 군함이 전투에 들어간 상태를 상정하고 있다. 1922년에 조인된 「워싱턴 군축조약」 이전에는 이 수치가 공식치로 여겨졌다.

「기준배수량」은 승무원 · 탄약 · 소모품을 만재로 실은 상태이지만, 물과 연료는 포함되지 않은 수치이다. 「**워싱턴 군축조약**」에서 각국기준을 통일하기 위해 이용되었다. 연료를 싣지 않는 것은 비현실적이지만, 군축조약이후, 제2차 세계대전 종전무렵까지는 이것이 공식치로서 사용되었다.

그 다음으로 「만재배수량」은 문자그대로, 승무원 · 탄약 · 연료 · 예비 보일러수 · 소모품을 만재시킨 상태. 현대군함의 세계기준치이다.

「공시배수량」은 **공시**(준공직후의 성능시험)를 행하는 상태를 가리키며, 각국의 기준이 다르다. 일본해군에서는 연료 · 예비보일러수 · 비전투소모품의 2/3 · 승무원 · 탄약 · 전투소모품을 만재시킨 상태를 가리키며, 어정쩡한 적재량은 전투직전을 상정한 것이다. 그런데 해상자위대에서는 공식배수량을 상비배수량이라고 부르기 때문에 주의하지 않으면 안 된다.

## 군함의 크기란?

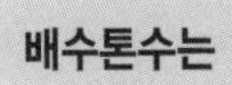

**배수톤수는**

아르키메데스의 원리에 의해
군함을 물에 띄울 경우에
밀어내는 물의 중량.

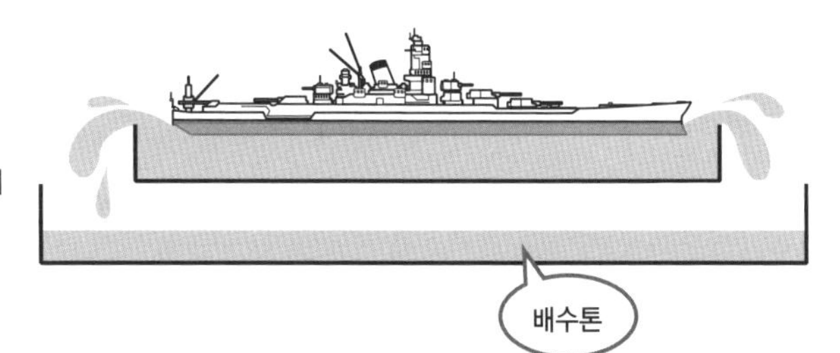


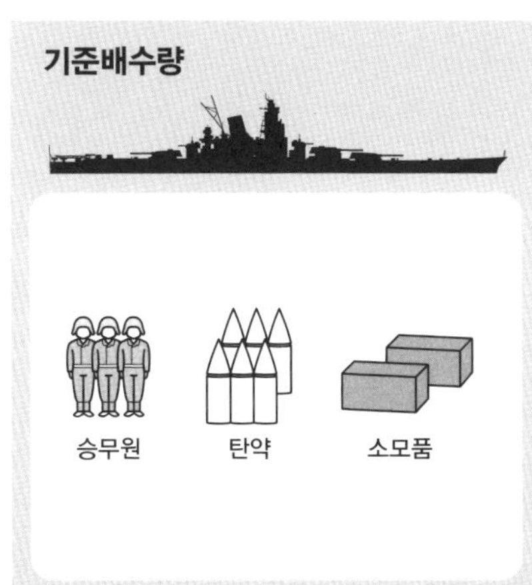


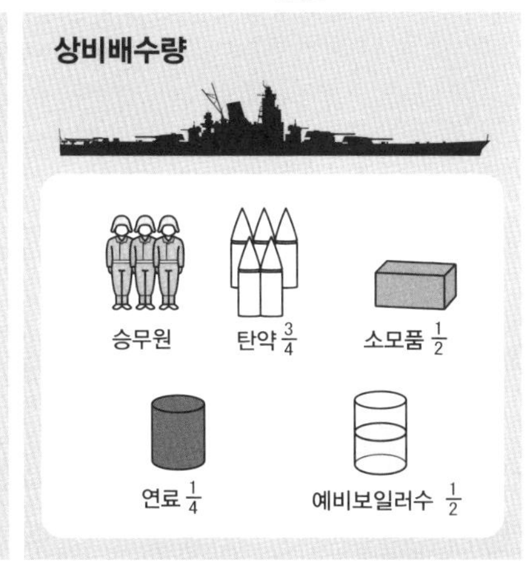


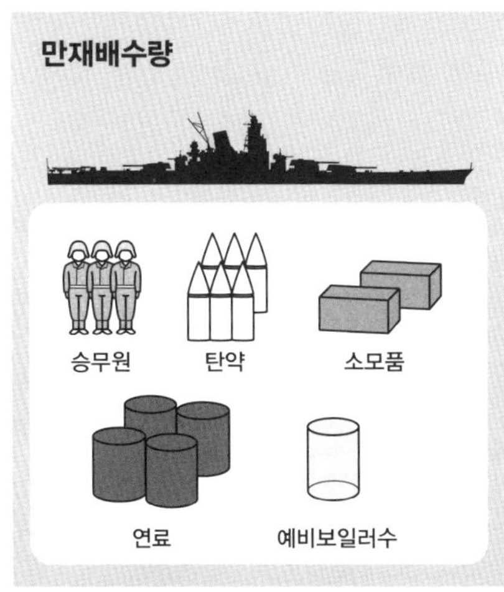


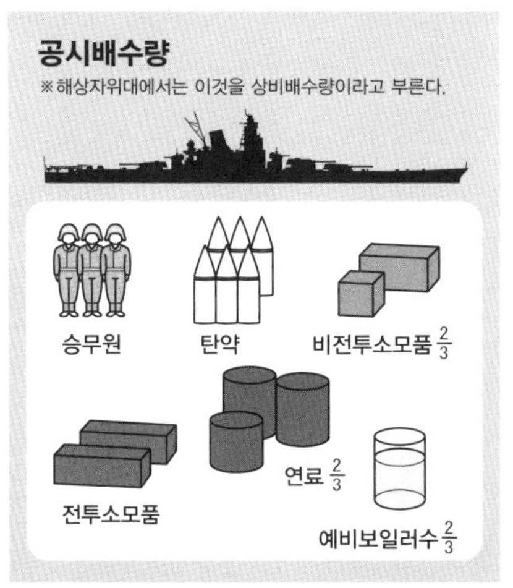


관련항목

●함의 크기는 조약으로 정해졌다? →No.006
●의장이나 공시란? →No.008

No.006

# 함의 크기는 조약으로 정해졌다?

그때까지 각국에서 제각각이었던 함의 기준이 통일된 것은, 워싱턴 군축조약과 런던 군축회의에 의해서였다.

## ●함종의 정의가 붙음

그 옛날, 각국은 갖고 있는 전술력이나 재력을 쏟아부어, 마음껏 군함을 설계하고, 건조했다. 관습적으로 어느정도의 기준은 존재했지만, 함종도 각국이 자유롭게 발안하거나 주장해왔다.

하지만, 군축조약으로 제한되게 되었을 때, 각국의 함종의 기준을 통일할 필요가 있었다. 그리하여 「워싱턴 군축조약」(1992년)에서 **기준배수량**이나 주포 사이즈를 기초로 함선이나 항모, 순양함의 정의가 정해지게 되었다. 군함역사상 일대 사건이다.

이후, 너무 커다란 전함이나 항모는 제조금지가 되어, 주포구경 상한도 결정되었다. 결과적으로, 세계최대의 주포인 16인치(40.6cm)포를 가진 함은 7척만 남게 되었다. 일본의 「나가토」「무쓰」, 미국의 「콜로라도」「메릴랜드」「웨스트 버지니아」, 영국의 「넬슨」「로드니」는 당시 세계최강 「빅7」으로 불렸다.

워싱턴 군축조약에서는 **순양함**에 대해서는 건조제한이 설정되어 있지 않았기 때문에 이번에는 각국이 순양함급을 경쟁적으로 건조하게 되어 「런던 군축조약」(1930년)이 열리게 되었다. 여기서는 1만t 이하의 군함의 보유 톤수를 제한하는 회담이 되어, 그 결과로서 순양함뿐 아니라, 구축함, 잠수함, 특무함이라고 하는 보조함의 세세한 정의가 생겼다.

즉, 군함의 종류나 크기는 군축조약에서 결정되었던 것이다.

참고로 미국과 영국에 비해 합계배수량을 낮게 설정당한 일본에서는 될 수 있는 한 가볍게, 될 수 있는 한 중무장인 함을 만들려고 하게 되었다. 이를 위해 설계에 무리가 발생하여, 1934년에는 어뢰정 「토모즈루友鶴」의 전복사고, 1935년에는 태풍에 의한 대규모 해난사고(제4함대 사건)을 발생시켜, 기존함정의 개수와 이후의 설계의 개선을 할 수밖에 없었다.

# 함의 크기는 조약으로 결정되었다?

## 워싱턴 군축조약(1922년)

함정보유합계 기준배수량

| | 미 | 영 | 일 | 불 | 이 |
|---|---|---|---|---|---|
| 전함 | 525,000t | 525,000t | 315,000t | 175,000t | 175,000t |
| 항모 | 135,000t | 135,000t | 81,000t | 60,000t | 60,000t |
| 순양함이하 | 제한없음 | | | | |

각함종의 정의

| | |
|---|---|
| 전함 | 주포 16인치(40.6cm)이하, 35,000t이하. |
| 항모 | 8인치(20.3cm)포 이하, 27,000t이하.<br>단 2함에 한해 33,000t이하.<br>단 10,000t이하의 항모는 제한외. |
| 순양함 | 주포 5인치(12.7cm) 이상 8인치(20.3cm) 이하, 10,000t이하 |

## 런던 군축회의 (1930년)

함정보유합계 기준배수량

| | 미 | 영 | 일 |
|---|---|---|---|
| 항모 | 10,000t이하도 제한대상으로 한다 | | |
| 중순양함 | 180,000t | 146,800t | 108,000t |
| 경순양함 | 143,500t | 192,200t | 100,450t |
| 구축함 | 150,000t | 150,000t | 105,500t |
| 잠수함 | 52,700t | 52,700t | 52,700t |

각함종의 정의

| | |
|---|---|
| 항모 | 10,000t이하의 항모도 제한대상으로. |
| 중순양함 | 주포 8인치(20.3cm)이하~6.1인치(15.5cm)보다 크게. 10,000t이하. |
| 경순양함 | 주포 6.1인치(15.5cm)이하~5인치(12.7cm)보다 크게. 10,000t이하. |
| 구축함 | 주포 5인치(12.7cm)이하. 1850t이하~600t보다 크게. |
| 잠수함 | 장비포 5인치(12.7cm) 이하. 2000t이하.<br>단, 3함에 한해서, 6.1인치(15.5cm)이하, 2800t이하 |
| 특무함(제한외) | 10,000t이하, 속력 20노트 이하. |
| 제한외의 함 | 장비포 6.1인치(15.5cm) 4문이하, 600t이하. |

관련항목

●군함의 크기란? →No.005
●순양함이란 무엇인가? →No.028

No.007

# 군함은 어떻게 건조되는가?

군함의 건조도 기본적인 순서는 일반 선박과 동일하다. 하지만 무장을 싣거나 기밀을 유지할 필요가 있기 때문에, 다른 부분도 있다.

## ● 용골건조와 블록건조

가장먼저 「기본공사」라고 하는 형태로, 어떠한 함을 원하는지 하는 요망이 군에서 설계자에게 전달된다. 설계자는 어떠한 함이 될 것인가를 「기본설계」로서 회답하며, 함형이나 제원 등도 이때에 결정된다. 예산이나 현장에서의 희망외에, 정치적인 제약이 더해지는 일도 있어, 몇번이나 회의가 이어진다. 그리고 결국 기본설계가 정해지면 세세한 설계도가 작성된다.

건조는, **도크나 선대**에서 행해지는데, 공법은 두종류로 크게 나뉘어진다.

제2차 세계대전때까지 주류였던 것이 「선대건조」방식이다. 이 공법에는 도크위에 배의 척추가 되는 용골 「킬」을 올리고, 갈비뼈같이 옆방향으로 늑재를 접합시킨다.

제2차 세계대전 조금 전부터 군함건조에 들어가 전후에 주류가 된 것이 이른바 「블록 건조」방식이다. 조립식 주택과 같이, 미리 블록단위로 건조한 선체부품끼리를 도크에서 접합하는 것이다. 동시병행으로 각부의 건조가 행해지기 때문에 공사기간이 단축되지만, 각각의 장소에서 제작된 파츠를 접합하기 때문에 더욱 높은 공작정밀도가 요구된다.

배가 완성되면, 진수하여, 무장이나 동력 등을 붙이는 의장을 행한다.

선체의 부품접합에는 「리벳」방식과 「전기용접」방식이 있는데, 전기용접방식이 진보된 방식이다.

리벳방식은 부품끼리를 겹친다음 겹쳐진 부분에 리벳을 박아넣어 연결한다. 건실한 방법이지만, 점접합이기 때문에 충격에 약하고, 리벳 부분에만 중량이 증가하는 결점이 있다.

전기용접방식은 높은 공업기술력을 필요로 하지만, 공사기간이 단축되는 데다가, 선으로 접합하기 때문에 충격에도 강하다. 그리고 중량도 경감할 수 있다. 현대에는 문제가 없지만, 제2차 세계대전까지 일본에서는 일부밖에 채용되지 못했다.

## 군함은 어떻게 건조되는가?

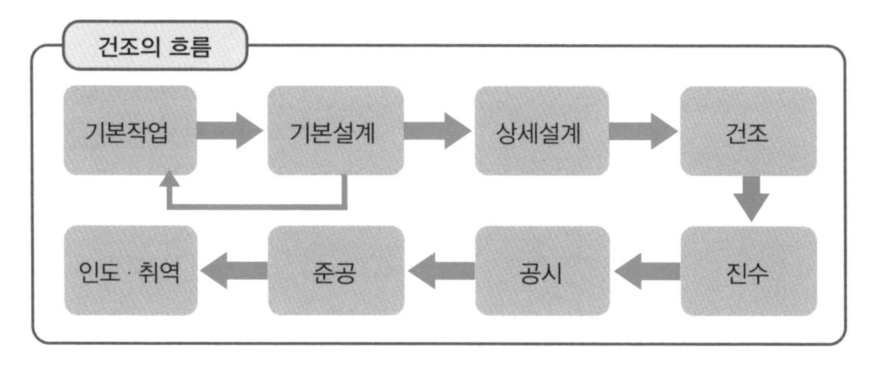


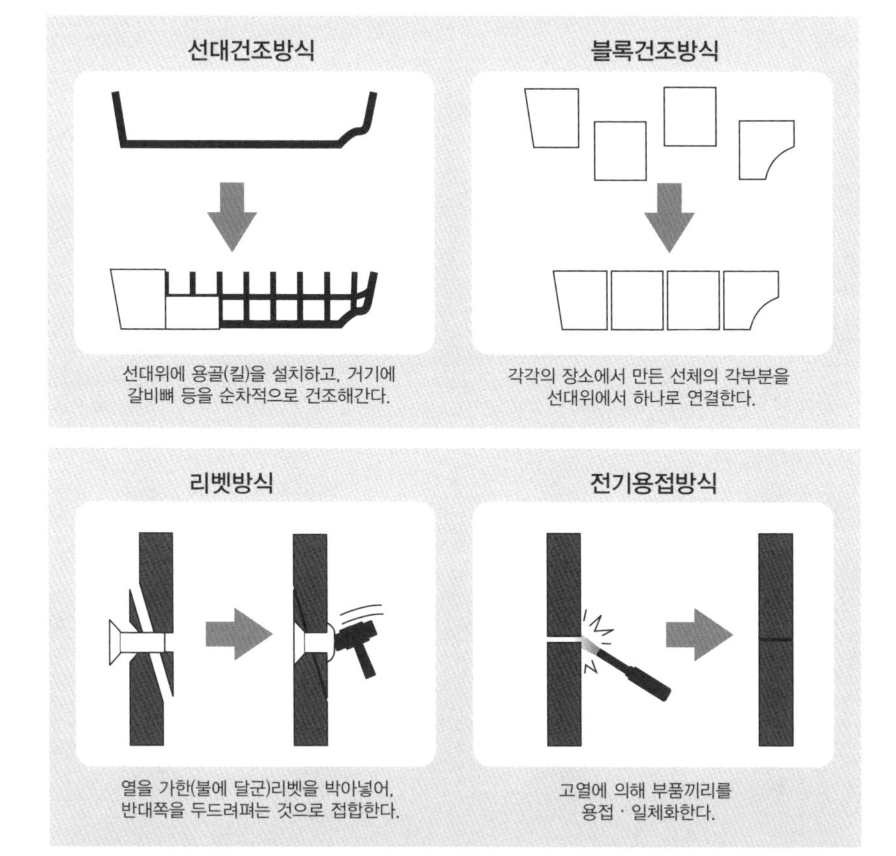


선대위에 용골(킬)을 설치하고, 거기에 갈비뼈 등을 순차적으로 건조해간다.

각각의 장소에서 만든 선체의 각부분을 선대위에서 하나로 연결한다.

열을 가한(불에 달군)리벳을 박아넣어, 반대쪽을 두드려펴는 것으로 접합한다.

고열에 의해 부품끼리를 용접 · 일체화한다.

관련항목

● 의장이나 공시란? →No.008

No.008

# 의장이나 공시란?

건조된 배에는 가장처음엔, 거의 장비가 실려있지 않다. 진수후에 무장이나 동력 등을 달게 되는데, 이것을 의장이라고 한다.

## ● 진수부터 인도까지

선체가 완성되면, 실제로 물에 띄우는 작업을 행한다. 이것이 진수이며, 진수식이라고 하는 행사가 열리는 경우가 많다.

진수라고 하면 바다를 향해 선체를 내려보내는 이미지가 떠오르지만 이것은 **선대**를 이용해서 건조된 경우에 한해서이다. 도크건조의 경우에는 땅속으로 파인 도크에 물을 채워, 선체를 띄운다음 예인해서 바다로 내보낸다.

군함은 기밀유지를 위해, 건조를 감추거나, 부근의 주민의 외출을 금지시키고 진수시키기도 한다.

예를들면 전함 「**야마토**」(기준배수량 65,000t)의 건조시에는 도크에 지붕을 설치하여, 주위에 밧줄을 말리며 감췄다. 도크를 내려다볼 수 있는 높은 지역에는 경비를 세웠다. 동형함 「무사시」도 선대 주위에 발 모양의 가림판을 설치해서 건너편 해안에서는 보이지 않도록 창고를 세우기도 했다.

현재는, **탄도미사일 잠수함** 등 기밀성이 높은 함의 건조시에는 지붕이 있는 도크가 이용되고 있다.

진수 후, 선체에 무장 · 기관 · 그 외의 설비의 설치공사를 행하는 것을 「의장」이라고 한다. 이때에 함장예정자가 「의장위원장」, 승조예정간부의 일부가 「의장위원」으로서 임명되어, 병사운용면의 견지에서 의장을 감독한다.

의장이 종료되면 함은 완성되어, **공시**(공해시운전)가 행해진다. 무장의 성능을 확인하거나, 속력 등을 계측하거나 한다.

공시를 거치면 준공완료로, 군에 넘겨지게 된다. 이렇게 해서 정식으로 해군에 소속된 군함으로서 인정받게 된다. 더욱이 승무원이 함의 취급에 익숙해지기 위해서 관숙훈련을 행하면 드디어 제대로 된 전력으로서 사용될 수 있게 된다.

참고로, 기공에서 취역까지 「야마토」는 4년, 미국 원자력 항모 「드와이트 D 아이젠하워」(기준 배수량 81,600t)은 7년의 세월이 걸렸다.

## 의장이나 공시란?

### 도크란

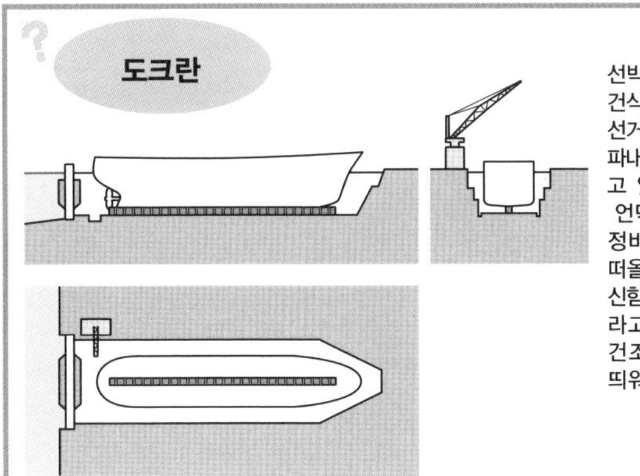

선박의 건조·수리·정비를 행하는 장소. 건식도크, 부양식 도크 등이 있다. 한자로는 선거(船渠). 건식도크는 지면을 정사각형으로 파내려간 것으로, 주수 배수 장치를 장비하고 있다. 선박을 입거시키고 물을 빼면, 언덕위에 올라간 듯한 모양이 되어 수리·정비가 가능하며, 물을 주수하면 선박이 떠올라, 그대로 끌어낼 수 있다.
신함건조를 목적으로 하는 것은, 빌딩도크라고 불린다. 이 경우는, 물을 뺀 상태로 건조를 행하고 진수시에 주수하여 배를 띄워 예인하여 출거시킨다.

### 선대진수

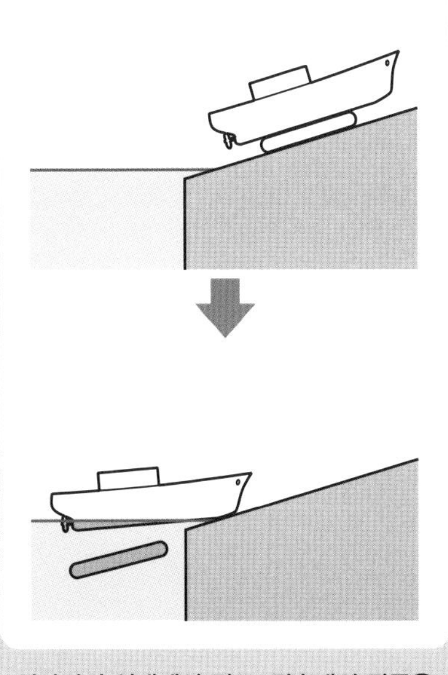

경사면의 선대에서 건조. 진수대의 잠금을 해제시켜서 경사면을 내려가 바다에 떠오르게 된다.

### 도크진수

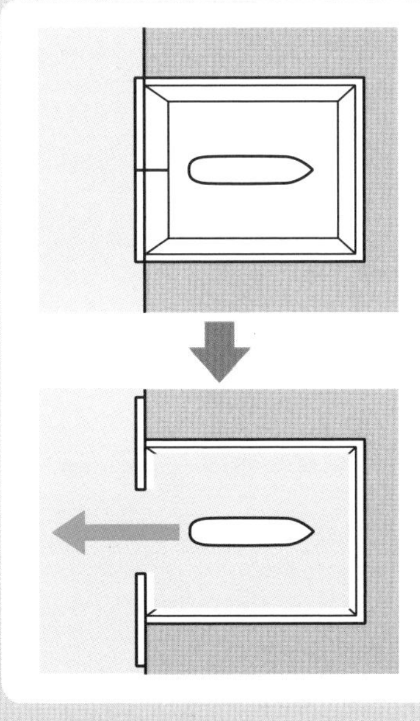

땅을 파낸 모양의 도크에 물을 주입하여, 배를 띄운 다음, 예인하여 도크 밖으로 배를 빼낸다.

관련항목
● 군함은 어떻게 건조되는가? →No.007
● 전함이란 무엇인가? →No.027
● 전략원잠이란 무엇인가? →No.072
● 군함의 크기란? →No.005

No.009

# 군함은 어떻게 이름이 붙여지는가?

보통 군함은 고유명사가 붙어 있다. 각국별로 국민에게 있어 아주 친숙한 이름이 붙어, 그 기준도 정해져 있다.

## ●인명이나 지명에서

세계공통으로, 군함의 이름은 인명이나 지명이 붙는 경우가 많다. 그 이외에는 기상, 식물, 동물, 별자리, 종교시설, 일반명사 등 여러종류에 걸친 명칭이 이용되고 있다. 그리하여 동형함으로 통일되어 명명되는 경우가 많다.

인명의 경우, 각각의 국가의 군인이나 위인, 역사상의 인물의 이름을 붙이는 경우가 많지만, 이탈리아 잠수함 「레오나르도 다 빈치」(수중배수량 1,631t)과 같이 예술인의 이름으로 명명되는 예도 있다.

그런데 일본해군에서는 메이지 천황이 「배가 가라앉으면 그 사람에게 실례가 된다」고 말하였기 때문에, 인명을 사용하지 않게 되었다. 해상자위대에서도 그것이 이어지지만, 하나의 예외가 있다. 합동참모본부에서 이름이 결정되지 않았던 해상자위대소속 쇄빙선 「시라세」(11,600t)이다. 유래는 탐험가인 시라세 노부白瀬矗이지만, 건조전에는 남극에 있는 빙하 시라세 빙하에서 따왔다고 하였다.

## ●급명과 머릿글자

예산을 절약하고, 보급을 편하게 하기 위해, 같은 설계로 몇척의 배를 건조하게 된다. 이러한 것을 동형함이라고 부르며, 그 중에 가장먼저 기공된 것 혹은 준공된 함이 1번함이 된다. 1번함(네임 쉽)의 함명에서, 동형함을 「ㅇㅇ급Class」「ㅇㅇ형Type」로 분류한다.

머릿글자라고 하는 것은, 일부의 국가의 전통인 것이다. 미해군에서는 USSUnited States Ship, 영국 해군에서는 HMSHis/Her Majesty's Ship을 함명의 앞에 붙이는 정식명칭으로 삼고 있다. 예를들면 미국 원자력 항모 「엔터프라이즈」(기준배수량 75,700t)라면, 「USS Enterprise」가 정식명칭이 된다.

소설이나 애니메이션 등의 가공의 이야기세계에 나오는 군함도, 이러한 약속을 모방하고 있다.

## 군함은 어떻게 이름이 정해지는가?

### ●일본해군의 명명기준

| 함종 | 명명기준 | 함명 예시 |
|---|---|---|
| 전함 | 옛 나라명 | 「나가토」「야마토」 |
| 항모 | 하늘을 나는 동물 | 「즈이쇼우(瑞祥)」「즈이카쿠(瑞鶴)」 |
| | 국명, 산 이름 (1943년부터) | 「아마기(天城)」「가츠라기(葛城)」 |
| 중순양함 | 산 이름 | 「아타고(愛宕)」「묘코(妙高)」 |
| 경순양함 | 하천명 | 「키소(木曾)」「오요도(大淀)」 |
| 구축함 | 천체현상 지상현상 | 「유키카제(雪風)」「아키즈키(秋月)」 |
| | 식물명 | 「마츠(松)」「타케(竹)」 |
| 잠수함 | 번호 | 「イ一400」 |
| 수뢰함 | 새 이름 | 「다카(鷹)」「간(雁)」 |
| 해방함(海防艦) | 새, 곶 이름 | 「에토로후(択捉)」「아마쿠사(天草)」 |

### ●해상자위대의 명명기준

| 함종 | 명명기준 | 함명 예시 |
|---|---|---|
| 호위함(DD) | 천체현상 지상현상 | 「하루사메」「하츠유키」 |
| | 산 이름 | 「하루나」「아타고」 |
| | 지방명 | 「휴우가」 |
| 호위함(DE) | 하천명 | 「아부쿠마」「오오요도」 |
| 잠수함 | ~시오(~しお) | 「하루시오」「오야시오」 |
| | 수중동물, 상서로운 동물 | 「소류」 |
| 보급함 | 호수 이름 | 「토와다」「마슈」 |

일본해군은 메이지 38년(1905년)에 기준제정.
전몰함은 2대째의 명명을 하지 않았다.
해상자위대는 쇼와 35년(1960년)에 기준제정.

### ●미해군의 명명기준

| 함종 | 명명기준 | 함명 예시 |
|---|---|---|
| 전함 | 주명 | 「테네시」「아이오와」 |
| 항모 | 전장명, 과거의 공적함 | 「렉싱턴」「미드웨이」 |
| | 인명(주로 니미츠급) | 「니미츠」「로널드 레이건」 |
| 호위항모 | 해협, 만, 전장명 | 「마닐라 베이」「라바울」 |
| 순양함 | 도시명 | 「뉴 올리언스」「애틀란타」 |
| | 전장명(주로 이지스함) | 「레이테 걸브」「안치오」 |
| 원자력 순양함 | 주명 | 「캘리포니아」「버지니아」 |
| 구축함 | 인명 | 「플레처」「알레이 버크」 |
| 잠수함 | 수상생물 | 「돌핀」「살몬」 |
| 원자력 잠수함 | 인명 | 「조지 워싱턴」 |
| | 주명 | 「오하이오」「켄터키」 |
| | 도시명 | 「로스엔젤레스」「휴스턴」 |
| 양륙함 | 해병대전장명, 공적함 | 「이오지마」「에섹스」 |

미해군도 명명기준은 세세하게 나뉘어있지만, 최근에는 완화되고 있다.

### ●영국 해군의 명명기준

| 함종 | 명명기준 | 함명 예시 |
|---|---|---|
| 각함종 | 인명, 지명, 명사, 신화, 동물 등<br>※ 동급으로 머릿글자를 통일시키거나 동종의 명사를 사용하는 경우가 많다. | 전함 「퀸 엘리자베스」 (인명) |
| | | 항모 「글로리어스」 (형용사) |
| | | 수상모함 「페가수스」 (신화) |

### ●독, 이, 러(소) 해군의 명명기준

| 함종 | 명명기준 | 함명 예시 |
|---|---|---|
| 각함종 | 지명, 인명 등 | 독일 전함 「비스마르크」 (인명) |
| | | 러시아 전함 「보로지노」 (지명) |
| | | 이탈리아 항모 「쥬세페 가리발디」 (인명) |
| | | 소련 중순양함 「모로토프」 (인명) |
| | | 독일 순양함 「라이프치히」 (지명) |

이러한 국가들도 소형함(예를들면 독일 U보트)은 번호로 명명하는 경우가 많다.

#### 관련항목

●제2차 세계대전의 무공함은? → No.101

No.010

# 군함의 수명은 어느정도인가?

군함의 수명은, 선체 그 자체의 내구성보다도, 운용되는 방법 등 외적요인에 의해 좌우되기 쉽다.

## ●장수함과 단명함이 생기는 이유

재질이 강철이라면, 그 선체의 수명은 기본적으로 30년에서 40년, 수명연장공사를 한다면, 더욱 늘어난다. 실제로, 미항모 「미드웨이」(53,400t)는 52년간 현역이며, **미국의 원자력항모**는 현역기간이 50년으로 설정되어 있다.

그러나, 군함은 보통 선박과는 큰 차이가 있어, 길게 살아있고 오랫동안 운용될지 어떨지는 운에 의해 갈린다. 군함이니까 전장에서 침몰하는 일도 물론 있지만, 실은 그 이외에도 여러가지 요인으로 「**폐함**」되고 있는 것이다.

전시에 전장에서 침몰하든가, 수리하러 돌아갈 수 없기 때문에 자침시키는 이외에 큰 데미지를 입은 함은 선적에서 빼버리고 재빨리 폐함처분하는 경우도 있다.

다음으로 군축조약 등의 정치적인 상황에서 폐함처리가 되는 경우다. **워싱턴 군축조약** 체결 시에는 각국에서 많은 함이 폐기처분되었다.

비슷한 케이스로, 제2차 세계대전 후의 미해군함은 군축의 영향으로 재빨리 폐함된 경우가 많았다. 신예함이라고 해도 예외는 아니었다. 군함은 유지비가 높기 때문에, 국가재정이 힘들때에는 보유할 수 없는 것이다.

해상자위대에서는 1년에 1척, 잠수함을 만들어서 건조기술을 유지하여, 오래된 잠수함을 순서대로 처분하고 있다. 잠수함보유상한(16척)이 결정되어 있기 때문에 하는 처치이지만, 이런 사정으로 해상자위대의 잠수함은 16~17년만에 제적된다.

반대로, 군함의 수명이 당초예정보다 길어지는 케이스도 있다. 건조된 국가에서 퇴역한 후, 타국에 공여되거나 매각되는 경우이다.

자력으로 신예함건조가 곤란한 국가는 그러한 중고함으로 해군을 편성하지만, 이때 수명연장공사가 이루어져, 함령이 길어지는 경우가 많다.

## 전함의 수명은 어느정도인가?

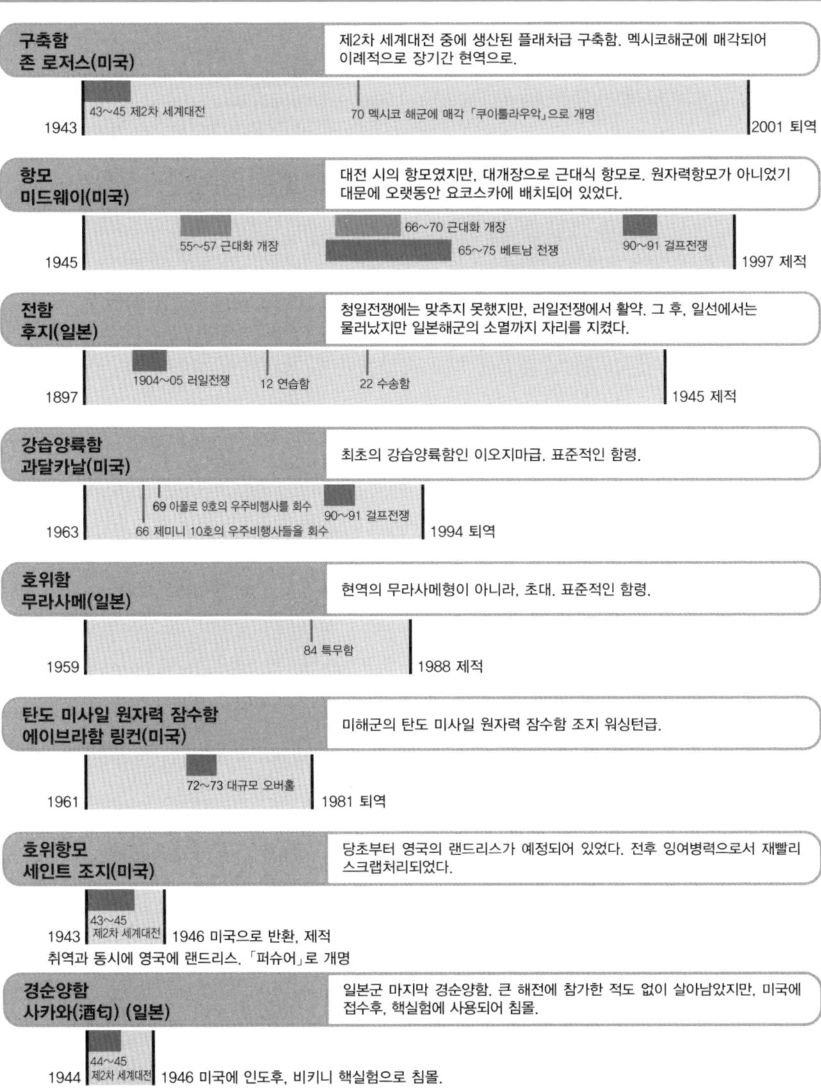


### 관련항목


- 대형항모는 어떠한 능력을 지니고 있는가? → No.059
- 함의 크기는 조약으로 결정되었다? → No.006
- 종전후의 군함은 어떻게 되었을까? → No.098

No.011

# 군함의 동력은?

한때 군함의 동력원은 증기터빈이 채용되어 있는 것이 많았다. 하지만 최근에는 가스터빈이나 디젤기관이 늘고있다.

## ● 군함의 주기

군함의 엔진은 전문용어로 「주기主機」라고 불린다.

제2차 세계대전시기부터 현대에 이르기까지는 증기터빈이 주기로서 널리 사용되었다. 중유를 연소시켜 열을 발생시켜, 그것으로 터빈을 회전시키는 것이었다. 질이 나쁜 연료라도 움직이고, 밸런스가 잘 잡힌 성능을 발휘하였지만, 기관이 크기 때문에 시동에 시간이 걸린다는 것이 결점이다.

**원자력기관**은, 실은 증기터빈의 중유연료시스템을 원자로로 대체한 것일 뿐이다. 제조나 운용에 높은 기술이 필요해서 코스트도 많이 들지만, 고출력으로 장기간, 무보급으로 작전할 수 있다. 원자력함은 미·영·불·러·중 등 대국에서 건조되어, 항모나 대형 잠수함에 채용되어 있다.

디젤 기관은 실린더 내의 피스톤으로 동력을 발생시킨다. 차의 엔진과 비슷하게 만들어진다. 증기터빈보다 소리가 크고, 신뢰성이 낮고, 진동이 크다. 하지만 소형으로 정비가 간단하다. 질이 나쁜 중유로 움직이고, 세세한 출력조절도 가능하다. 이러한 성능에서 중소함이나 잠수함에서 사용되고 있다.

**가스터빈 기관**은 회전식압축기로 공기와 함께 연료를 빨아들여서 연소시켜, 발생한 가스로 터빈을 회전시킨다. 제트엔진과 같은 구조이다. 이것은 높은 기술력이 없으면 제조나 운용이 불가능하며, 소음도 심하고, 연료도 경유나 제트연료를 준비하지 않으면 안 된다. 그러나 굉장히 고출력이라는 장점을 높이사서, 신예함의 주기로서 채용되어 있다.

그 외에, 전동기가 동력으로 되는 것도 있다. 디젤이나 원자로에서 전기를 발생시켜 충전시켜 모터를 움직이게 하는 것이다. 이 기관은 조용하고 출력의 세밀한 조정이 가능하여, 앞뒤로 전진방향의 변환도 간단하게 할 수 있다. 하지만 효율이 나쁘다. 그렇기 때문에 연소기관이 쓰이지 않는 항행중의 **잠수함**, 정숙성을 필요로 하는 측정함, 전후좌우를 빈번히 변환해야 하는 쇄빙선 등 특수한 함정에만 사용되고 있다.

## 군함의 동력은?

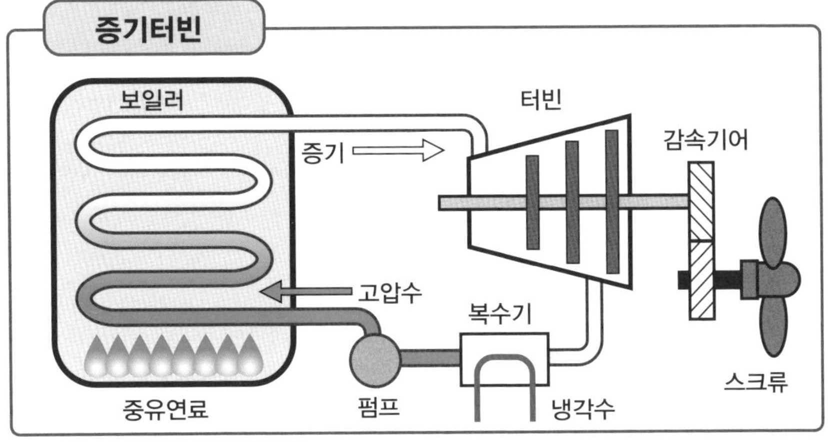


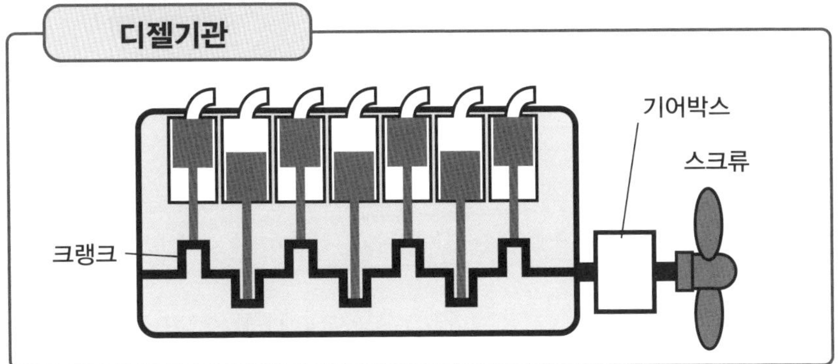


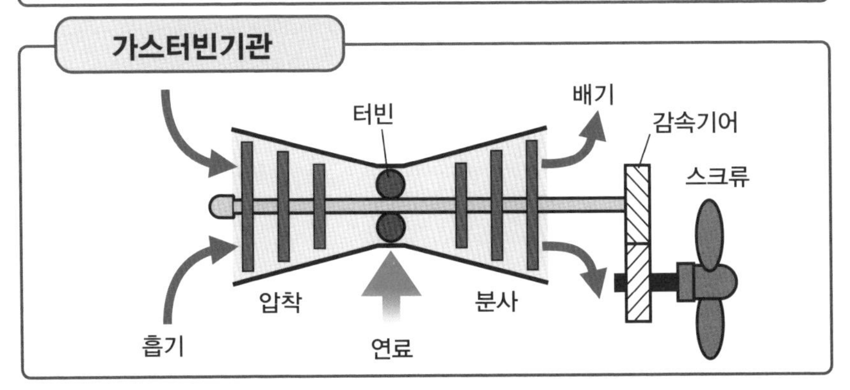


관련항목
● 원자력함이란 무엇인가? → No.012
● 잠수함의 동력은 특별한 것인가? → No.067
● 현대의 군함은 어떠한 구조로 되어 있는가? → No.045

No.012

# 원자력함이란 무엇인가?

원자력함은 제2차 세계대전 후에 실용화된 기술로, 선진국의 상징이다. 원자력기관은 작동에 공기가 필요가 없어 잠수함의 동력으로 적합하다.

## ●이상적인 잠수함의 실현

최초의 원자폭탄이 사용된 다음해인 1946년, 미국은 원자력을 추진기관으로 응용하는 연구를 시작하여, 1954년에 원자력 잠수함 「노틸러스」(수중배수량 2,980t)를 취역시켰다. 그 이래로 현대에는 많은 항모나 잠수함에, 보일러를 대신해서 원자로를 이용한 터빈기관이 채용되게 되었다.

종래의 터빈기관의 보일러 부분을, 원자로로 변환시킨 것이 **원자력함**이다. 원자로에는 가압수형이 이용되어, 가압된 일차냉각수에 2차냉각수를 끓여 만든 증기의 힘으로 터빈을 돌린다. 증기는 복수기로 다시 물로 돌아간 후, 다시 2차냉각수가 된다. 일반적인 원자력발전소에 설치된 원자로의 기구와 크게 차이는 없다.

원자력기관은 출력이 좋기 때문에, 함이 거대하더라도 고속항행을 가능하게 한다. 연료보급은 종종 연료봉을 교환해주면 되고, 신형함에는 교환이 반영구적으로 필요가 없는 것도 있다.

반면, 원자로는 높은 안전성과 견고함이 요구되며, 탑재함은 소형화될 수 없다. 정숙성이 높다고는 말할 수 없지만, 승무원에게도 원자로의 전문지식을 요구한다. 사고가 일어났을 때의 피해를 측정할 수 없고, 취급이 어렵다.

그렇다고 해도, **잠수함**은 원자력기관의 은혜를 입은 측면이 크다. 통상동력형에서는 결코 따라올 수 없는 것이 「해상이나 얕은 해역으로 나가지 않고 수중을 지속적으로 항행할 수 있다」는 점이다. 계속 잠수한채로 잠수함을 유지한다는 것은 각국해군의 오랜 비원으로, 원자력기관으로 달성된 은밀성이야말로 잠수함의 본분인 것이다.(하지만, 현실적으로는 승무원이 장기간 잠항에 의한 스트레스를 견딜 수 없다)

미국은 원자력기관을 잠수함에 활용할 뿐 아니라, 모든 항모에 탑재하였다. 미국, 소련의 순양함도 원자력기관을 탑재했던 시대가 있었지만, 현재는 소련의 **키로프**급(24,300t)을 제외하고 모두 퇴역하였다.

## 원자력함이란 무엇인가?

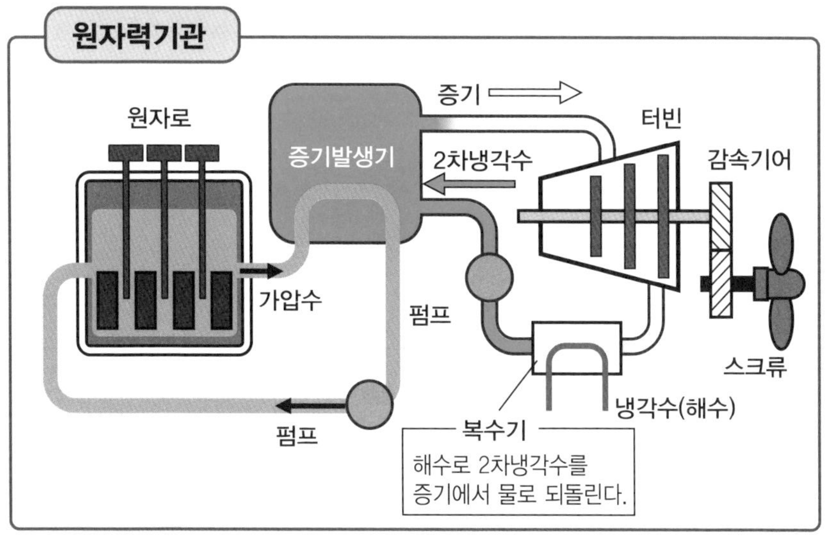


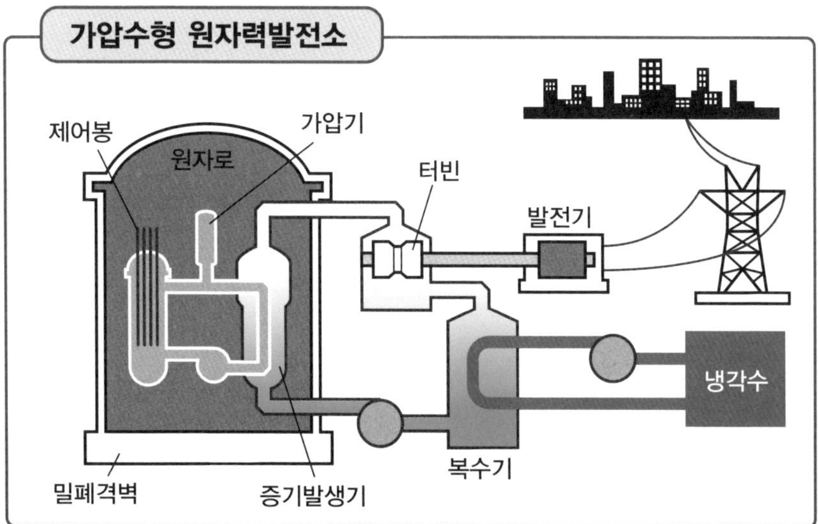


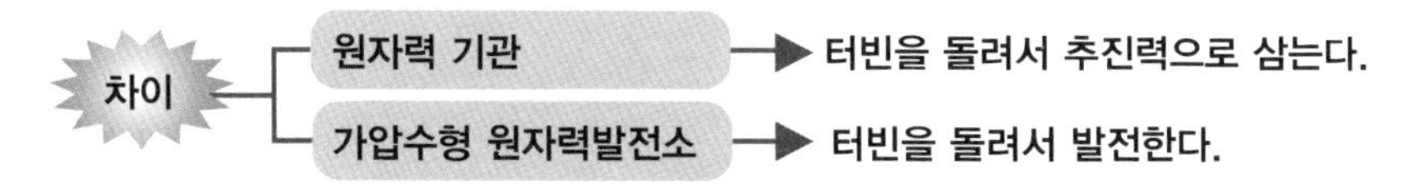


관련항목

- 군함의 동력은? → No.011
- 대형항모는 어떠한 능력을 지니고 있는가? → No.059
- 잠수함의 동력은 특별한 것인가? → No.067
- 전후의 순양함은 어떠한 역할을 수행하였는가? → No.046

No.013

# 군함은 어떻게 앞으로 나아가는가?

군함의 대부분은 스크류에 의해 추진되지만, 선진적인 추진장치를 채용한 경우도 있다.

## ● 전후에 발전한 여러가지 추진장치

군함도 배의 일종이기 때문에, 스크류에 의한 추진이 일반적이다. 제2차 세계대전에서는 모든 군함이 스크류를 채용하고 있었다.

**증기터빈, 원자력터빈, 가스터빈** 등 세세한 회전조절이 어려운 기관에서는 고속회전하고 있는 동력축에서 감속기어를 경유해서 스크류에 적당한 회전수를 조절했다. 스핀을 역회전시키는 것은 불가능했기 때문에, 후진용(역회전용)터빈을 장비할 필요가 있었지만, 최근에는 가변 피치 프로펠러에 의해, 축을 역회전시키지 않더라도 후진할 수 있는 함도 있다.

회전수의 조절이나 역회전이 용이한 전동기관이라면 커다란 기어장치 없이 동력축에서 스크류로 직접 동력을 전달한다.

워터제트 추진은, 주위의 물을 빨아들여, 그것을 펌프로 후방에 고속으로 물기둥으로 분출함으로써 추진력을 얻는다. 스크류로는 곤란했던 고속항행이 가능하며, 정숙성에도 뛰어난 것으로, 에너지 효율은 좋지 않다. 저속항행이 어렵기 때문에, 스크류를 병용하는 함도 있다.

워터제트는 최신기술로, 지금은 **미사일고속정**이나 고속수송함 등, 고속항행이 필요한 함에 탑재되어 있다.

**호버크래프트(에어쿠션정)**는 윗부분에서 빨아들인 공기를 선체 아래에 내려보내, 공기압으로 부양한다. 이것만으로는 뜨는 것 밖에 할 수 없기 때문에, 선체에 추진용 프로펠러를 달아서 추진력을 얻는다. 소음이 크고, 에너지 효율이나 연비도 나쁘고, 정비도 어렵다.

호버크래프트는 많은 디메리트를 안고 있지만, 다른 추진방법과 달리, 선체가 물의 저항을 받지 않기 때문에 고속항행이 가능하다. 그리고 평탄한 지형에서라면 육지에서도 운용이 가능하다. 바다에서 그대로 육지로 올라올 수 있는 점을 살려, 고속양륙정에 채용되어 있다.

## 군함은 어떻게 앞으로 나아가는가?

### 스크류 추진

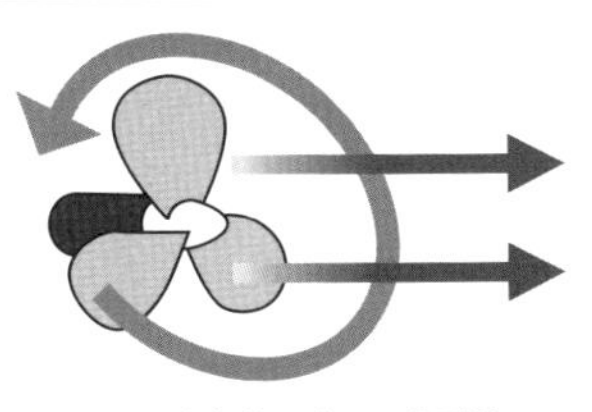

스크류는 회전하는 것으로 추력을 발생시켜, 함은 앞으로 나아가게 된다.

최근의 스크류는 날개모양이 낫처럼 된 모양으로 변한 하이스큐드 프로펠러가 주류가 되어 있다. 종래의 스크류보다 정숙성이 뛰어나며, 소형화도 가능.

### 가변 피치 프로펠러

전진

축의 회전을 바꾸지 않더라도, 날개의 각도를 변경시키면 배의 속도·전후진을 변경할 수 있다.

후퇴

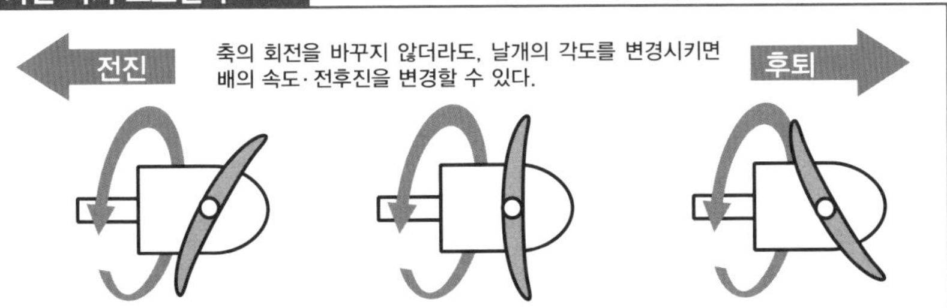

### 워터제트 추진

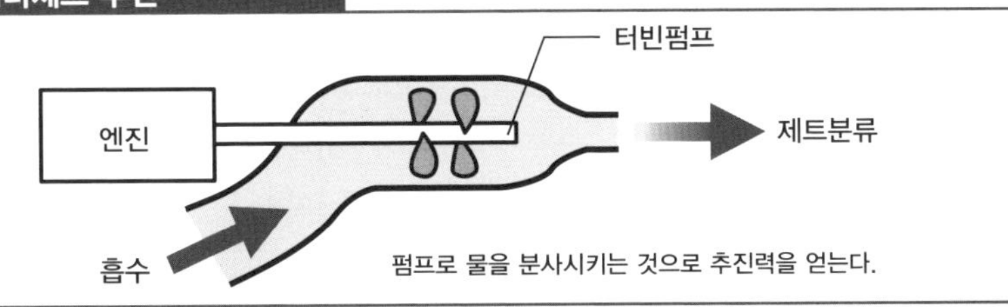


펌프로 물을 분사시키는 것으로 추진력을 얻는다.

### 호버크래프트(에어쿠션정)

팬으로 아래방향의 공기를 뿜어 떠오른다. 선체하부에는 스커트라고 불리는 측벽이 있어 분출되는 공기를 잡아둔다. 이것으로는 떠있을 뿐이기 때문에, 거기에 추진용 팬도 필요해진다.

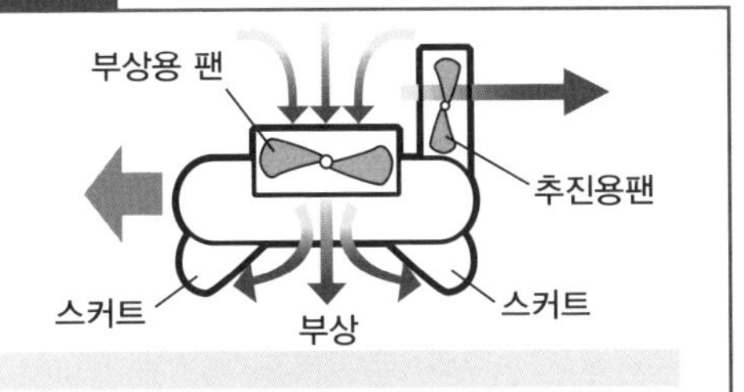


관련항목
● 군함의 동력은? → No.011
● 미사일정이란 무엇인가? → No.085
● 호버크래프트는 군함의 동료인가 → No.091

No.014

# 데미지컨트롤이란 무엇인가?

데미지컨트롤이라는 단어가 가리키는 범위는 넓다. 크게 보면, 데미지를 최소한으로 억누르기 위한 처치를 생각하면 좋다.

## ●함을 가라앉지 않게 하는 연구와 노력

군함은 전투데미지를 받는 것을 전제로 설계 · **의장**이 이루어진다. 선체의 많은 수밀구획의 구분에 의해, 일부분에 구멍이 뚫리더라도, 다른 구획에 침수되지 않고, 부력을 유지할 수 있도록 만들어져있다. 침수배출 펌프나 소화설비, **탄약고**에 유폭을 방지하는 주수장치 등도 장비되어 있다. 방화를 위해 가연건재를 극력으로 이용하지 않는 등의 대응도 있다.

누수된 구멍을 막는 판을 붙이거나, **비행갑판**의 구멍을 메꾸거나, 격벽을 두껍게 보급하는 등의 응급처치·응급수리는, 시대를 불문하고 행해져왔다. 오뚜기처럼 서는(전복을 방지하기 위해) 커다란 수법이 채용되어 있는 함도 있다.

이러한 「생존성을 높이는」 설계 · 시스템 · 장비 · 기술 · 공법·승무원의 행동을 모두 총칭해서 「데미지컨트롤」이라고 한다.

제2차 세계대전시기, 일본해군은 데미지컨트롤을 경시하여, 함의 잡일을 행하는 부서에 응급처치를 맡기고 있었다. 이에 비해, 미해군은 전문 데미지컨트롤반을 편성하고 있었다. 이 차이는 컸고, 미해군은 실전에서 뛰어난 데미지컨트롤을 보여주었다.

예를들면 미드웨이 해전에 있어 돌관수리로 전장에 나온 항모 「요크타운」(기준배수량 19,800t)은 250kg폭탄 3발이 명중당해 항행불능이 되었다. 화재도 발생했지만 2시간만에 진화했고, 전선에 복귀했다. 더욱이 어뢰2발이 명중했지만 침몰하지 않고 퇴각할 수 있었다.

한편 마리아나 앞바다에서의 해전에서 일본해군의 항모 「**타이호**大鳳」(기준배수량 29,300t)는 미잠수함의 어뢰 1발을 맞았다. 손해는 경미했지만 충격으로 흘러나온 항공연료에 인화, 타이호는 침몰이라고 하는 우울한 꼴을 당하고 말았다.

운이라는 요소도 크지만, 데미지컨트롤은 중요한 요소이다.

## 데미지컨트롤이란 무엇?

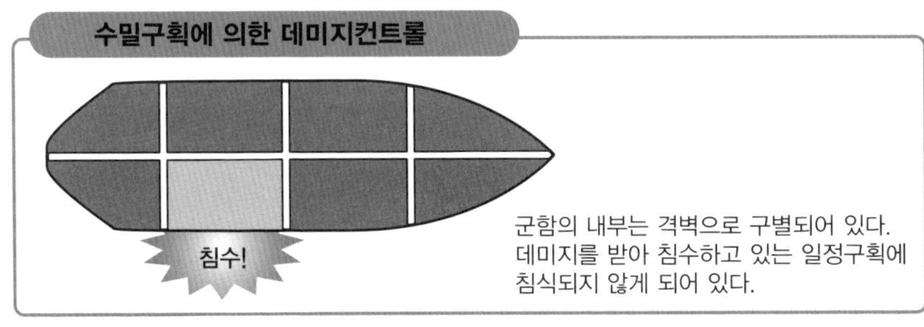


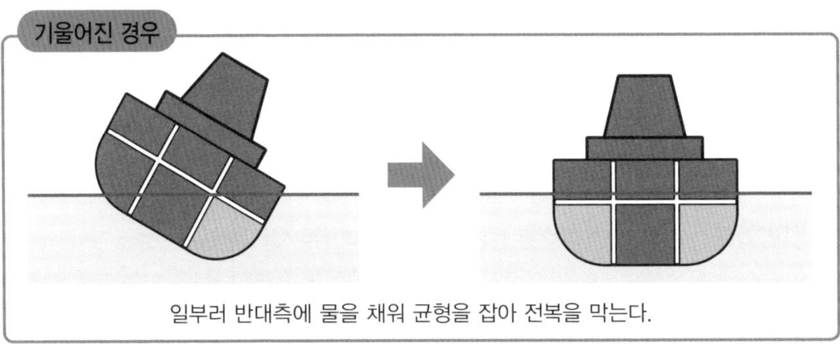


### ●마리나아 앞바다 해전 시의 일본 항모 「타이호」

우현함교부근에 잠수함의 어뢰 1발이 명중.
선체에 큰 데미지는 없었지만, 항공연료(휘발유) 탱크에 파열이 일어나, 기화한 연료가 격납고내에 충만, 불꽃이 인화되며, 대폭발을 일으키고 침몰.
일본항모로서는 첫번째로 비행갑판을 장갑화하여 방어력에 뛰어난 항모였지만, 그 밀폐성(기화가스가 모이기 쉬움)으로 인해 손해가 컸다.

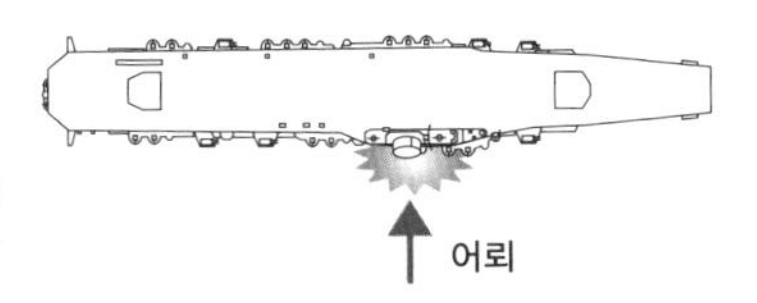


### ●미드웨이 해전 시의 영국항모「요크타운」

급강하폭격에 의해 3발의 피탄. 화재가 발생하였고, 또한, 기관손상으로 정지되었지만 소화와 기관의 응급수리에 성공. 속도 20노트로 항행이 가능해졌다.
하지만, 새로운 공격으로 좌현에 어뢰 2발이 명중. 크게 기울어져, 항행불능이 되었다. 총원퇴함에 이르렀지만, 응급수리에 성공하여, 자력항행가능한 상태까지 회복되었다. (그러나, 전장이탈전에 일본 잠수함의 어뢰를 맞아, 최종적으로는 전선에서 탈출하지 못하고 침몰)

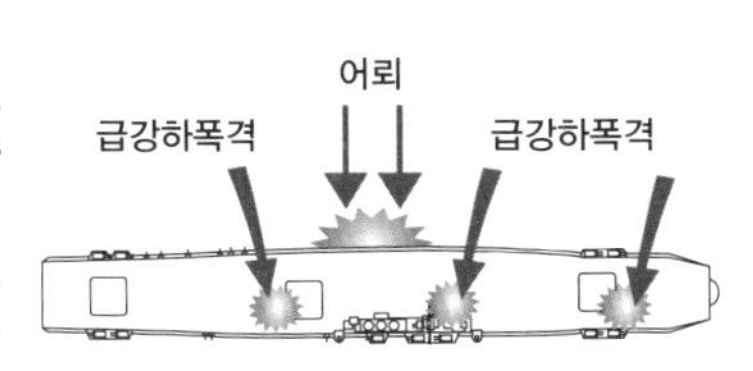


관련항목

●의장이나 공시란?→ No.008
●수상전투함은 어떤 구조를 하고 있는가?→ No.026
●항공모함에는 어떤 종류가 있는가?→ No.052
●항공모함의 방어력을 올리기 위해서는?→ No.057

No.015

# 군함은 어디를 방어하는가?

군함전체에 장갑으로 두르면 너무 무거워지기 때문에 불가능하다. 공격을 받기 쉬운 면은 현측과 갑판으로 시대에 따라 변하여, 지키는 방법도 변화해 왔다.

## ●직접과 간접 • 수직과 수평

**포탑**, 기관실, 탄약고 등은 군함의 중요한 부분이며, 약점이기도 하다. 이러한 것들이 바이탈 파트라고 불리는 구획을 지키기 위해 **장갑**을 두르는 것을「직접방어」라고 부른다. 함전체에 장갑을 두르는 것은 무리한 이야기로, 바이탈 파트 이외의 장소에는 함내를 작은 구획으로 분할하여, 피해를 경감한다. 이것을 직접방어와 비교하여「간접방어」라고 한다. 구축함 급까지의 군함에서는 간접방어만으로, 그 이상의 대형함이 되면 직접방어와 간접방어 양쪽을 취하게 된다.

군함이 장갑을 두르게 되는 것은 19세기 무렵에 시작되었다. 당시에는 교전거리가 5,000m전후로, 주포의 탄도는 수평에 가까웠다. 공격은 함의 측면에 맞는 일이 많았기 때문에, 측면장갑이 두꺼워졌다. 선체의 옆면을 방어하기 위한 이것은「수직방어」라고 불린다.

그런데, 제1차 세계대전 중에 일어난 **유틀란트 앞바다 해전**(1916년)에서 사정이 변했다. 이때, 영독 양함대는 거리 15,000m전후에서 교전했다. 포의 사각(포탄을 발사하는 각도)은 약 15°, 포탄이 비스듬히 우쪽에서 날아들었다. 강화되지 않았던 갑판을 관통당한 영국순양전함 3척은 탄약고에 유폭을 일으켜 격침되었다.

이 사건에서 교훈을 얻어, 군함은「수평방어」, 즉 선체윗면의 방어를 강화하게 되었다. 그 외에, 함 근처의 물속에서 폭발하는 포탄에 대한 대처, 함이 침수당하거나 화재가 발생한 경우의 응급처치법도 연구하게 되었다. 특히「워싱턴 군축조약」실효후에 설계된 전함에는, 수평방어와 다층식 수중방어가 충실하였고, 배수장치, 주수장치의 장비도 진화되었다. 그에 맞춰 예전의 전함도 개장되어 방어력을 높였다.

그러나, 아무리 방어하려고 해도, 항공기에서의 공격에는 당해내기 어려웠고, **대함미사일**이 등장하자, 갑판에 의한 방어는 고려되지 않게 되었다.

## 군함은 어디를 방어하는가?

### 교전거리와 착탄

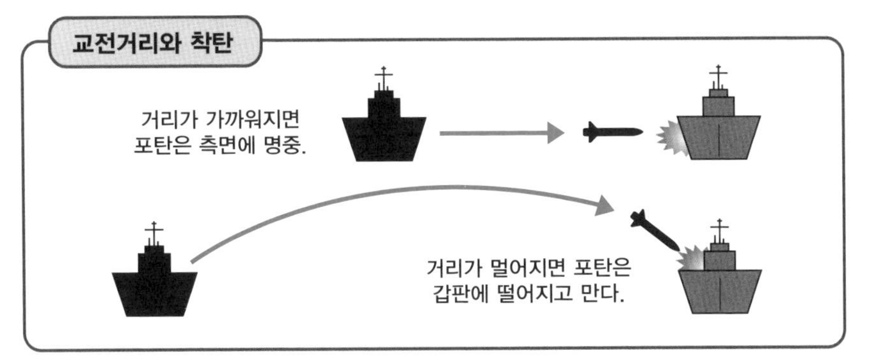


### 직접방어와 간접방어

검은 부분이 장갑으로 둘러진 부분. 기관이나 주포탑 등이 두꺼운 장갑을 두르고 있지만, 함 전체가 장갑으로 둘러진 것은 아니다. 모두 장갑을 두르게 되면 둔중해지고 만다.

직접방어는 현층과 갑판에 실시되며, 다른 부분은 구획을 자잘하게 나누는 간접방어가 실시된다. 홀수아래(물속 부분)도 다층으로 되어 있어, 침수에 대비한 구조가 되어 있다.

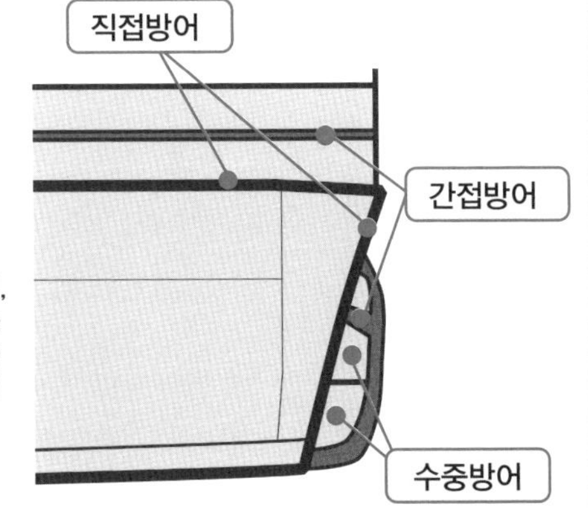


관련항목
●군함의 장갑은 어떠한 것인가? → No.016
●수상전투함은 어떠한 구조로 되어 있는가? → No.026
●함대결전으로 전쟁을 끝낼 수 있는가? → No.024
●대함미사일에는 어떠한 종류가 있는가? → No.048

No.016

# 군함의 장갑은 어떠한 것인가?

2차대전시기의 군함의 장갑에는 니켈이나 크롬을 첨가한 특수강이 사용되었다. 이 합금의 표면을 경화시켜, 장갑판으로 이용하였다.

## ●제조에 손이 많이 갔던 장갑판

19세기말에 등장한 장갑함에 채용된 강철은 철이나 연철보다 내탄력이 강한 특수강으로 「갑철」이나 「갑판甲鈑」이라고도 불렸다. 당시에는 영국 빅커스사와 독일 크루프사가 고성능의 특수강을 생산하여, 제각각 VC갑판, KC갑판이라고 불리며, 세계의 해군은 이것을 채용하여 국산화하였다.

일본은 1910년에 VC갑판을 입수하고 분석하여, 자력으로 제조하려고 했다. VC갑판은 고순도의 철에 탄소, 니켈, 크롬을 첨가하고 정련하여 대형의 압연기로 필요한 크기로 만든 뒤, 가열로에서 침탄(탄소코트)시켜, 표면을 경화시켜 제조한 강철이다.

VC갑판의 제조에는 1개월이 필요하였기 때문에 양산에는 적합하지 않았고, 침탄을 행하지 않은 NVNC갑판도 병용되었다. NVNC갑판은 순양함 등 장갑이 얇은 함종에도 이용되었다. 더욱이, 일본에서 산출되지 않는 니켈을 대신해서 몰리브덴이나 동을 첨가한 갑판도 제조되었다.

**전함 야마토급**의 건조에 있어서는 VC갑판의 공정을 단축시킨 개량판인 VH갑판이 이용되었다. 표면을 침탄가공하여 강화시키는 대신에 소성시켜서 경화시키는 것으로 VC갑판보다도 뛰어난 강도를 가지고 있었다.

더욱이, 군함의 구조재에는 DS강(듀콜 스틸)이라고 하는 특수고장력강이 사용되었다. 이쪽은 망간이 첨가된 강재로, 점도가 높고 선체에 가해지는 힘을 잘 흡수·분산시키는 성질이 있다.

**현대의 군함**은 특수강이 아니라, 일반 강재가 이용되고 있다. 한때에는 알루미늄합금도 채용되었던 적이 있지만, 내열성에 난점이 있어, 메인테넌스를 어렵게 만드는 등의 이유가 있어서, 지금은 사용되지 않는다.

또한 국가에 따라서는 방탄효과를 노린 케블라 섬유 등의 신소재를 표면에 입히는 경우도 있다.

## 군함의 장갑은 어떠한 것인가?

### ● 갑판의 제조법

**압연갑판**

고순도의 철에, 탄소, 니켈, 크롬을 첨부하여 정련.

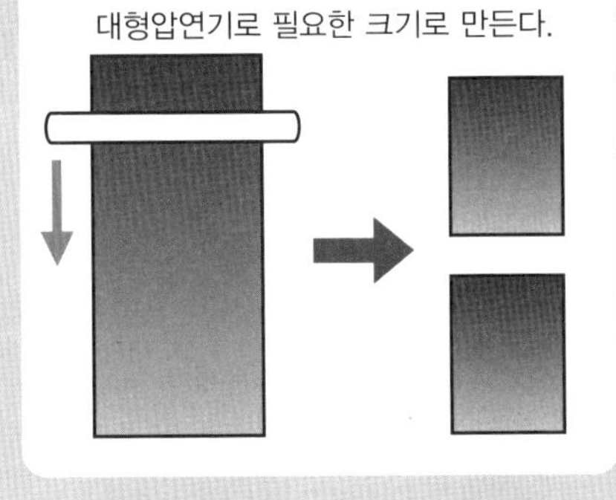

대형압연기로 필요한 크기로 만든다.

**침탄갑판**

가열로에서 탄소를 표면에 첨가시켜 딱딱한 결정구조를 만든다.

전체를 단단하게 하면 강성성을 잃게 되기 때문에, 두꺼운 장갑의 속까지는 침탄시키지 않는다.

**비침탄표면경화갑판**

침탄을 하지않고, 열처리로 표면을 경화.

### 「야마토」의 갑판의 사용상황

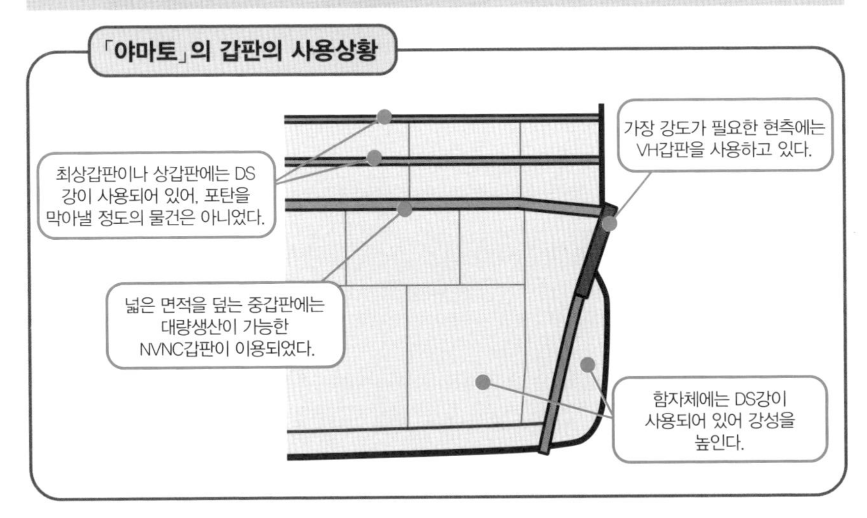


관련항목

● 군함은 어디를 방어하는가? → No.015
● 전함이란 무엇인가? → No.027
● 현대의 군함은 어떠한 구조로 되어 있는가? → No.045

No.017

# 군함에 위장도장은 유효한가?

전차나 전투기는 위장도장을 실시하면 잘 보이지 않는데 마찬가지로 군함에는 다색위장도장을 실시한 적이 있었다.

## ● 오인되도록 하는 여러가지 연구

속칭 군함색이라고 하는 것처럼, 예나지금이나 군함은 잿빛으로 도장되어 있지만, 이것은 수평선에 녹아들기 위해 선정된 색인 것이다. 즉, 잿빛 자체가 일종의 위장도장인 것이다. 이 잿빛도 활동지역의 자연조건을 고려하고 있는데, 예를 들자면 일본과 영국의 군함의 색채는 미묘하게 다르다.

이외에, 몇가지색을 사용한 위장도장이 실시되었던 함도 있었다.

한가지는 대공위장도장으로, 함의 윗면에 실시되었다. 레이테 인근 해전(1944년)에서 칠해진 일본 항모의 도장이 유명하다. 비행갑판위를 녹색의 농담이나 나무갑판색으로 나누어 칠해, 함종이나 진행방향을 오인하도록 하는 것을 노렸다.

당시의 파일럿은 눈으로 함대의 안의 중요목표를 확인하여, 적의 움직임에 타이밍을 맞춰 폭탄을 투하하였기 때문에, 유효했을지도 모른다.

또 한가지는 함측면에 대함위장도장이다. 시계가 나쁜 중에, 일시적으로 목표를 확인하지 않으면 안되는 잠수함에서 몸을 지키기 위한 것이었다.

이쪽은 독일함이 유명한데 역시 함종을 오인하도록 어쩐지 좀 난해한 모양에 의해 진로의 측정을 곤란하게 만드는 효과를 노리고 있다.

독일함의 독특한 수법으로서, 전함 비스마르크급(41,700t), 전함 샤를호스트급(31,500t), 중순양함 아드리멀 히퍼급(14,050t)은 하형이 비슷하기 때문에 서로 오인되도록 하는 것이 목적이었다. 설계단계부터 준비된 위장이며, 실제로 적군은 자주 오인하고 말았다.

군함의 위장도장은 존재를 알아차리도록 하는 것이 아니라, 전술적인 판단을 흐뜨러트리기 위한 것이었다. 다만, 연안에서 행동이 많은 함이나 항구에서 움직이지 않는 함 등에는, 주위의 지형과 헷갈리도록 육군스러운 미채를 실시하였다.

최근에는 **레이더**나 각종 센서의 발달에 의해, 육안만을 오인하게 만드는 위장도장은 의미가 없어져, 군함에 위장도장이 실시되지 않게 되었다.

## 군함에 위장도료는 유효한가?

경항모 「즈이호」(1944년)

배수량 : 11,200t
탑재기수 : 30기

비행갑판에, 포탑을 가진 전함으로 오인시키기 위한 위장이라고 한다. 또한, 함수·함미를 본래의 축선과 어긋나도록 그리는 것으로, 진행방향을 오인시켜 폭격의 조준을 어긋나게 하려는 것도 목적이다. 측면에는 상선의 실루엣을 그려, 적 잠수함이 오인하도록 하는 것도 노렸다.

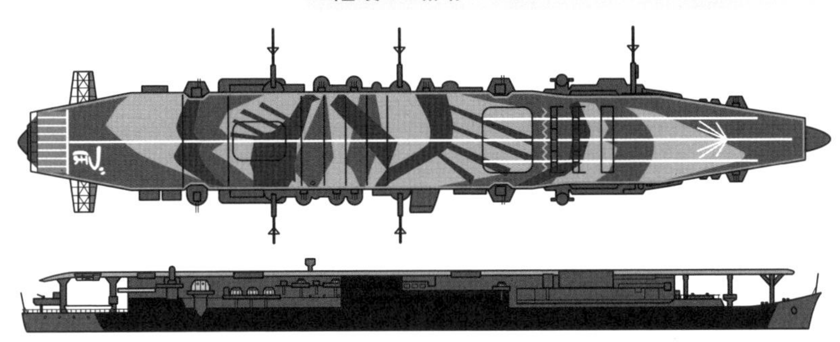

독일전함의 미채

독일의 대형함은 함형을 비슷하게 건조했기 때문에 오인효과를 노렸다. 도장에 의해서도, 전장이나 진행방향의 오인을 노린 위장을 행하였다. 함미측이 희게 그려진 것은 함수에서 일어나는 파도로 오인시키기 위해서였다.

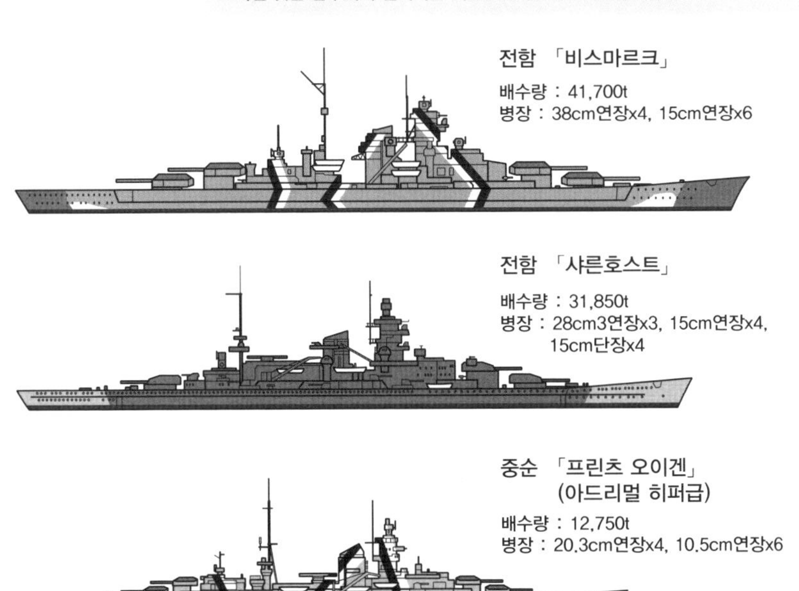

전함 「비스마르크」

배수량 : 41,700t
병장 : 38cm연장x4, 15cm연장x6

전함 「샤른호스트」

배수량 : 31,850t
병장 : 28cm3연장x3, 15cm연장x4, 15cm단장x4

중순 「프린츠 오이겐」(아드리멀 히퍼급)

배수량 : 12,750t
병장 : 20.3cm연장x4, 10.5cm연장x6

관련항목

● 색적은 어떻게 하는가? → No.031

No.018

# 승무원들은 어떤 일을 하는가?

군함은, 타고 있는 각각의 기술자집단이 활동하는 것으로 처음으로 그 기능이 발휘된다.

## ● 함내에서의 편제

군함의 승무원은, 전문으로서 「과」로 나뉘어져 일을 하게 된다. 과에 대해서는 국가나 시대는 물론, 함의 종류나 크기에 따라서도 다르다. 해상자위대를 예로 들어 설명해보자.

우선 함장은, 전승무원을 지휘통솔하는 최고책임자이며, 감독자이다. 군함은 공해상이나 해외에 있어서는, 그 국가를 대표하는 것이기 때문에, 책임은 중대하다. 부장은 함장의 보좌를 하지만, 대형함은 부장이외에도 함장의 보좌가 붙는 경우가 있다.

포뢰과는 이전에는 포술과와 수뢰과로 나뉘어 있었으며, 무장의 정비와 운용을 담당한다.

선무과는 통신이나 전자장비를 정비하여 운영한다. 헬리콥터 탑재함의 경우, 선무과에서 항공관제도 담당한다.

항해과는 배의 운항을 담당한다. 항해과와 깊은 관계가 있는 것이 기관과로 함의 주기主機에 대해 책임을 진다. 원자력함에는, **원자로**를 관리하는 원자로과라고 하는 것이 만들어져있다. 또한 유사시에 함의 응급수리 등을 담당하는 **데미지컨트롤**반(응급반)도 기관과에 소속되어 있다. 보급과는 일본해군에는 주계과로 불리고 있다. 함의 경리나 사무, 보급을 담당하는 이외에, 식사도 만든다.

군의나 위생병은, 다치거나 병의 대처를 비롯하여 함내의 보건위생을 맡는 위생과에 소속되어 있다.

비행과라고 하는 것은, 헬리콥터 탑재함에 있어 파일럿과 정비원의 집합이다. 하지만, **미항모**에서는 비행과라고 한다면 비행갑판에서 작업을 행하는 요원을 가리키며, 정비과도 있어서 탑재기를 정비하고 있다. 더욱이 파일럿과 일부의 정비원은, 함승조원과는 다른 부대인 비행대에 소속되어 있다.

## 승무원은 어떤 일을 하는가?

### ●1942년무렵의 전함 「나가토」의 정원과 역할

| 전함「나가토」 | 정원 1,317명 |
|---|---|
| 사관 | 47 |
| 특무사관 | 16 |
| 준사관 | 14 |
| 하사관 | 328 |
| 병 | 912 |

※ 특무사관이란 하사관에서
발탁되어 사관이 된 자.
일반적인 사관과는 구별된다.

**함장(대령)**

**부장(중령)**

함의 책임자와 함장보좌.

**비행과**

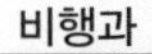

**비행장(소령~대위)**

비행요원과, 기체·비행의장의 정비운용. 항모에서는 개별적으로 「정비과」를 두고 있다.

**항해과**

**항해장(중~소령)**

항해를 담당. 조타, 항법, 견장, 신호 등.

**기관과**

**기관장(기관중령)**

기관, 발전기의 운용정비.

**포술과**

**포술장(중~소령)**

포정비, 탄화약고의 지휘운용. 어뢰가 있다면 수뢰과가 별도로 설치되어 있다.

**공작과**

**공작장(기관소령)**

함내의 공작장에서 요구나 수요품의 가공, 제작을 행한다. 주배수, 응급처리도 담당.

**통신과**

**통신장(중~소령)**

신호, 암호, 무선병기를 담당.

**의무과**

**군의장(군의중~소령)**

흔히 말하는 군의와 위생병.

**운용과**

**운용장(중~소령)**

함 자체의 정비, 비품의 관리 등. 데미지컨트롤도 담당.

**주계과**

**주계장(주계중~소령)**

급식과 경리를 담당.

관련항목

●원자력함이란 무엇인가? → No.012
●데미지컨트롤이란 무엇인가? → No.014
●대형항모는 어떠한 능력을 지니고 있는가? → No.059

No.019

# 함내에서는 어떠한 생활을 하고 있는가?

배인 이상, 운항에 관련되는 일은 민간선과 마찬가지지만, 군함에서는 군사훈련이 이루어지는 것이 가장 큰 차이점이다.

## ● 바다사나이들의 근무와 일상

주간에도 밤중에도 항상 준비하고 있지 않으면 안되기 때문에, 승무원들은 24시간을 3~4교대로 임무를 수행한다. 당직 이외의 승조원들은(해상자위대를 예로들면) 6시기상, 22시소등이다. 저녁밥을 먹은 뒤에 청소가 끝나면 「순검」이라고 불리는 함내총점검과 점호가 있다. 이후에는 소등까지 자유시간이다.

통상적으로 각종훈련이나 정비를 행하지만, 체력유지를 위해 운동을 하기도 하며, **미공군** 등은 스포츠센터가 함내에 설치되어 있다.

**원자력 잠수함**에서는 탑승원수가 한정되어 있기 때문에 당번은 1일 2교대, 해상자위대 잠수함은 3교대인 등, 함종이나 임무에 따라 생활양식은 다른 듯하다.

승무원의 거주실이나 침실에 대해서, 함장 등 고급간부에게는 개인실이 준비된다. 사관은 2~3층 침대에서 함께 지내고, 하사관이나 병사는 2~3층 침대의 큰 방에서 지내는 것이 일반적이다. 잠수함은 좁기 때문에, 한 침대를 2교대 3교대로 몇명이 사용한다.

참고로 일본해군에서는 병사는 해먹에서 자고, 전투 시에는 그것을 방탄장비로서 함교 등에 두른다.

식사에 대해서, 예전부터 해군의 식사는 맛있다고 하는 말이 있는데, 틀린말은 아니다. 식사가 유일한 즐거움인 잠수함의 식사는 특히 맛있다고 한다. 일본해군에서 매주 금요일에 카레를 먹었다고 하는 것은 유명한 이야기지만, 이것은 긴 항해에서 요일감각을 잃는 것을 방지하기 위해서라는 의미도 있었다.

군의 전통에 의한 것인지, 사관과 병은 메뉴 내용이 다른 나라도 많다. 그런 중에 드물게도 해상자위대는 계급에 의한 메뉴의 차이가 없지만, 고급사관에게는 급사가 붙는다거나, 식기가 고급이거나 한다.

자유시간이라면 승무원은 함내매점에서 생활용품이나 기호품을 구입할 수 있다. 미해군이나 해상자위대에서는 금지이지만, 영국해군이나 일본해군에서는 음주도 허용되었다.

## 함내에서는 어떠한 생활을 하는가?

### ●함내생활의 스케쥴(해상자위대 호위함의 예)

| 시간 | 스케쥴 | 비고 |
|---|---|---|
| 0600 | 기상 | |
| 0605 | 체조 | |
| 0630 | 조식 | 해상자위대에서는 「배식개시」라고 한다 |
| 0800 | 업무개시 | 해상자위대에서는 「과업개시」라고 한다 |
| 1200 | 점심 | 해상자위대에서는 「배식개시」라고 한다 |
| 1300 | 오후 업무개시 | 해상자위대에서는 「과업개시」라고 한다 |
| 1730 | 저녁 | 해상자위대에서는 「배식개시」라고 한다 |
| 1900 | 청소 | |
| 1930 | 순검개시 | 함내의 순찰, 점검 |
| 2200 | 소등 | |

군대에서는, 24시간표기가 쓰이며, 몇시 몇분이라고 구분을 넣지 않는다. 예를 들면 8시 30분이라면 「0830」으로 표기하며, 읽을때에는 「공팔삼공」이라고 발음한다.

역주 : 한국에서는 공팔시 삼십분 같이 발음하는 경우도 많다.

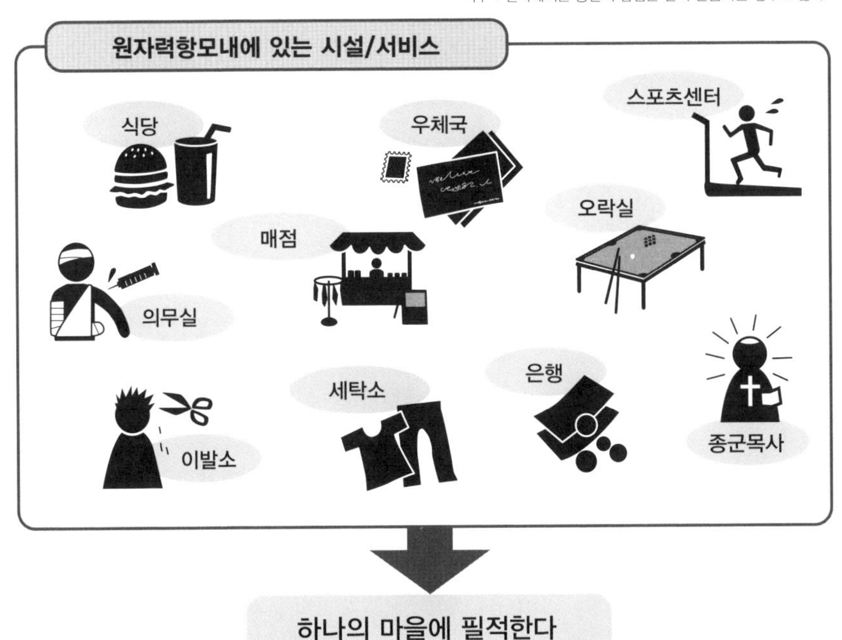


하나의 마을에 필적한다

관련항목

●대형항모는 어떠한 능력을 지니고 있는가? → No.059
●서브마리너 근무는 가혹한가?→ No.077

No.020

# 침몰하게되면 어떻게 되는가?

대양에서 군함이 침몰하게 되면, 승무원은 죽을 위험에 맞닥뜨리게 된다. 군함은 화약 등을 싣고 있고, 거대한 함에서 탈출은 어려운 경우가 있다.

## ● 군함의 여러가지 최후

전복이나 좌초 등과 같은 사고, 혹은 화재인 경우도 있지만, 당연히, 군함의 경우 전투의 결과로서 잃어버리게 되는 경우가 있다.

일반적으로 선박이 가라앉는 것을 「**침몰**」이라고 하지만, 적함을 공격해서 가라앉히는 것은 「격침」이라고 부른다. 공격개시부터 격침까지가 몇분정도일 경우에는 특히 「굉침」이라고 표현하기도 한다. 한편, 아군의 손해는 「침몰」「손실」이라고 한다. 사기의 저하를 염두에 둔 표현이다.

침몰하지 않더라도, 큰 손해를 입고 전장에서 이탈할 수 없는 경우에는 아군에 의한 처분, 즉, 자침이 이루어진다. 함내의 밸브를 열어 침수시키거나, 다른 함으로 공격하는 등의 처리방법이 있다. 자침시키는 이유는, 적에 의한 함의 노획(빼앗기는 것)이나 아군의 기밀유출을 피하기 위해서이다.

대형함은, 침몰할 때에 수면에 소용돌이가 발생한다. 특히 선체가 갈라지거나 하면 함내에 바닷물이 대량으로 흘러들어, 주변의 물체를 빨아들인다.

선체의 경사 등에 의해 또다른 폭발을 일으키는 경우도 있다. 이것은 화약의 유폭이거나, 기관실의 증기폭발 등이다.

**탈출**하는 승조원은, 될 수 있는 한 빨리, 가라앉는 함에서 빠져나가도록 지도를 받는다. 일본해군이나 영국해군에서는 함장이 함과 운명을 함께하는 경우가 있었지만, 지휘관을 잃는 것은 전략상 결코 유리한 일이 아니다.

잠수하고 있는 **잠수함**이 침몰하는 경우에는, 크게 두 가지 패턴이 있다.

하나는 부상하지 못하게 되어, 산소부족으로 승무원이 죽고 마는 패턴. 이것은 나중에 인양하는 경우가 있다. 또 한가지는 데미지를 받거나 너무 깊게 잠수한 결과, 수압에 선체가 버틸 수 없게 된 패턴. 이것을 「압상」이라고 부른다. 압상되게 되면, 급속도로 쳐들어오는 바닷물로 선내의 공기가 단열압축되어 고온이 되며, 선내가 한순간에 불타버린다고 한다.

## 침몰하게 되면 어떻게 되는가? (침몰의 형태)

### ●침수에 의한 부력의 저하

부력보다도 침수가 많아 지면 배가 가라앉는다.

### ●복원력의 한계에 의한 전복

한쪽으로 침수가 많게 되면 그 방향으로 전복되어 가라앉고 만다.

### ●진화불가능한 화재

화재의 경우, 곧바로 가라앉지는 않는 경우도 많고, 아군에 의한 자침처리가 행해지는 경우도 있다.

### ●탄약 등의 유폭

군함에게 있어 최악의 사태. 대폭발로 순식간에 침몰(굉침)하고 만다.

### ●선체의 갈라짐

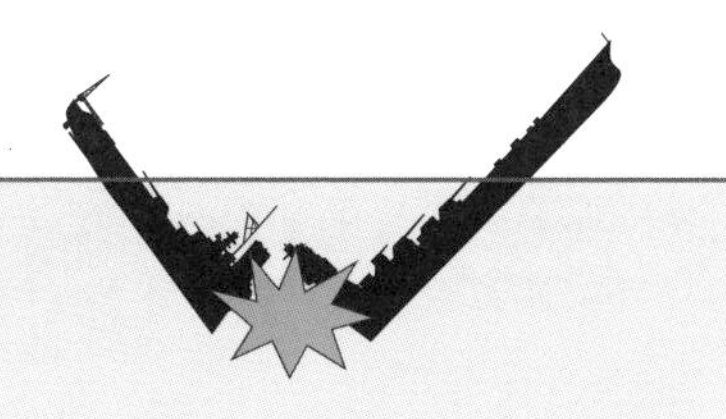

피해를 받은 선체구조가 최종적으로 강도를 유지하지 못하는 경우. 거대한 소용돌이도 발생한다.

### ●잠수함의 부상불능

어떠한 이유로 부상하지 못하게 되면 다른 이상이 없더라도, 침몰하고 만다.

### ●잠수함의 압상

한계심도를 넘어선 반행이나 손해에 의한 강도저하 등으로 선체가 수압에 견디지 못하게 되어 가라앉는다.

관련항목


●전함이 가라앉는 원인은 무엇이었나? → No.044

●승무원은 어떻게 구조되는가? → No.021

●칼럼/쿠르스쿠 침몰의 실태 → p.172

No.021

# 승무원은 어떻게 구조되는가?

전장에서 적에게 공격을 받으면서, 침몰군함의 승무원을 구조하는 것은 위험하다. 또한 잠수함승무원의 구조는 비전투시에도 어렵다.

## ●탈출하는 측과 구출하는 측

군함이 침몰하는 경우, **침몰**할 때까지 시간이 별로 없기 때문에 아무튼 바다에 뛰어드는 경우가 많다. 보트에 타고 탈출하는 쪽이 안전하지만, 그러는 사이에 화약이 유폭해서, 순식간에 침몰해버리는 일도 있다.

주위의 아군함은 사다리를 내리거나, 구명보트를 사용해서 승무원의 구출에 나선다. 함에 탑재된 단정(커터)을 구명보트로서 사용하는 경우도 있다.

함의 속도를 꽤 떨어트리지 않으면 안 되기 때문에, 구출활동은 적함대의 공격이 뜸한 틈을 보아 이루어진다. 승무원을 구출할 생각이었는데, 자함도 공격을 받아 침몰할 가능성도 있는 것이다. 반대로 침몰한 함의 승무원은 상황이 나쁜 경우, 곧바로 구출되지 못할 경우도 있는 것이다.

참고로 군함의 승무원은 타고 있는 배가 가라앉을 것 같다고 해서 멋대로 탈출해서는 안 된다. 퇴함명령이 나오기 전에 탈출하면 적전도망이라고 하는 죄를 지게 된다.

수상함은 그렇다고 치고, **침몰한 잠수함**, 특히 수백미터 아래에 잠수하고 있는 함에서 탈출하는 것은 곤란하다. 수압이라고 하는 장해가 있기 때문에 승무원은 바닷속으로 탈출할 수 없고, 나갔다고 해도 바다위까지 숨을 참을 수 없다. 선체를 인양하는 것은 무리이기 때문에, 구조하는 측은 승무원의 구출만을 생각하게 된다. 그래도 통상적인 장비밖에 갖고 있지 않다면 무리이므로, 잠수함구난함의 도착을 기다릴 수밖에 없다.

그렇다면 잠수함구난함에서 「레스큐 챔버」라고 하는 낚시바늘모양의 장치를 내린다. 늘어트린 챔버에 공기를 담아 잠수함의 해치로 접근하여 승무원은 그 해치에서 구출되는 것이다.

현대에는 이것에 대응할 수 없을정도로 깊게 잠수하게 되었고 승무원수도 늘어났기 때문에, DSRV[심해구난잠수정]으로 구출하게 된다. 잠수정과 잠수함의 해치를 접속시켜, 장수정내로 승무원을 갈아태워 구출하는 것이다.

## 승무원은 어떻게 구출되는가?

### 탈출과 구출

전원퇴함!

바다로 뛰어든다

단정으로 구출

구조함에 의한 구조

될 수 있는 한 함에서 떨어진다.

단정으로 구조하는 편이 편리하지만, 구조함이 단정을 내리거나 회수할 때 정지하지 않으면 안된다. 구조함에 의한 직접 구조는 구조되는 측이 현쪽을 로프나 사다리를 밟고 올라오는 것이 전제로, 부상자구출은 곤란하다. 구조함도 속도를 늦출 필요가 있다.
어떤 방법도, 전투 중의 구조는 구조하는 측에게 있어서도 목숨이 걸린 행위이다.

### 잠수함의 구출

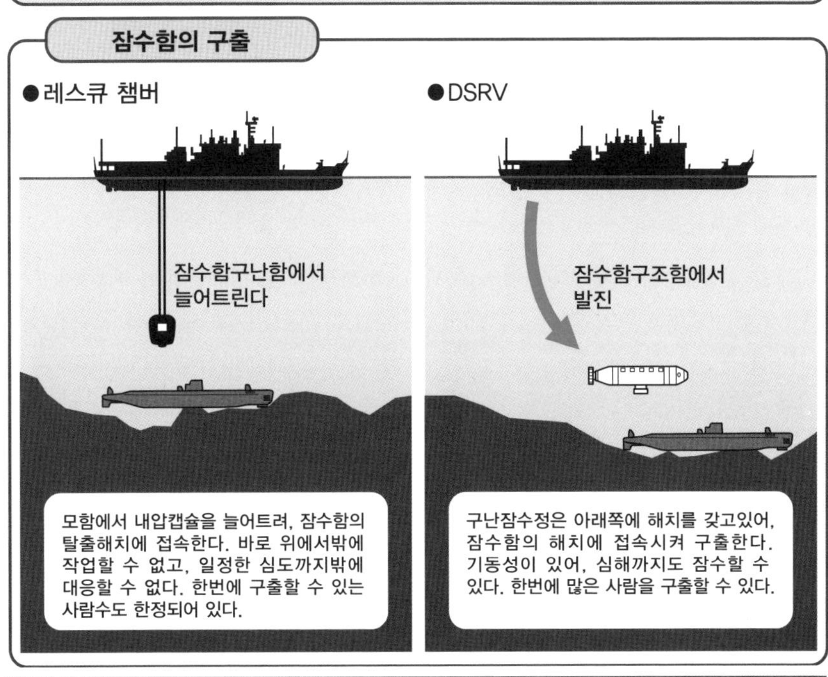


관련항목

●침몰하게 되면 어떻게 되는가?→ No.020
●군용 잠수함은 어디까지 잠수할 수 있는가? → No.073
●칼럼/쿠르스크 침몰의 실태→ p.172

No.022

# 해군기지에는 무엇이 있는가?

일반적으로 해군기지는 군항이라고 불린다. 통상의 항으로서의 기능은 충실하여 군사시설이나 생활시설까지 갖추고 있는 것이 특징이다.

## ● 군함을 위한 종합시설

군항은 군사목적, 특히 군함의 근거지로서 정비된 항이다.

통상의 항에도 군함은 기항할 수 있고, 실제로 기항하는 일도 있다. 그러나, 거기서는 일반소모품이나 식량, 연료의 보급 등만 가능할뿐으로, 군함으로서 활동을 유지할 수가 없다.

군항과 일반항의 차이는 군사시설의 유무이다. 군항에는 탄약의 보급은 물론, 무장이나 전자장비 등 군함특유의 장비의 정비도 이루어진다.

더욱이 군항에는, 새로운 함선의 건조나 오버홀, 개수, 개장, 해체 등의 **건식도크**나 선대, 의장용 공간, **공창** 등이 병설되어 있다.

애초에 배라고 하는 것은 정기적으로 건식도크에서 정비하지 않으면 안 된다. 함저에 달라붙은 굴조개나 해초 등을 떼어내지 않으면 물의 저항이 증가하여 항행성능이 저하될 뿐더러 바닷바람에 서서히 선체의 도장도 벗겨지기 때문에 빈번하게 새로 도장해야한다.

적의 공격에 맞춰 대공병기가 설치되어, 비행장이 병설되어 있는 경우도 있다. 비행장에는 각종항공기가 배치되어 있는 것 외에, 항모탑재기의 정비나 연습에도 사용된다.

방어면의 이야기로서는, 제2차 세계대전 중 독일해군은 적의 공습에서 수리 · 정비중인 **U보트**를 지키기 위해, 도크를 두꺼운 콘크리트 지붕으로 감싼 방공시설을 장치하고 있었다.

군항이라고 하기보다 이러한 군사기지는 큰 근거지로 발전하는 경우도 많아, 사령부가 옮겨오거나, 인사관리 등의 후방사무처리도 행해졌다. 승조원의 생활거점이기도 하기 때문에, 막사나 병원, 위락시설 등이 설치되어 있었다. 더욱이 근처에는 군인의 가족을 위한 주택이나 학교, 상업시설도 만들어져, 작은 도시로 발전하는 일도 있다.

## 해군기지에는 무엇이 있는가?

### ●현재의 요코스카 해군기지(일부)

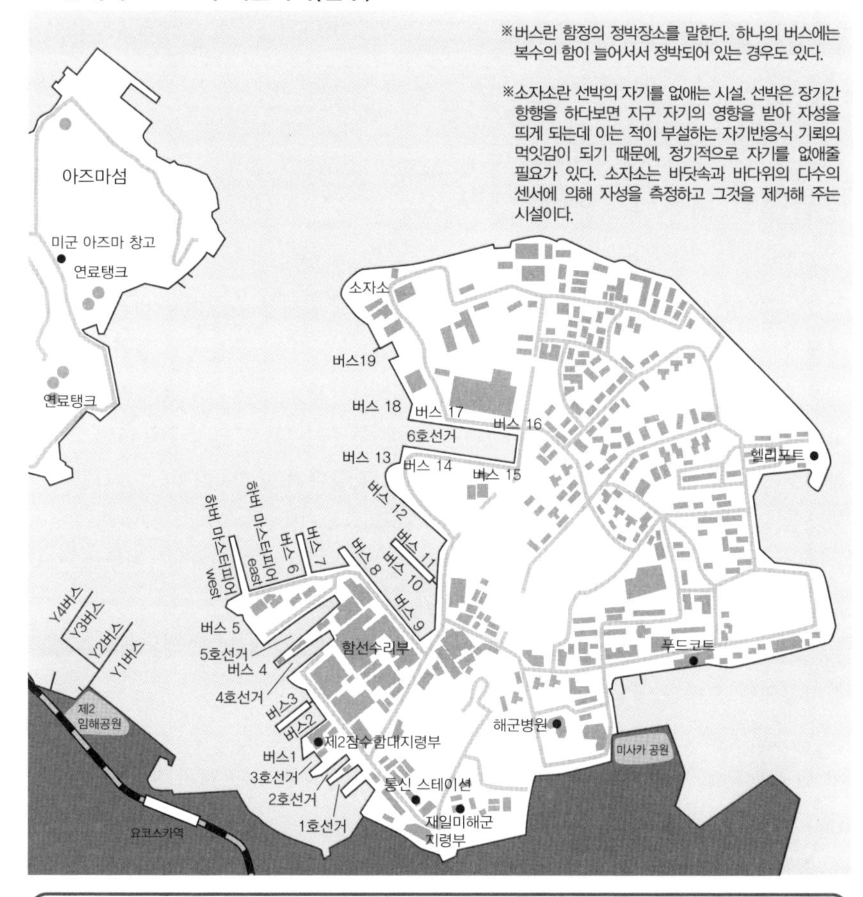


요코스카기지는 일본해군 요코스카군항으로서 정비된 군항으로, 현재는 미군과 해상자위대가 사용하고 있다.(전쟁 전의 군항구역의 일부는 민간으로 전용되었다).
미해군이 본토이외에 유일하게, 원자력항모의 모항으로서 사용하고 있는 것으로 이 기지가 얼마나 충실한지를 알 수 있다.
아즈마섬은 섬전체가 탄화약고, 연료시설로서 사용되고 있어, 섬의 중심에서 빠져나오듯 시설이 설치되어 있다.
전쟁 전에는, 포술학교나 항해학교도 있었으며, 또한 버스 8,9,12는 의장암벽, 버스 10,11은 의장잔교로서 사용되었었다.
또한, 1호선거는 메이지 4년(1871년)에 완성된 일본 최초의 도크이다.

관련항목
●의장과 공시란 무엇인가? → No.008
●U보트란 무엇인가? → No.070
●공작함이란 무엇인가? → No.087

No.023

# 함대란 무엇인가?

좁은 의미로는 스스로 그렇게 칭하는 것을 가리키지만, 실질적으로는 동일행동을 하는 2척이상의 군함의 집단을 함대라고 부른다.

## ●함대의 의의의 역사적 변화

일반적으로, 복수의 군함이 있다면, 그것은 함대이다.

군조직` 안에서 함대라고 불리는 집단은 그 나름의 규모를 갖고있는 경우가 많다. 예를 들면 현대의 미해군 기동부대는 「임무부대」Task Force라고 불리고 있기 때문에, 실은 함대는 아니다. 그 상위에 있는, 몇개의 임무부대를 묶은 집단을 「함대」Fleet라고 한다. 참고로 일본해군이나 독일 공군에서는 항공기만으로 편성된 부대에 「항공함대」라고 하는 명칭을 부여하고 있다. 그러므로 함대라고 하는 단어는 시대나 상황에 따라 변화하는 것이다.

함대의 시초는 지극히 단순하게, 전투를 유리하게 하기 위해서는 1척보다 2척, 2척보다 3척으로 수를 늘리는 것이 좋다고 하는 발상에 따른다.

고대에 이미, 살라미스 해전(기원전 480년)에 그리스군 386척, 페르시아군 684척이상이라고 하는 대함대간의 전투가 벌어졌다.

포틀랜드 해전(1653년)에서 영국해군이 네덜란드해군을 격파한 것으로 「해전에서 진형을 만들지 않으면 이길 수 없다」는 전훈이 발생하여, 근대적인 의미에서 함대가 편성되었다.

**동해해전**(1905년)에서는 일본해군은 각각의 함의 공격력과 방어력은 러시아측에 열세였다. 하지만 함대운동에서 우위를 점해, 통일된 포격으로 공격을 집중시킴으로서 승리를 거두고, 함대전술의 중요성을 보였다.

제2차 세계대전 후의 함대는 항공기나 미사일 공격에 대비한 진형을 짜서 대처하며, 잠수함에는 각함이 역할담당을 하여 대응하게 되었다. 이렇게 특성이 다른 군함이 함대를 짜는 것의 유익성은 더욱 확실해졌다.

요컨데 함대의 의미란, 단순히 전력을 모으는 것뿐만이 아니라, 복수의 함의 통일된 움직임으로 한 개의 대전력이 효율적으로 쓰일 수 있게 되는 것이다.

## 함대란 무엇인가?

**●함대의 진형**

### 단횡진

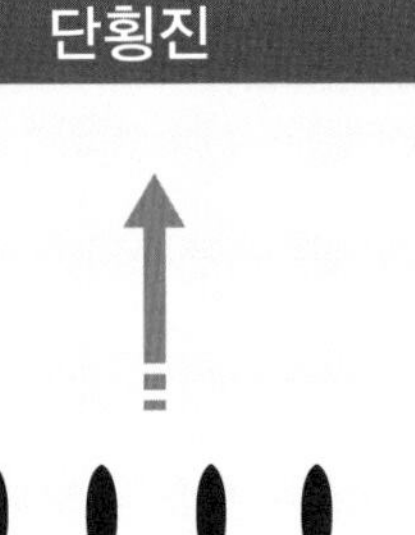

각함이 일렬횡대로 늘어선다. 전근대나 충각 전술을 노린 경우에 사용된다. 함포의 발전에 의해 전투대형으로서는 제1차 세계대전 이전에 거의 쓰이지 않게 되었다. 단, 초계나 소해 대형으로서는 사용되고 있다.

### 단횡진

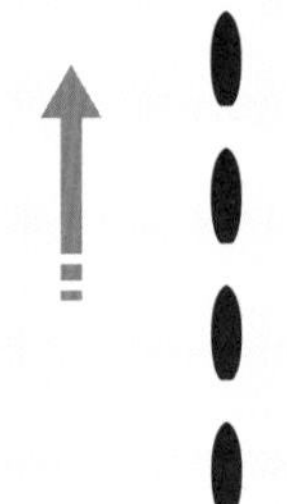

각함이 일렬종대로 늘어선다. 수상함정이 가장 화력을 집중시킬 수 있는 측면(현측)을 적에게 향하는 것이나, 함대운동·지휘가 용이하다는 이유에서, 수상포격전에서는 기본이 되어 있다.

### 윤형진

중앙에 지키고 싶은 함(항모 등)을 배치하고, 그 주위에 원형으로 호위함대를 두는 진형. 대공, 대잠전투에서의 기본.
중앙의 함이 복수가 되는 경우도 있으며, 호위함도 2중 3중인 경우도 있다. 윤형진의 바깥쪽에 피켓(초계)역할을 하는 함을 두거나, 항공기로 더욱 멀리까지 방어선을 펼치기도 한다.

관련항목

●해전은 어떻게 변화해 왔는가? → No.096

No.024

# 함대결전으로 전쟁을 끝낼 수 있는가?

일본해군은 해전을 중심으로 대함대를 편성하여, 대해전으로 전쟁을 결판지으려고 했지만, 그 사상은 틀린 것으로, 구상은 환상으로 사라지고 말았다.

## ●환상으로 끝난 함대결전

거대한 해군사이에 대규모 해전을 벌여, 한쪽의 손실이 너무나도 거대하기 때문에 교전능력을 잃고, 전쟁의 행방이 결정된다고 하는 예는 과거에 몇가지 있었다. 아주 오래전에는 **살라미스해전**(기원전 480년), 아르마다 해전(1588년) 등을 들 수 있다.

근대적인 군함이 등장한 20세기가 되어서 벌어진 결전으로서는 **동해해전**(1905년)이 있다. 이때, 승리를 확신한 러시아측은 총력을 결집하였고, 일본측은 생명선인 동해를 지키기 위해 물러설 수는 없었다. 그 결과, 러시아는 대부분의 전력을 잃고, 이 실패가 패전의 직접적인 원인이 되었다.

그 후, 제1차 세계대전에서는 유틀란트 해전(1916년)이 대규모해전이었지만, 양쪽다 결정적인 승리는 거두지 못했다.

함대결전의 결과, 전쟁이 끝날 가능성은 있다. 대전력을 투입한 전투에서는 승리해야 할 것이다. 그러나 「전쟁을 끝내기 위해서 함대결전을 상정한다」고 하는 생각은 본말전도로, 실은 환상에 불과하다.

가장먼저, 함대결전이 일어나지 않으면 안되는 상황이라고 하는 것은 한정되어 있다. 국력이 약한 나라는 조기결전을 노려 전력을 집중시키는 경향이 있지만, 상대가 결전을 바라지 않고 후퇴한다면, 피해는 그다지 크지 않을 것이다.

제2차 세계대전시기의 태평양전선에서는, 앞서 예로 든 유틀란트 해전과 동등하거나 그 이상의 해전이 몇차례나 발생했다. 하지만 그것들은 종전의 결정적인 요인은 되지 못했다. 전쟁이 전세계규모의 총력전으로 이행하는 중에, 각각의 해전의 영향이 전술레벨로 저하되어버렸던 것이다. 애초에 전술레벨에서의 전투가 쌓이고 쌓여 승리를 얻는다는 것이 전쟁의 본래의 모습이다.

그러한 현대에 있어서는 미국의 시 파워Sea Power는 절대적으로, 예전과 같이 대규모 해전은 발생하기 어렵다고 생각된다.

## 함대결전으로 전쟁을 끝낼 수 있는가?(결전의 기록)

### 유틀란트 해전

제1차 세계대전에서는 영국과 독일 합계 8척의 전함과 순양함이 싸웠다. 하지만 이후 전함끼리 정면에서 쏜 포격을 주고받는 함대결전은 거의 사라지게 되었다.

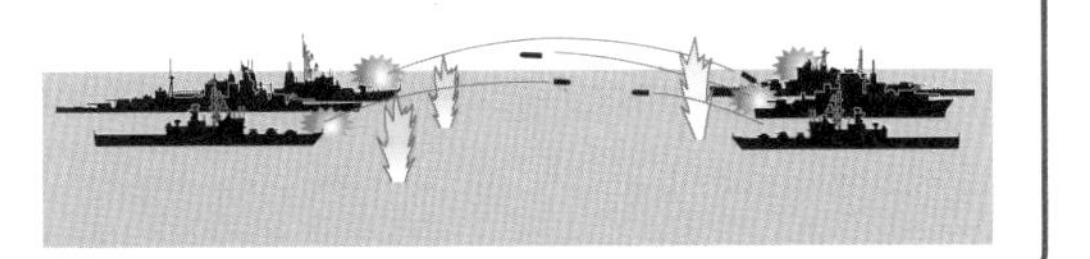

### ●제2차 세계대전 중에 일어난 전함끼리의 싸움

**1940년 4월 9일 노르웨이 근해** 독일 vs 영국

샤른호스트(손상)
그나이제나우

레나운(손상)

**1940년 7월 3일 오란(알제리)** 영국 vs 비씨 프랑스

리솔루션
발리안트
후드

부르타뉴(대파)
프로방스(대파)
덩케르크(행동불능)
스트라스부르

**1940년 7월 9일 칼라브리아 근해** 이탈리아 vs 영국

쥴리오 체자레(대파)
콘테 디 카보우르

워스파이트 말라야
로얄 소브린

**1941년 5월 24일 덴마크 해협 해전** 독일 vs 영국

비스마르크 (소파)

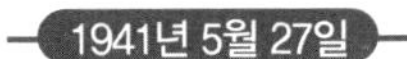

비스마르크(대파)

후드 (침몰)
프린스 오브 웨일즈 (소파)

킹 조지 5세
로드네이

**1942년11월8일 카사블랑카** 미국 vs 비씨 프랑스

매서추세츠

장 바르(대파)

**1942년 11월 14일~15일 제3차 솔로몬 해전** 일본 vs 미국

키리시마(침몰)

워싱턴
사우스다코타(대파)

**1943년 12월 26일 바랜츠 해 해전** 독일 vs 영국

샤른호스트(침몰)

듀크 오브 요크

**1944년 10월 24일~25일 수리가오 해전** 일본 vs 미국

후소(침몰)
야마시로(침몰)

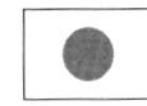

웨스트 버지니아
테네시 메릴랜드
미시시피 펜실베니아

관련항목
●함대란 무엇인가?→ No.023
●해전은 어떻게 변화해 왔는가?→ No.096

## 제독열전

아무리 강력한 군함이라고 해도, 통제된 지휘를 기초로 하지 않으면 진가를 발휘할 수 없다. 여기서는 동서고금의 지휘관들에게 초점을 맞춰보았다. 해군에서 속칭으로 함독의 지휘관은 제독이라고 불린다.

호레이쇼 넬슨(영국, 1758~1805)과 도고 헤이하치로(일본, 1847~1934) 이 두사람은 세계적으로 알려진 명제독이다. 외눈에 외팔인 넬슨은, 트라팔카 해전(1805년)에서 프랑스 함대에 대승. 나폴레옹의 영국본토 상륙 야망을 좌절시켰지만, 이 해전에서 사망했다. 도고는 러일전쟁 중에 연합함대 사령장관으로 동해해전(1905년)에서 러시아 함대를 전멸시켜 일본을 승리로 이끌었다.

야마모토 이소로쿠(일본, 1884~1943년)는 태평양전쟁 개전 시의 사령장관으로, 항공주병을 제창하여, 기동부대를 편성하였다. 군수뇌부의 반대를 무릅쓰고 진주만공격을 실현하여, 성공시켰다. 하지만 그 후, 태평양전쟁을 시찰중, 탑승기를 미군에게 격추당해 사망했다. 암호통신이 적군에게 해독당하였기 때문에 잠복하고 있었던 것이라고 한다.

진주만공격에서 미드웨이해전까지가 일본기동부대의 절정기였는데, 이 시기부터 남태평양해전까지를 지휘한 것이 나구모 주이치(일본, 1887~1944년)이다. 엄격한 평가를 하는 인물이긴 하지만, 그가 이끄는 기동부대가 전쟁의 전황을 변화시켜, 오늘날에 이르기까지 항모기동부대에 영향을 끼친 것은 사실이다. 기동부대 사령을 이임후, 중부 태평양방면 함대사령관이 되었지만, 사이판에서 전사했다.

「불」(숫소)이라고 불린 맹장 윌리엄 F 홀시(미국, 1882~1959년)는, 미해군에 있어 이른 시기부터 항공주병을 주도하였다. 진주만공격을 보복한 「두리틀 공습」의 지휘를 맡은 것은 그였다. 항모에 중형폭격기를 무리하게 탑재하여 일본본토를 폭격하고, 폭격기는 중국의 공항에 착륙하는 작전이었다. 그 이후 병으로 전선에서 떠나지만, 복귀 후에는 남태평양해전을 지휘하였고, 또한 방면사령관으로서 과달카날을 둘러싼 전투에도 관여했다. 전쟁종반에는 제3함대를 이끈 스프루언스 제독과 교대로 반격의 지휘봉을 잡았다. 레이테 해전에서 일본측의 양동에 걸렸거나, 성격이 급하고 조급했던 탓에 싫어하는 사람도 있었다. 그 반면 카리스마가 높았기 때문에 따르는 부하도 많았다.

카를 되니츠(독일 1891~1980년)는 제1차 세계대전 시에는 U보트 함장이었으며, 히틀러에 의한 재군비선언(1935년)으로 잠수함대가 재건되자 사령관으로 발탁된 인물이다. 제2차 세계대전에서는 늑대 무리 작전을 고안하는 등의, 공적을 올렸다. 되니츠의 지도가 있어, U보트 탑승원은 「회색 늑대」라고 불리며 두려움의 대상이 되어, 영국에 대한 해상봉쇄는 성공직전까지 갔던 것이다. 1943년, 히틀러와 대립하여 해임된 레더 원수의 후임으로 해군총사령관에 취임한다. 독일 해군은 적군의 물량에 소모되지만, 때때로 히틀러와 대립하면서도 그는 마지막까지 해군이 전국에 영향을 끼치도록 노력했다. 해군과 되니츠는 나치스와는 거리를 두었기 때문에 파벌싸움에 말려들지 않았다. 그래서 히틀러 자결후, 후임으로 지명되어 항복까지의 짧은 기간동안 적앞의 장병이나 국민의 구제에 힘썼다.

# 제 2 장

# 수상전투함

No.025

# 수상전투함은 어떻게 분류되는가?

군함의 대표격인 것이 병장을 실은 수상전투함이다. 수상전투함은, 해군에게 부여된 여러가지 임무를 수행할 수 있다.

## ● 외양항행함과 연안활동함

잠수함 이외에 전투능력을 가진 군함은 수상전투함으로 정의된다.

19세기 이후의 역사를 보면서 수상전투함을 분류할 경우, 외양항행함과 연안활동함의 2종류로 나뉠 수 있다.

대해원은 파도가 거칠기 때문에, 강력한 추진력을 가진 대형함이 아니면 항행하기 어렵다. 항해도 길어지게 되기 때문에, 많은 연료 · 물 · 식량을 싣고 훈련을 쌓은 충분한 인원수의 승조원이 없으면, 안전하게 항행할 수 없다. 전투를 할 경우가 전제가 되어 있다면 더더욱 필요하다. 외양항행함은 필연적으로 대형함이며, 소형함이나 저속함은 연안활동용의 함이 된다.

대전 전야에는 각국에서 사상최대의 전함이 건조되었지만, 그 막이 열린 것은 1905년, 영국의 ***드래드노트급 전함**의 기공이다. 이후, 수상함은 점점 대형화되어갔다. 거함거포시대를 암시하듯, 같은 해에 대규모함대전인 **동해해전**도 발생하였다.

당시 해군의 주역을 맡고 있었던 것은 전함이다. 전함만큼은 아니지만 고화력 쾌속의 순양함, 더욱 작고 범용전투함인 구축함이 있다.

제1차 세계대전에서 독일 **U보트**가 해상수송을 위협하게 되자, 상선을 호위하기 위해, 프리깃이나 코르벳이라고 하는 구축함과 유사한 함정이 다수 건조되게 되었다. 여기까지가 어떻게든 외양항해가 가능한 수상전투함이다.

전후의 대해전이 없는 시대에 있어 외양함은(넓은 의미의 상선호위이다) **시렌**sea lane 호위, 테러나 해적 등의 저강도전쟁에 대응하기 위해 존재한다.

한편, 연안활동함은 소형으로 고속인 쪽이 좋은 경우도 있다. 특히 중소국은 커다란 해군을 갖고 있어도 의미가 없고, 유지도 불가능하다. 자국방위나 연안경비가 가능한 정도로 충분하기 때문에 경비에는 코르벳이나 초계함, 공격수단으로서는 어뢰정, 현대에는 미사일정이 그 임무를 수행한다.

*이 드래드노트급과 비교하여 일본에서는 대단하다는 뜻으로 드급 혹은 그 이상의 초드급 등의 용어를 사용하는 경우가 많다. 또한 그때 드(ド)의 음차자인 弩(노)자를 사용하는데, 이를 국내에서 주로 노급, 혹은 초노급으로 읽는 경우가 많다. 본서에서는 통상적으로 사용하는 노급 혹은 초노급을 그대로 사용했음을 밝힌다.

## 수상전투함은 어떻게 분류되는가?

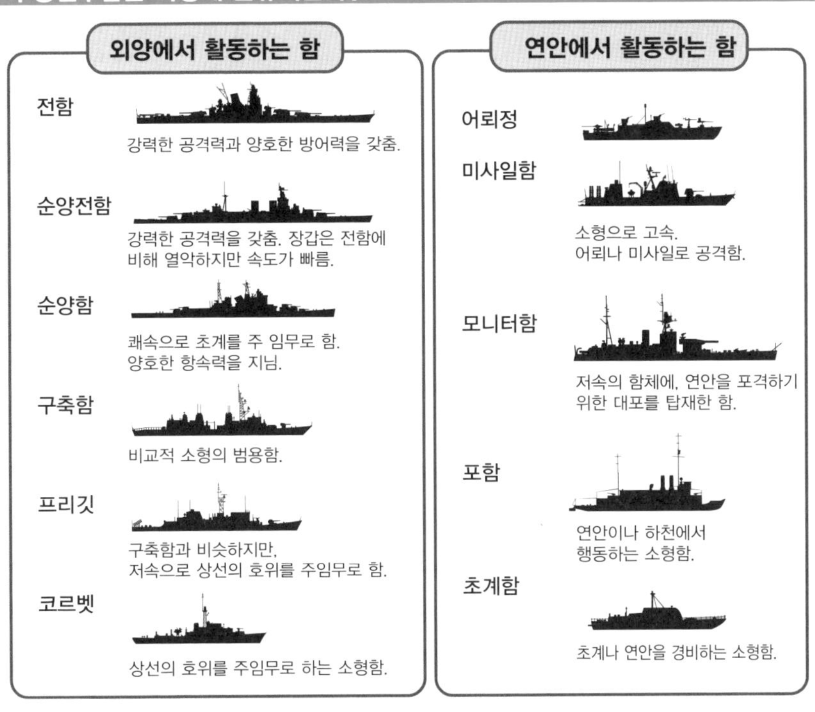


●수상전투함을 크기나 속도로 비교하면

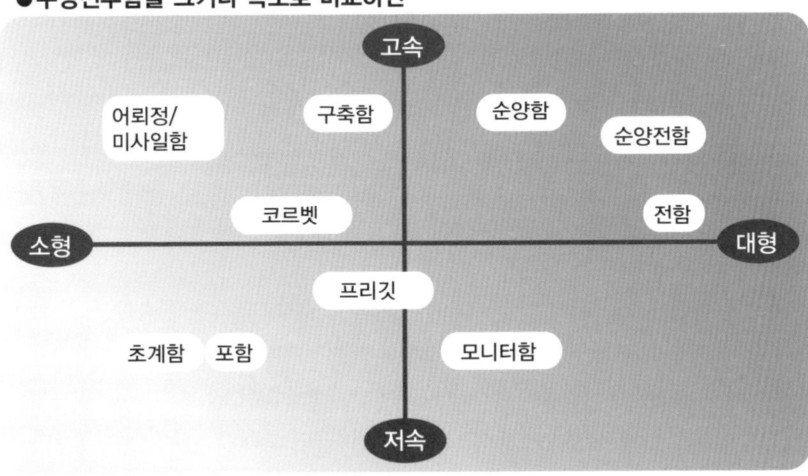


관련항목

●전함이란 무엇인가? → No.027
●해전은 어떻게 변화해 왔는가? → No.096
●U보트란 무엇인가? → No.070
●어째서 군함이 필요한가? → No.002

No.026

# 수상전투함은 어떠한 구조를 지니고 있는가?

여러가지 환경에 대응하기 위해, 수상전투함은 한정된 공간에 여러종류의 병기를 만재시키고, 구조적인 강도도 될 수 있는 한 고려하고 있다.

## ● 약점은 바이탈파트로 방어

군함을 투시도로 볼 경우, 선체에 수용되어 있는 파트 중에 눈에 띄는 것은 동력과 기관부, 탄약고이다. 제2차 세계대전기까지의 군함이라면, 전투함의 특징인 포탑이 점하는 공간이 크고, 포의 기능이 몰려있는 포실은 선체 깊숙이까지 도달해있다. 그리고, 갑판중간에는 함교나 연돌이 만들어져있다. 그런것이 일반적인 수상전투함의 모습이다.

동력은 증기터빈함의 경우 「보일러실」이 중심부에 큰 공간을 점하고 있다. 일본의 전함 「**야마토**」의 보일러는 12기에 달한다. 그 바로 뒤에 있는 것은 터빈이 들어있는 기관실(기계실)로 피해를 받더라도 영향을 최소화하기위해서 여러 구획으로 나뉘어있다. 기관실에서 긴 샤프트가 함미까지 늘어나, 오버행overhang 모양으로 되어있는 선체 아래에 스크류가 위치한다. 최후미에 있는 키는 병행 혹은 앞뒤로 2개 있는 경우가 많다.

**주포**는 1~4문씩 포탑에 붙어있으며, 발사범위를 넓히기 위해, 전후의 갑판위에 올라탄 식으로 배치되어 있다. 포탑의 아래에는 관모양의 포실이 만들어져있으며 포탄장전장치가 들어있다.

선체의 중심부에 있는 전부포탑에서 후부포탑까지의 사이는 「**바이탈 파트**」라고 불리며, 중요한 장치는 이 파트에 배치되어 있어 다른 곳보다 두터운 방어설비가 되어 있다.

바이탈 파트에 배치되어 있는 것은 기관실이나 보일러실, 포에 탄약을 공급하는 탄약고, 그리고 함교가 있다. 어느것도 함의 약점 혹은 중요한 부분이다.

함교에는 조함기능, 거리측정기, 사격지휘소, 대공지휘소, 레이더 등 항해와 전투를 총괄하는 부서가 집약되어 있다. 대형함이라면 함교아래에 전투지휘소가 설치되어 있다.

**부포**나 대공포는 함교와 연돌을 중심으로 한 좌우에 배치되어 있는 경우가 많다. 그리고 소포탑은 함체를 보강하는데 도움이 된다.

## 수상전투함은 어떠한 구조를 하고 있는가?

**중요한 부서는 바이탈 파트에 집중되어, 장갑으로 둘러싸여 있다. 장갑이 얇은 부분(병력대기실이나 창고 등)은 작은 구획으로 나뉘어있는 등, 피해를 막기위한 노력이 되어 있다.**

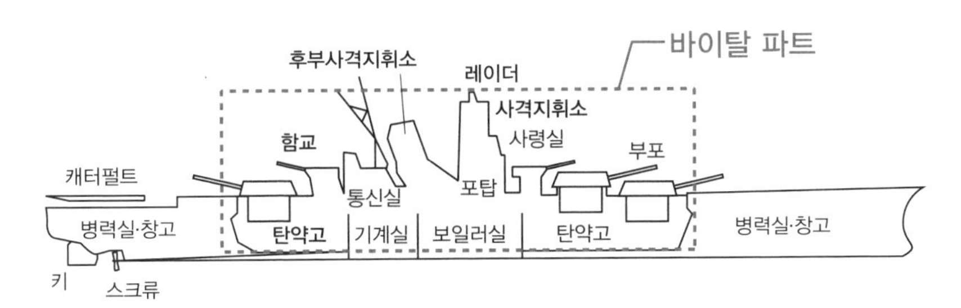


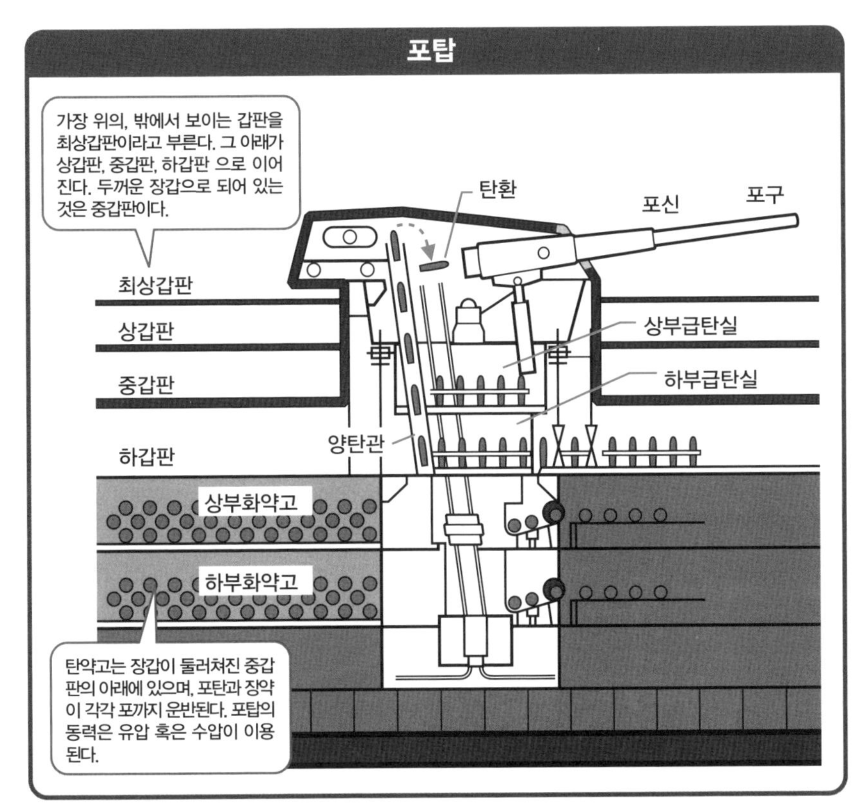



관련항목

- 전함이란 무엇인가?→ No.027
- 주포는 어떻게 배치되어 있는가?→ No.036
- 군함은 어디를 방어하는가?→ No.015
- 부포는 무엇을 위해 붙어있는가?→ No.037

No.027

# 전함이란 무엇인가?

최대급으로 최고레벨의 화력과 방어력을 갖는 군함이 전함이다. 모든 면에서 뛰어난 전함의 건조는, 제2차 세계대전까지 계속되었다.

## ●군함중의 왕자

포를 주무기로 하여, **공격력**과 **방어력**에 있어 다른 함종을 압도하는 수상함이 전함이다.

전함의 성능에서 중시된 요소는, 공격력, 방어력, 속력의 세가지이지만, 이 중에 명확한 정의가 있는 것은 방어력이다. 전함은 「자함이 장비한 주포의 직격에 견딜 수 있는」정도의 방어력을 갖추지 않으면 안 된다. 그 기준을 기초로 설계된다. 단, 함전체를 방어하게 되면 너무 무거워지기 때문에, 중요구획에만 장갑을 두르게 된다. 전함에 있어 장갑중량은 일반적으로 배수량의 30%정도이다.

전함의 방어력이 자함의 포격에 견딜 수 있도록 만들어진다면, 적전함을 쓰러트리기 위해서는 적함보다 고화력의 주포를 준비하지 않으면 안 된다. 또한, 그만한 주포를 실은 전함이라면, 방어력도 높아지도록 설정되기 때문에, 간단히 침몰하지 않는다는 것이 된다. 현실적으로 그렇게는 되지 않지만, 처음부터 무적을 목적으로 건조되는 함이 전함인 것이다.

주포를 크게하면 할수록 사정거리나 화력은 향상되며, 그만큼 선체도 커지게 되지만, 공업력이나 건조 도크 등에 한계가 발생한다. 일본의 전함 「야마토」는 **46cm** 포를 탑재한 거함이지만, 이것이 당시의 함건조 기술의 거의 한계였다(그렇다고는 하지만 야마토는 컴팩트한 설계였다).

속력은 빠른 편이 바람직하다. 빠르면 포격전에서 유리한 위치를 확보할 수 있고, 퇴각도 용이하다. 하지만, 다른 요소를 만족시키지 못할 시에는 속력은 희생된다. 전함의 본질은, 공격력과 방어력에 있는 것이므로 어쩔 수 없다.

제2차 세계대전에서 비용 대 효율이 나빴다고 판명된 전함은, 전후 차례차례 퇴역했다. 미국의 **아이오와**급 전함 4척만이, 한국전쟁, 베트남전쟁, 중동 등에 출격하여 함포사격(지상에 대한 포격)을 행했지만, 현재는 모두 퇴역했다.

## 전함이란 무엇인가? (전함의 역사)

### ● 철갑포탑의 탄생

1873년에 건조된 영국의 「데바스테이션」(상비배수량 9,300t)은 30.5cm연장포대 2기를 설치했다.

### ● 전함의 탄생

1893년에 건조된 영국의 「로얄 사브린」(상비배수량 14,150t)은 34cm연장포대 2기를 장비하였다. 전함의 원조라고 할 수 있는 함이다.

### ● 전함의 발전

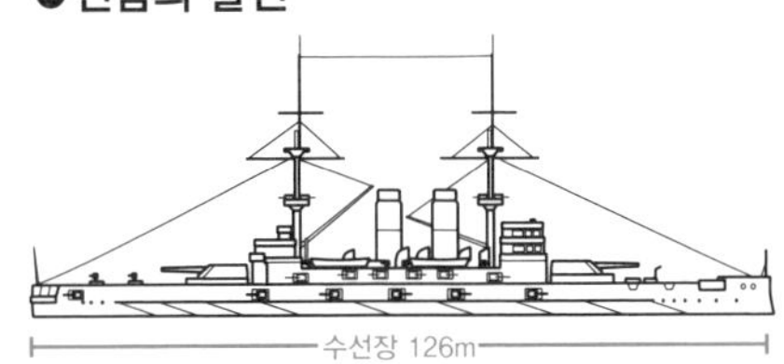


1902년에 영국에서 건조된 일본의 「미사카」(상비 배수량 15,140t)은 30.5연장포대 2기를 장비한 함으로 동해해전에서 일본 함대의 기함으로 활약하였다.

### ● 노급전함의 탄생

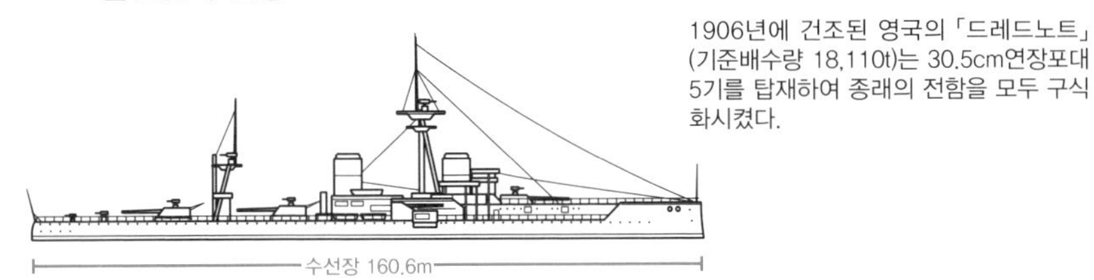


1906년에 건조된 영국의 「드레드노트」(기준배수량 18,110t)는 30.5cm연장포대 5기를 탑재하여 종래의 전함을 모두 구식화시켰다.

### ● 초노급전함으로

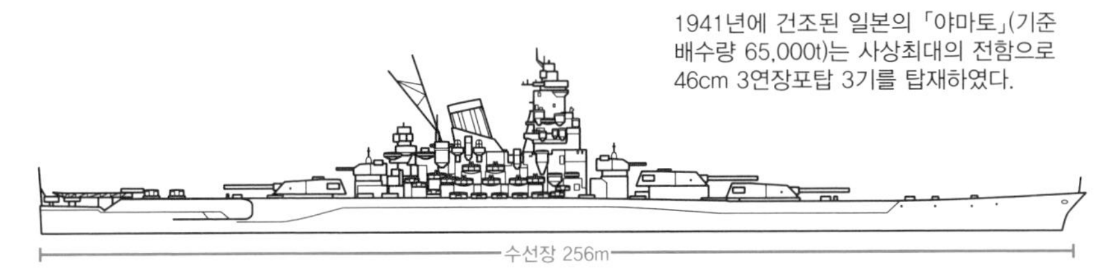


1941년에 건조된 일본의 「야마토」(기준배수량 65,000t)는 사상최대의 전함으로 46cm 3연장포탑 3기를 탑재하였다.

관련항목
● 전함의 주포는 최강병기인가? → No.034
● 군함은 어디를 방어하는가? → No.015
● 순양전함이란 무엇인가? → No.029

No.028

# 순양함이란 무엇인가?

순양함이란 범선시대부터 대전 중, 전후에 이르기까지 함대의 중핵이 되었다. 외양항행능력이 높고, 어떠한 임무도 수행할 수 있다.

## ● 대양을 순항하는 크루저

순양함의 선조는 범선시대의 **프리깃**이라고 불리는 함종으로, 「높은 항행성능을 지니고 적당한 크기」의 군함이었다. 이 개념은 현대까지 이어져오고 있다.

19세기에 등장한 장갑함은, 중무장 · 중장갑 전함과 속도 · 항행성 중시의 순양함으로 나뉘어 발전하였다. 순양함에게 요구되는 능력은 확대된 바다를 장기간 경계항행하는 것으로, 무장이나 장갑은 둘째취급받았다. 「전함과 싸우는 것 이외의 모든 임무」를 담당하여, 전투 외에, 경비나 정찰 등의 임무에 이용되었던 것이다.

19세기말, 순양함은 방호순양함과, 그것보다 대형의 전투지향의 장갑순양함으로 나뉘어 발전했다. 또한, 제1차 세계대전에서 등장한 **순양전함**은, 장갑순양함 킬러라고도 할 정도로, 전함급의 화력으로 종래의 순양함을 몰아내버렸다. 순양전함은 돌연변이와 같은 존재이다.

그리고 제2차 세계대전 전야 「**워싱턴 군축조약**」을 시작으로 한 군축조약에 의해, 군함의 세계는 일변했다. 주포구경이 큰 순양함은 「중순양함」으로 불리며, 전함에 준하는 전투함으로 보게 되었던 것이다. 중순 이외의 순양함은 「경순양함」이 되어, 포격전 이외의 용도에 쓰이게 되었다. 예를 들면 수뢰전대(구축함대)의 기함이 되거나, 정찰이나 통상로경비 등이다.

제2차 세계대전의 유명한 순양함으로는 독일의 도이칠란트급(11,700t)을 들 수 있다. 「포켓전함」이라는 별명을 갖고 있는 이 함은, 디젤기관으로 장대한 항행력을 획득하여, 통상파괴전에 공헌했다. 미국의 애틀란타급(6,700t)은 대공전에 유효한 5인치 양용포와 다수의 기관총을 탑재하고 있었다. 이쪽은 「방공순양함」이라고 불리며, 항모기동대의 호위에 쓰였다.

## 순양함이란 무엇인가?

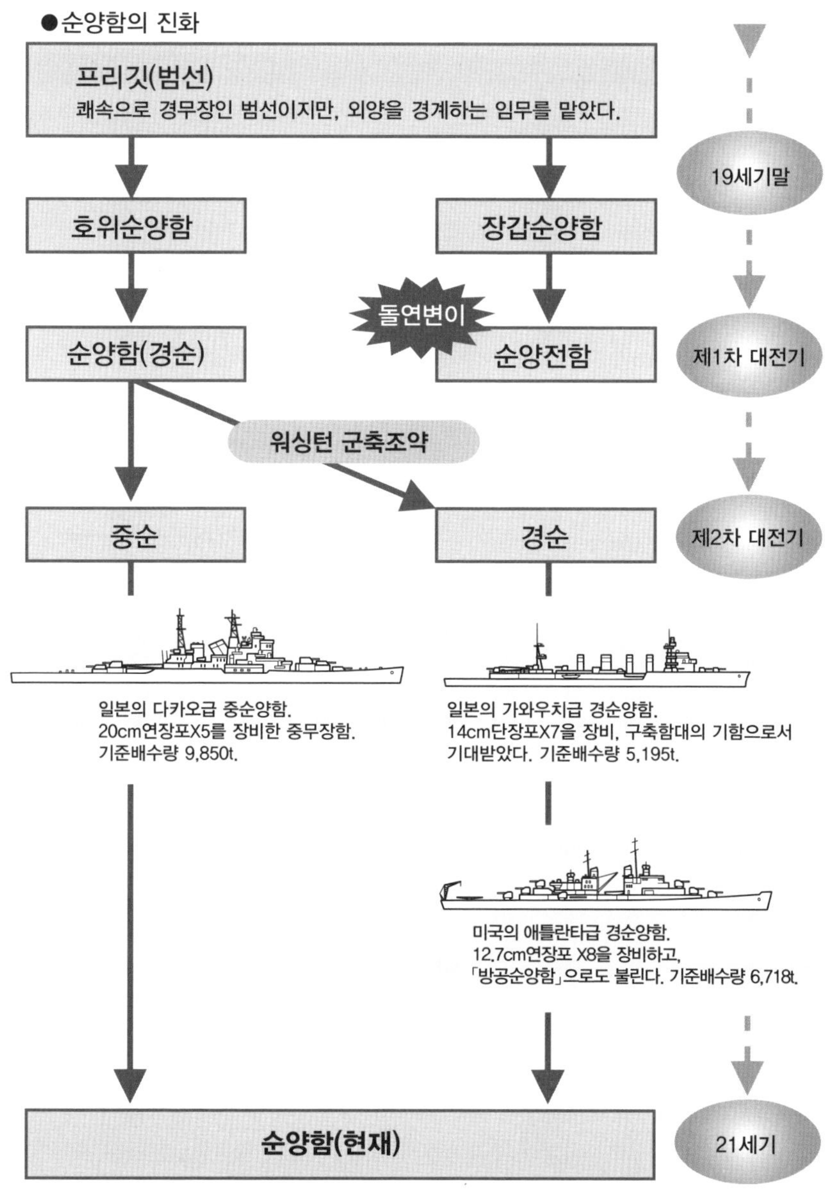


### 관련항목


● 프리깃이란 무엇인가? → No.081
● 순양전함이란 무엇인가? → No.029
● 함의 크기는 조약으로 결정되었다? → No.006

No.029

# 순양전함이란 무엇인가?

순양전함은 전함과 순양함의 특성을 갖춘 군함이다. 고속, 고화력, 경장갑이 특징으로, 그 컨셉은 후의 고속전함에 이어지게 된다.

## ●전장을 달리는 마이너 함종

전함에 상당하는 포격력, 순양함에 상당하는 고속성을 겸비한 군함이 「순양전함(순전)」으로, 주로 제1차 세계대전에서 활약하였다. 순전의 건조와 운용을 행한 국가는 영,독,일의 3국만으로, 군함사 중에도 희귀한 함종으로 취급된다.

1908년에 영국이 건조한 「인빈시블」이 선구로, 그 후 성능을 향상시킨 순전이 등장한다. 영국의 「라이온」(1912년), 일본이 영국에게 발주한 「**콘고**」(1913년) 등은 (획기적인 전함이었던 **드레드노트**급을 넘어선다는 의미로) 「초노급 순양전함」이라고 불린다.

순전은 속도를 살린 초계 · 추격임무를 특기로 했다. 1914년의 포클랜드 해전에서, 영국 순전이 독일함대를 포착, 격멸한 것은 그 좋은 예의 한가지이다. 순양함으로 구성된 함대는 「인빈시블」에 속도로도 화력으로도 상대가 되지 않았고, 일방적인 패배를 당했다.

하지만, 순전의 장갑은 얇아, 적주력함과의 포격전에서는 크게 약점을 보였다. 1916년의 **유틀란드 해전**에서 영국측 순전은 3척이나 침몰당했고, 제2차 세계대전에서 영국 「**후드**」가 독일 「비스마르크」에 격침당했던 것도 방어력이 낮았기 때문이었다.

제1차 세계대전의 각국에서는 전훈을 되돌아보며, 기존의 순전의 방어력강화를 꾀했다. 예를 들면 일본의 「콘고」는 개장을 더해 속력이 저하되어, 최종적으로 「전함」 으로 함종이 변경되기에 이른다. 콘고의 예와 같이, 순전은 통상적인 전함급으로 방어력을 강화하며, 결국 전함과 융합되어갔다.

개장한 순전이 아니라, 속도중시로 설계된 전함이라고 하는 것은 그 후에도 새로이 건조되어 갔다. 독일의 샤른호스트급, 프랑스의 리슐리에급, 이탈리아의 비토리오 베네토급, 그리고 미국의 아이오와급도 30노트 이상의 속력을 낼 수 있는 전함이다.

## 순양전함이란 무엇인가?

순양전함은 전함보다도 속도가 빠르고 행동범위가 넓지만, 상대가 강력한 포를 장비하고 있는 경우에는 불리.

|  | 공격력 | 속력 | 방어력 |
|---|---|---|---|
| 순양전함 | ◎ | ◎ | × |
| 전함 | ◎ | × | ◎ |

### ●대표적인 순양전함

1920년대에 준공된 영국의 「후드」는 완성당시에는 세계최대의 군함이었다. 38cm연장포X4, 기준배수량 42,670t.

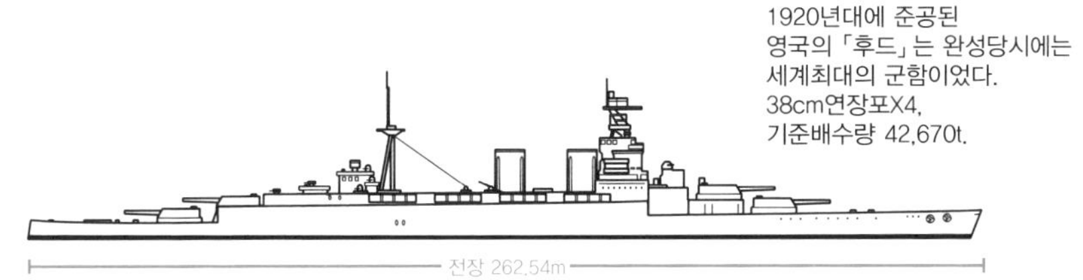


1913년에 준공된 일본의 「콘고」는 순양전함으로서 건조되었다. 그 후에 몇차례 개조되어, 전함으로 함종을 변경하였다. 35.6cm연장포X4, 기준배수량 26,330t.

### ●대표적인 고속전함

1943년에 준공된 미국의 「아이오와」는 32.5노트의 고속을 자랑한다. 40cm 3연장포X3, 기준배수량 48,110t.

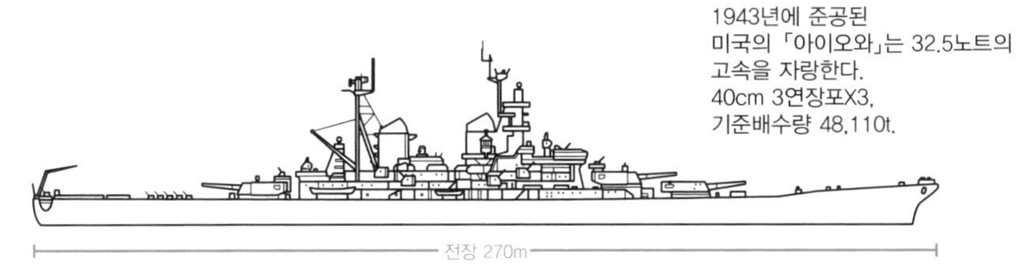


관련항목

●군함의 스펙이란? → No.004
●전함이란 무엇인가? → No.027
●함대결전으로 전쟁을 끝낼 수 있는가? → No.024
●전함이 침몰하는 원인은 무엇이었나? → No.044

No.030

# 구축함이란 무엇인가?

애초에 구축함은 주력함을 어뢰정에서 지키기 위해 만들어진 함종이었지만, 여러가지 임무를 수행할 수 있는 범용함으로 모습을 바꾸었다.

## ● 다용도함에서 주력함으로

19세기말에 **어뢰**가 발명되면서, 그것을 소형함에 탑재한 **어뢰정**(수뢰정)이 태어나, 각국이 다수 보유하게 되었다. 고속으로 신출귀몰하는 어뢰정은 주력함으로서 대항하기에는 열세였기에, 그것에 대항하기 위해 구축함(어뢰정구축함)이 탄생하였다. 구축함의 무장은, 어뢰정을 쫓아내기 위한 소구경포와, 주력함을 공격하기 위한 어뢰로, 배수량 수백t의 대형어뢰정이라고 할만한 것이었다.

그 후, 구축함은 함대에 동반되는 고속소형의 함종으로서 잡일을 담당하게 된다. 제2차 세계대전 시에는 배수량 1,500~2,000t정도까지 대형화되어, 어뢰 외에, 다른 군함이나 상선의 호위로서 대잠 · 대공임무를 수행했다. 싸움의 주력이 항공기와 잠수함으로 옮겨가자, 구축함은 어뢰발사관을 없애고 대잠 · 대공전에 특화되게 변해갔다.

전후에는 배수량 3,000t이상의 구축함이 많아져, 지금은 대공 · 대잠 · 대수상병기를 탑재한 다용도함이 되었다.

구축함의 용도는 국가에 따라 다르지만, 기관에 가스터빈을 탑재하여 더욱 기동성을 높여, 각종 **미사일**이나 대잠임무에 유효한 헬리콥터의 탑재도 늘어나고 있는 것이 일반적인 경향이다.

그리고, 미국 알레이버크급(6,914t)이나 해상자위대의 콘고급(7,250t)과 같이, 대형 선체에 최신 **이지스 시스템**을 탑재하여, 함대방공능력을 부여한 슈퍼 구축함도 출현하고 있다. 참고로 해상자위대에서는 보유한 군함을 「호위함」으로 부르지만, 그것은 해외에서는 구축함에 해당하는 군함이다(지방대소속의 소형 호위함은 제외하고).

현대에는 세계적으로 해군규모가 축소경향에 있어, 구축함은 현대해군의 중핵이 되어 있다. 가장 출세한 군함일지도 모른다.

## 구축함이란 무엇인가?

### ●수뢰정의 탄생

19세기말에 어뢰를 탑재한
배수량 50~200t의 수뢰정이 탄생하여,
더욱 대형의 주력함을 위협하게 되었다.

### ●구축함의 탄생(대수뢰정 임무가 주임무)

1894년에 준공된 영국의 「하복」이
최초로 「구축함」으로 불리지만,
실태는 대형 외양형수뢰정이라고
할만한 것이었다. 배수량 275t.

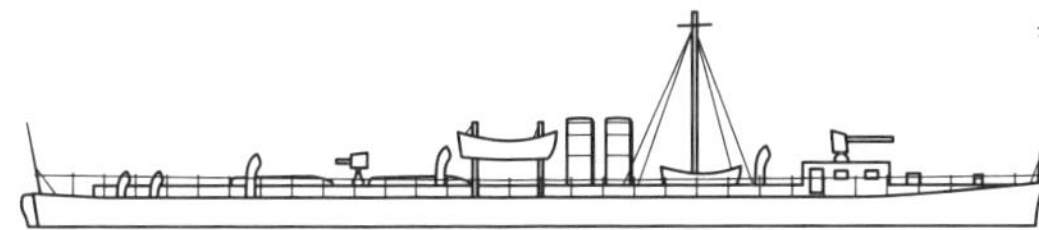

### ●구축함의 발전(대공, 대잠임무가 주임무)

2차 세계대전에서 미국의 플래쳐급.
대공병기나 레이더가 눈에띈다.
기준배수량 2,325t.

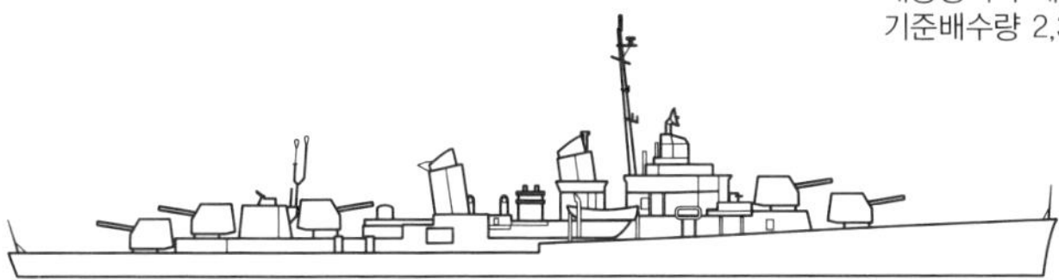

### ●현대의 구축함(수상함의 주력)

미국의 알레이버크급. 이지스 시스템을
탑재하여, 높은 방공능력을 지닌다.
기준배수량 6,914t.

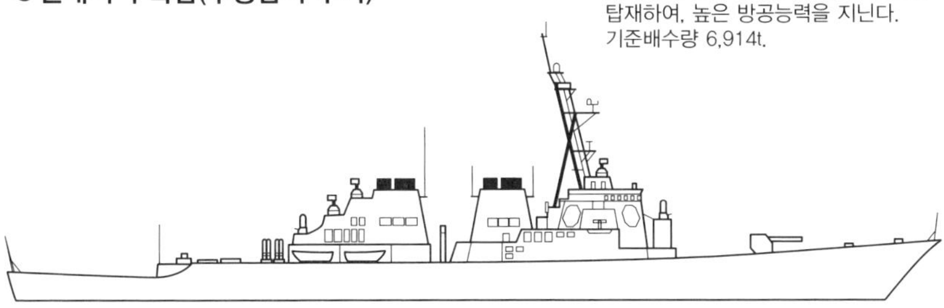

일본의 타카나미형. 대잠미사일이나
대잠 헬리콥터를 탑재하여,
높은 대잠성능을 지닌다.
기준배수량 4,650t.

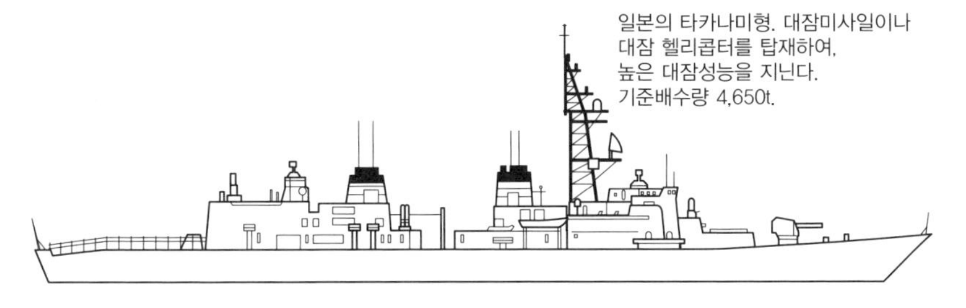

관련항목

●어뢰는 어떠한 병기인가? → No.038
●어뢰정이란 무엇인가? → No.084
●방공용 미사일이란? → No.049
●이지스함이란 무엇인가? → No.047

No.031

# 색적은 어떻게 하는가?

적의 발견은, 한때 눈으로 찾을 수 밖에 없었지만, 이윽고 레이더가 등장하고, 현대에는 위성정보도 활용하고 있다.

## ● 돌파구가 된 레이더

색적의 기본은 눈으로 찾는 것이다. 오래전에는 해안에서 감시하거나, 적함의 존재가 확인된 해역으로 정찰용 배를 파견하였다. **동해해전**에서는, 일본측은 러시아함대 발견을 위해 73척으로 초계하여, 발견에 성공했다.

그 후, 제2차 세계대전에서는 색적에 잠수함이나 항공기를 이용하게 되었다. 어느쪽도 단독으로 전선에 돌출할 수 있는 병기이다. 특히 항공기의 등장은 색적범위를 비약적으로 확대시켰지만, 결국 사람의 눈에 의지하는 것임에는 변함이 없었다.

색적에 극적변화가 일어난 것은, 전파의 반사에 의해 적의 존재를 포착할 수 있는 레이더이다. 등장초기에는 신뢰성이 낮았지만, 결국 색적의 주역이 되어갔다. 현대에는 **위상배열 레이더**phased-array radar가 최신형이다.

레이더 색적에 대항하기 위한 수단으로, 「역탐지」라고 불리는 전파탐지기도 개발되었다. 스스로 전파를 발신하는 것이 아니라, 적의 레이더파를 포착하는 수동적인 탐색장치이다.

잠수함이 색적하거나, 잠수함을 탐지하는데는, **소나**라고 하는 음파탐지기가 사용된다. 전파는 물속에서 통하지 않기 때문에, 레이더는 도움이 되지 않기 때문이다.

잠수함측에서는 스스로 소리를 내면 발견당할 뿐이기 때문에, 패시브(수신) 소나를 사용하며, 대잠측에서는 적극적으로 잠수함을 발견하기 위한 액티브(발신) 소나를 이용한다. 그 외에 자기나 적외선에 의한 탐지수단도 사용되고 있다.

선진국 해군에서 이용되는 최신기술로서, 데이터 링크가 있다. 통신위성을 경유하여 각함 각시설에서 정보를 공유하는 것이다. 이것으로 색적범위가 넓은 이지스함이나 정찰위성에서 얻은 정보가, 순식간에 전함에 전달되는 것이다. 이 시스템이 있으면, 적의 전략미사일에 대해서도 미사일방위MD에 의한 종합요격이 이루어질 수 있다.

## 색적은 어떻게 하는가?

### ●레이더에 의한 색적

전파를 발신하여,
적함에서 오는 반사파를
포착한다.

역탐지를 사용하면…

가령 같은 수신감도라면, 전파가 상대
에게 수신되는 것보다 2배 멀리서
상대의 전파를 수신하는 것이 가능하다.

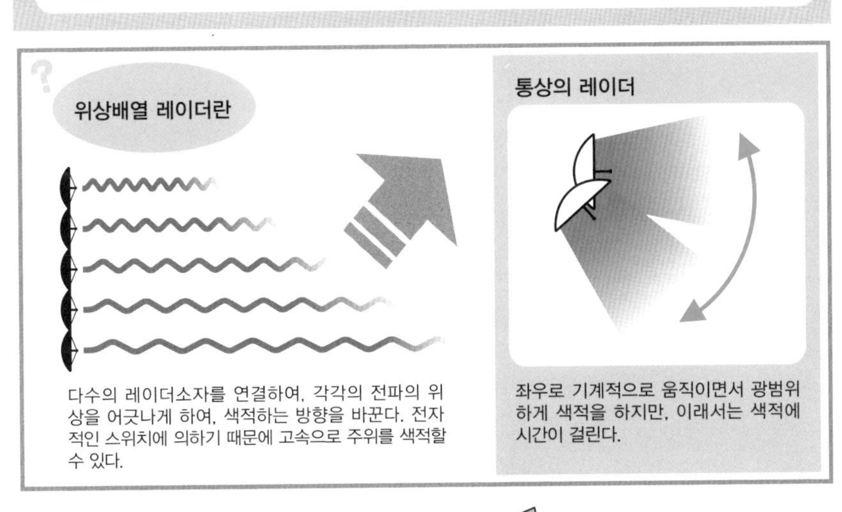


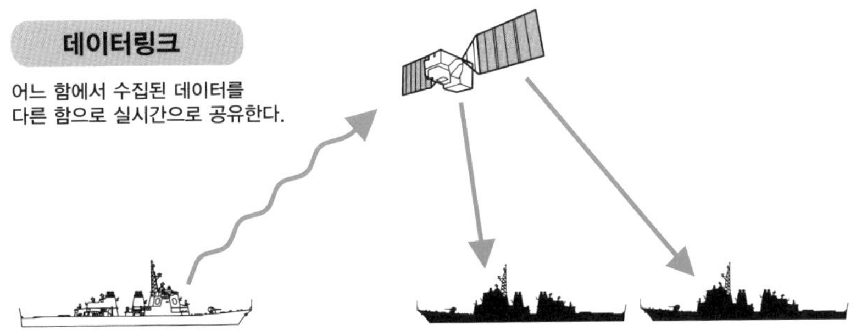


관련항목

●해전은 어떻게 변화해 왔는가? → No.096
●이지스함이란 무엇인가? → No.047
●잠수함은 어떻게 적을 찾는가? → No.074

No.032

# 해상은 몇km 앞까지 보이는가?

적함을 공격하기 위해서는 적이 보이지 않아서는 안되지만, 높은 장소에 있으면 더욱 멀리까지 보인다. 그래서 함교는 점점 높아졌다.

## ● 대형화되어가는 함교

**전함의 주포**는, 적함을 보다 멀리서 공격하기 위해, 시대와 함께 강력해져갔다. 적보다 먼 사정거리를 갖게 되면 일방적인 공격이 가능하고, 서로간에 주고받는 주포화력이 높은 쪽이 승산이 높다.

함이 커지면 더욱 크고 무거운 포가 실린다. 먼 곳을 쏘기 위해서는 더욱 큰 관측기재가 필요하며, 더 한층 멀리까지 볼 수 있기 위해서는 더욱 높아질 필요가 있다.

1904년의 러일전쟁시, 전함주포의 구경은 28~39cm로 거의 5~8km거리에서 포격을 행하였다. 당시의 전함의 함교는 아직 소형으로, 비교적 낮은 위치에 조준기나 거리측정기가 설치되어 있었다.

그리하여 주포의 구경이 30cm를 넘어, 사정거리도 10km를 넘게 되었다.

이 시대에는 강화된 대형 마스트가 함교의 뒤에 설치되어, 마스트 상부에 사격지휘소가 설치되었다.

제1차 세계대전 중의 **유틀란드 해전**(1916년)에는, 30~37.5cm포를 탑재한 초노급 전함이 14~23km에서 포격을 주고 받았다. 더욱이 전후 건조된 일본의「나가토」등은 40cm포를 장비하여, 더욱 원거리에서의 포격에 대응하여 함교도 대형화 되었다. **함교 · 사격지휘소 · 거리측정기**가 일체화된 디자인이 들어가게 되었다. 이 무렵, 주포 사정거리는 35~40km에 달했지만, 그렇게 멀리서는 착탄을 함교에서 관착하는 것은 곤란해졌다. **「야마토」**의 제1함교는 수면에서 약 34m높이에 있었지만, 이걸로도 20.8km밖의 수면밖에 보이지 않았다. 다만, 상대도 마찬가지 높이라면 41.6km밖까지 관측이 가능했다.

수평선 저편을 관측하는 방법은, 제1차 세계대전 중에는 기구가, 그 이후에는 수상기가 채용되었지만, 실제로는 상공에서 착탄을 관측해서 조준을 조절하는 것은 곤란해서, 실전에서 사용되는 일은 없었다.

## 해상은 몇km 앞까지 보이는가?

### ●포의 사정거리가 늘어나면 함교도 대형화된다

「콘고」의 함교의 변화

아래의 그림은 1913년의 새로 건조되었을 때의 것으로, 마스트는 높지만, 함교는 낮은 위치에 있었다. 1929년에는 함교의 높이는 2배가 되어, 더욱 먼 곳에 있는 적과 교전할 수 있게 되었다.

### ●맑은 날씨에서 시인가능한 거리(km)

맑은 날씨에서 시인가능한 대강의 거리는 아래와 같다. 맑은 날씨라도, 기온이나 해수온도에 의해서, 대기의 흔들림이 발생하면 조건은 나빠진다.

| | | 시인측 | | | | | |
|---|---|---|---|---|---|---|---|
| | | 대형함 | 순양함 | 구축함 | 소형함 | 어뢰정 | 잠망경 |
| 대상 | 대형함 | 34 | 30 | 28 | 27 | 25 | 18 |
| | 순양함 | 30 | 27 | 25 | 23 | 21 | 16 |
| | 구축함 | 28 | 25 | 23 | 21 | 19 | 14 |
| | 소형함 | 27 | 23 | 21 | 19 | 16 | 10 |
| | 어뢰정 | 25 | 21 | 19 | 16 | 14 | 5 |
| | 잠망경 | 2 | 2 | 2 | 2 | 2 | 1 |

관련항목

●전함의 주포는 최강병기인가? → No.034
●함대결전으로 전쟁을 끝낼 수 있는가? → No.024
●어떻게 하여 조준하는가? → No.033
●전함이란 무엇인가? → No.027

No.033

# 어떻게 하여 조준하는가?

고속항행하면서 서로 포화를 주고 받으면, 포탄은 거의 명중하지 않는다.
1만m를 넘는 거리에서는 명중률이 1%전후인 것도 드물지 않다.

## ● 정밀조준기능과 사격용 계산기

19세기 초엽의 포격은 눈으로 보고 조준하여 초탄위치를 보고 포의 방향이나 각도를 조절하였다. 목표를 넘어가고 만다면 착탄이 관측되기 어려웠기 때문에 눈앞에 초탄을 쏘아 다음탄 이후를 서서히 적에게 접근시켜갔다.

전함에서는 결국, 탄착관측경, 거리측정기, 사격용 계산기 등의 기기가 도입되어, 포격은 다소 정확해졌다.

거리측정기는 사이즈가 클수록 정확하여, 군함에서는 가로폭 수m의 물건이 선택되었지만, 전함 **야마토**급은 가로폭 15m정도나 되는 거대한 거리측정기를 탑재하였다.

사격용 계산기에 대해서는 그것이 없는 시대, 사격지휘소에서는 얻을 수 있는 데이터에서 사격에 필요한 숫자를 수작업으로 계산하여, 포수에게 전달했다. 그리하여 이것을 유기적으로 통합하는 수단이 필요해져서, 제1차 세계대전 전에는 데이터를 전기적인 입력방식으로 양각을 계산하여 포수에게 보내는 방위판조준장치가 개발되었다. 이후의 전함에 탑재된 그 장치야 말로, 오늘날의 컴퓨터의 선조이다.

통일된 사격이 가능해졌기 때문에 「협차 혹은 사다리」식의 사격법이 탄생했다. 이러한 협차사격을 행하게 되면, 행운으로도 탄환이 명중하거나, 목표를 수회의 탄착점 범위에 몰아넣는(협차상태가 된다) 협차가 확인가능하다면 자함의 포격범위에 적이 들어온 것이 된다. 명중탄을 기대할 수 있기 때문에 모든 포탑에 일제사격 명령이 내려진다.

제2차 세계대전 후기에는 **레이더**가 실용화되어, 적함의 방위와 거리에 대한 측정이 정확하고 용이해졌다. 1944년의 **스리가오해협해전**에서 해상도가 뛰어난 레이더를 사용했던 미함대는, 일본함대에 대해 초탄부터 명중탄을 냈다. 레이더 도입 후, 미, 영에서는 적을 포착 후에 곧바로 일제사격에 들어가게 되었다.

## 어떻게 조준하는가?



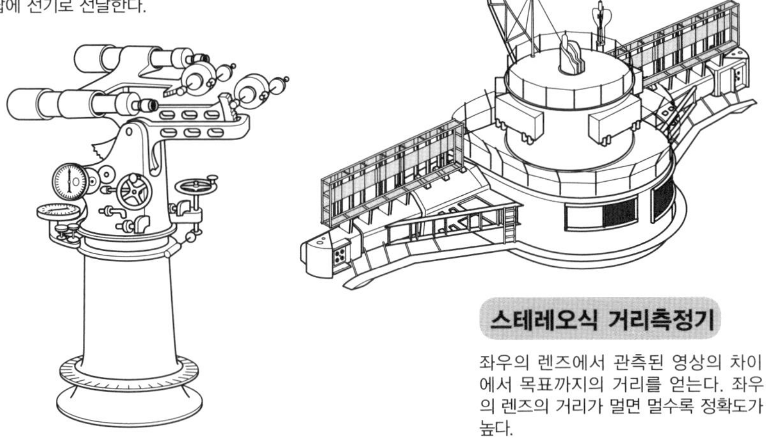

### 방위판조준장치

목표까지의 거리, 목표와 자함의 속도를 입력하여, 주포의 방향이나 양각의 데이터를 입력하여, 각포탑에 전기로 전달한다.

### 스테레오식 거리측정기

좌우의 렌즈에서 관측된 영상의 차이에서 목표까지의 거리를 얻는다. 좌우의 렌즈의 거리가 멀면 멀수록 정확도가 높다.

### 협차 혹은 사다리식 사격법

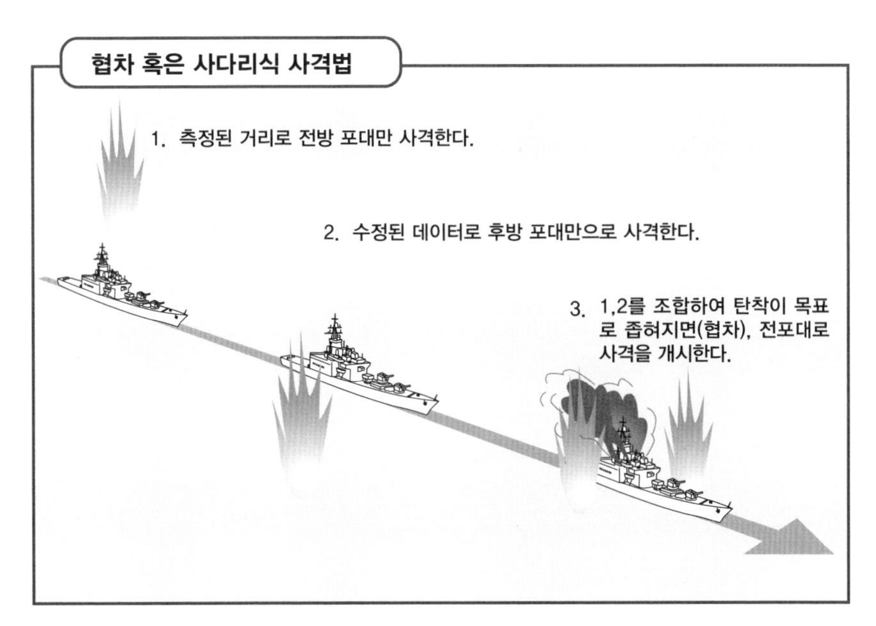


관련항목
●해상은 몇km 앞까지 보이는가? → No.032
●색적은 어떻게 하는가? → No.031
●전함이란 무엇인가? → No.027
●함대결전으로 전쟁을 끝낼 수 있는가? → No.024

No.034

# 전함의 주포는 최강병기인가?

항공기가 병기화되기 이전, 해전은 포격으로 결판이 났다. 그 당시, 각국은 거포의 개발에 사력을 다했던 것이다.

## ● 사정거리와 정밀도와 위력의 극치

1920년의 「나가토」취역에 이어 영미도 거함을 건조하여, 세계에는 7척의 40cm 포함이 나타났다. 이전, **군축조약**에서 전함의 건조는 금지되었지만, 제2차 세계대전에서 더욱 고위력의 **주포를 가진 전함**이 참전했다.

1941년 완성된 「**야마토**」(65,000t)는 45구경 46cm포를 장비하고 있었다. 1946년에 완성된 미국전함 「**아이오와**」(48,500t)는 50구경 40cm포라고 하는 지금까지 없던 장포신의 주포를 장비하여, 그 사정거리는 37.8km에 달했다.

주포가 대형화됨에 따라, 포탄도 장약(화약)양을 증가시켰다. 46cm포의 경우, 포탄중량은 1,460kg, 장약은 55kg의 약낭을 최대 6개까지, 합계 330kg 사용할 수 있었다. 발사시의 포신내압력은 3,300기압에 달했다고 한다.

포의 제작에 대해서 말하자면, 소구경포는 특수강덩어리에 구멍을 파서 포신을 제작하지만, 대구경포의 경우에는, 복수의 관이 겹쳐지는 다층구조인데, 특수강의 층, 고장력강의 와이어를 감은 층, 그 바깥측에 특수강의 층이라고 하는 구조로 되어 있다. 이러한 것들을 조합할 경우에는, 바깥쪽의 층을 열팽창시켜 안쪽의 층을 삽입하고, 냉각시켜 수축시킨다. 가장 안쪽의 층은 마지막에 삽입되어, 수압에 의해 포신에 밀착시킨다. 이렇게 포신이 만들어지면, 마지막으로 강선(포탄의 회전에 의해 탄도를 안정시키기 위한 홈)을 파낸다.

이러한 노력을 쏟아 제작된 포신은, 200발 전후의 포탄을 발사할 때쯤 수명을 다하고 만다. 포가 길게 되면 명중률은 올라가고 화력도 상향되지만, 포신의 수명은 더 짧아지게 된다. 그리고 포탄은 포에 맞추는 수밖에 없고, 동형함이 아니라면 돌려쓰는 것도 할 수 없다. 이렇게 코스트면에서 문제가 크지만, 각국은 더욱 좋은 것을 요구하며 거포를 제조했다.

그러나, 제2차 세계대전에서 해전을 제압하는 것은 항공공격이라는 것이 실증되었다. 주포화력을 가지고 최강의 좌에 오른 전함은 그 지위를 항모에게 빼앗기게 되었다.

## 전함의 주포는 최강병기인가?

### 전함야마토 주포의 경이

#### 46cm포탄과 장약

야마토급의 주포인 46cm포의 포탄중량은 1,460kg이며, 사람의 신장보다도 크다. 장약도 55kg의 화역을 최대 6개, 합계 330kg 사용하여, 장약만으로도 그림과 같은 크기가 된다.

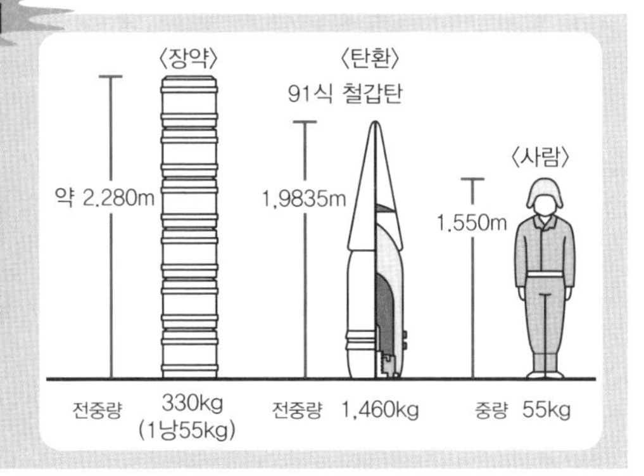


#### 46cm 포탄과 장약

최대앙각 43°로 발사하면, 고도 11,000m(후지산의 3배의 높이)에 달하며, 발사에서 90초후에 42km지점에 착탄한다.

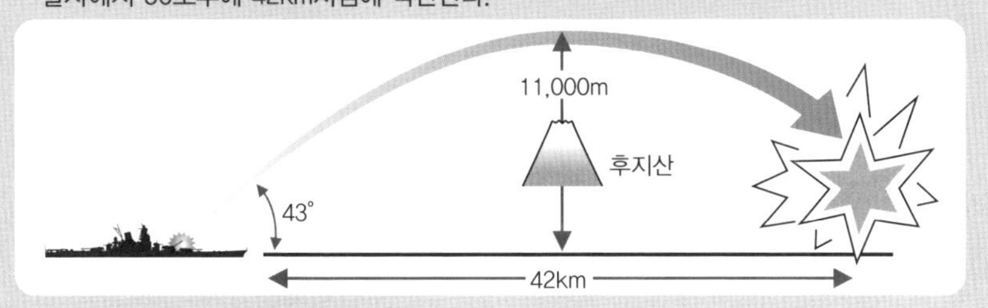


#### 46cm포의 사정거리

도쿄역에서 발사하면 오후나, 하치오지, 가와고에, 치바부근이 사정거리에 들어온다.

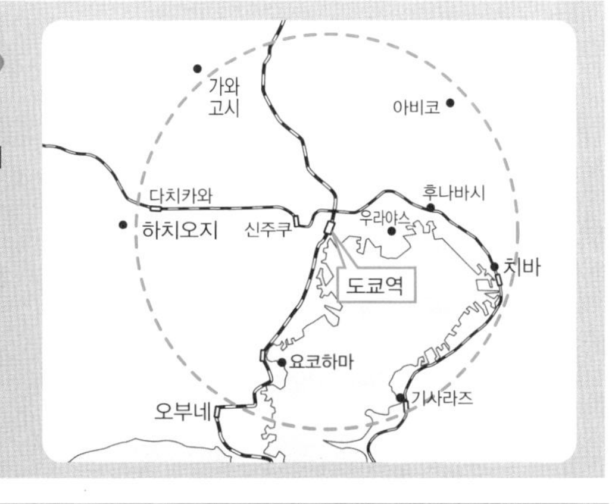


#### 관련항목

- 함의 크기는 조약으로 결정되었다? → No.006
- 각국의 최강전함을 비교해 본다면? → No.043
- 전함이란 무엇인가? → No.027
- 순양전함이란 무엇인가? → No.029

No.035

# 어떤 포탄을 쏘는가?

시대와 함께 포탄의 구조도 진화해 왔지만, 제2차 세계대전까지는 적함장갑을 표적으로 한 철갑유탄, 그리고 유탄이 주로 이용되었다.

## ● 용도에 따라 여러가지인 포탄

당초에는 「발사되는 쇳덩어리」였던 포탄이었지만, 19세기 초기부터는 몇종류의 특수탄이 실용화되었다. 병력살상용의 산탄, 배의 돛을 파괴하는 사슬탄, 그리고 유탄 등이다. 조금 시대가 지나 철판으로 둘러싸인 철갑함시대가 되자 이 신형함을 쓰러트리기 위해서 신형포탄이 개발되었다.

결정타였던 것은, 19세기 후반에 등장한 철갑유탄이다. 철갑을 관통하여 내부에서 폭발하는 것으로, 적당한 타이밍에 폭발시키기 위한 신관이 개발된 것을 이용하여, 드디어 실용화되었다. 철갑에 맞춰 폭발하는 것은 의미가 없었던 것이다. 철갑유탄은 대함용으로서 보급되어 「철갑탄」이라고 불리게 되었다.

한편, 항공기나 지상 등 비장갑 목표를 위한 유탄도 개발되었다. 해군에서는 「통상탄」이라고 불린다. 탄두는 가까이 붙고, 작약의 양이 증가하였다. 폭발확산으로 광범위한 범위에 피해를 입히기 위한 포탄이다.

일본에서는 타국에서 찾아볼 수 없는 특수한 포탄이 몇가지 사용된 적이 있다.

「잠수성철갑탄」은 「**워싱턴 군축조약**」으로 폐기처분이 결정된 전함 「도사」를 표적으로 한 연습 시의 발견이 개발의 계기가 되었다고 한다. 목표 직전에서 잠수한 포탄이 수중에서 직진하여 장갑이 얇은 수면아래 측면에 명중하여 큰 손실을 입히는 것이었다. 그래서 탄두를 납작하게 하고 피모가 착수와 함께 이탈되도록 한 88식 철갑탄이나 91식 철갑탄이 개발되었다.

또한 대항공기용으로 3식탄이라는 것이 있다. 이것은 적편대의 전방상공에 연소제(마그네슘)가 충진된 파이프가 몇십~몇백개 가량 방출되는 대공포탄이었지만, 제2차 대전 중, 대지공격에도 유효하다고 확인되었다.

전함 「**콘고**」와 「하루나」는 과달카날의 미군비행장에 3식탄에 의한 함포사격(지상에대한 공격)을 실행하여 큰 전과를 올렸다.

## 어떤 포탄을 쏘는가?

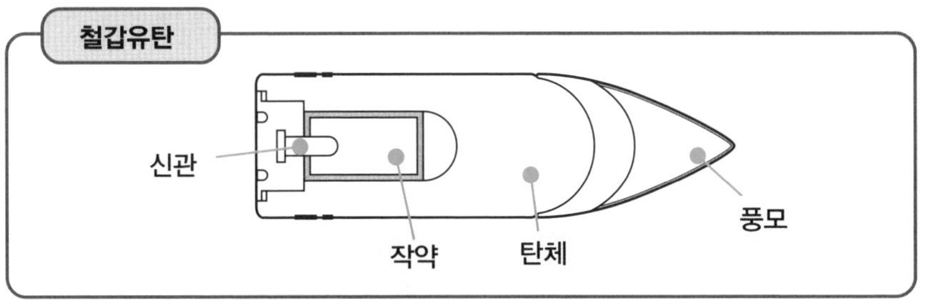


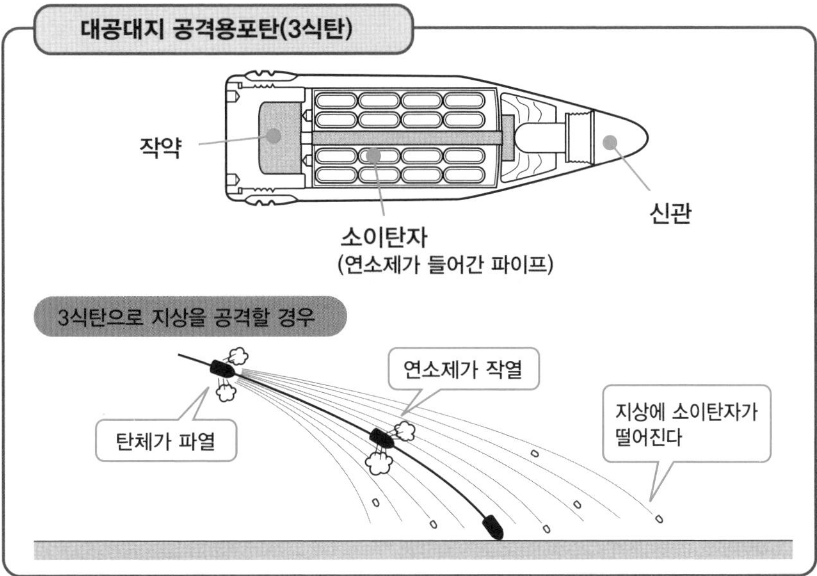


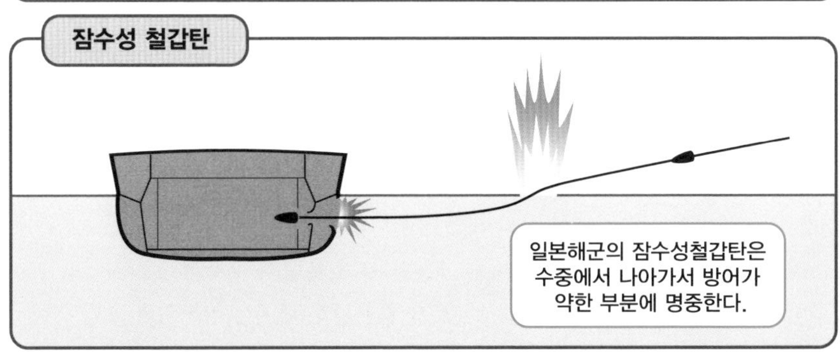


관련항목
● 전함의 주포는 최강병기인가? → No.034
● 함의 크기는 조약으로 정해졌다? → No.006
● 군함의 스펙이란? → No.004

No.036

# 주포는 어떻게 배치되어 있는가?

크고 무거운 주포를 함에 효율적으로 탑재하기 위해서, 여러가지 시행착오가 이루어져, 제2차 세계대전 무렵에는 세련된 전함이 취항되었다.

## ● 포의 진화와 갑판으로의 배치

범선시대, 군함의 포는 모두 현측에 늘어서있었다. 좌우 양현에 같은 수의 포가 있어도 실전에서는 한쪽현밖에 사용할 수 없었기 때문에 조작원도 전포문의 절반을 조작하는데 맞는 인원밖에 타지 않았다. 범선군함은 쓸데없는 것이 많이 있었던 것이다. 돛이 없어지고, 포는 갑판위로 올라가게 되었고, 거기에 선회할 수 있는 포탑이 등장하자, 각국해군은 그 배치에 연구를 거듭하게 되었다.

20세기 초엽의 전함은, 강력하지만 발사속도가 느린 **주포**, 위력은 적지만 발사속도가 빠른 **부포**, 그 중간의 중간포 등 3종류의 포를 장비하고 있었다.

동해해전 등의 전훈을 통틀어 장거리에서의 포격전의 유효성이 증명되면서, 중간포를 폐지하고 주포를 가능한 한 늘리는 것이 요구되었다. 그 최초의 함은 영국의 「**드레드노트**」(18,110t)로 주포는 5기의 포탑에 수납되어 상부구조의 전후좌우에 배치되었다.

더욱이 효율화가 고려되어, 모든 포를 같은 목표로 향하는 것이 가능하도록, 함의 중심선상에 배치되게 되었다. 또한 전후에 포탑이 늘어서서 서로간의 사격에 방해가 되었기 때문에 계단 같은 높이차이를 두고 배치하여 사격범위를 확보하게 되었다.

군함의 건조기술이 세련되어 각국에서 군비경쟁이 격화되자, 포의 배치에 더 더욱 연구가 집중되게 되었다. 영국의 「넬슨」(33,313t)이나 프랑스의 「**리슐리에**」(35,000t)는 전포문이 함의 전부에 배치되어 있었지만, 이것은 탄약고를 한 개로 만들어 방어범위를 좁힌다고 하는 의미가 컸다.

부포는, 제1차 세계대전 무렵에는 간단한 포가에 붙어 현측에 늘어서있을 뿐이었다. 하지만 항공기에 대항하는 장비로서 발견된 시대에는 갑판위의 포탑에 수납되어 대수상 혹은 대공 양용포로서 이용되었다.

## 주포는 어떻게 배치되었는가?

미사카(일본, 1902년)

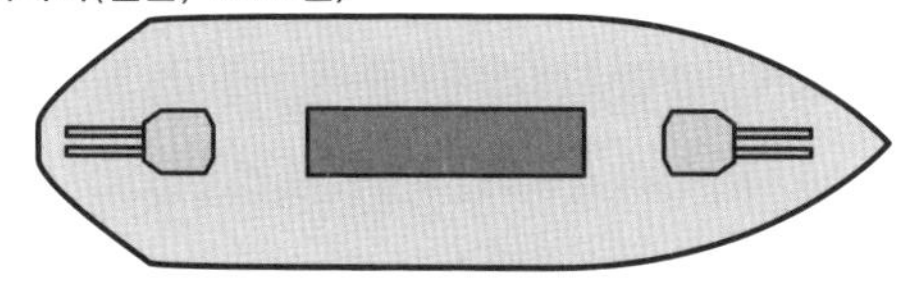

초기의 전함은 대형 연장포탑을 함의 전후에 탑재하는 것이 일반적이었다.

드레드노트(영국, 1906년)

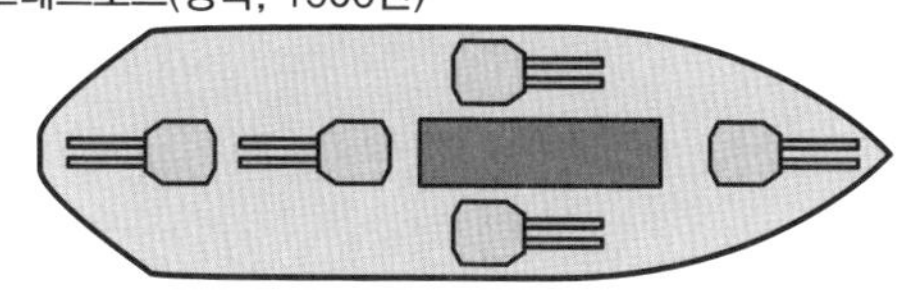

중간포를 폐지하고 주포의 수를 늘렸다. 현측에도 대형 포탑을 배치하였다. 대부분의 방향으로, 5개의 포탑중 3개가 사격이 가능하게 되었다.

나사우(독일, 1910년)

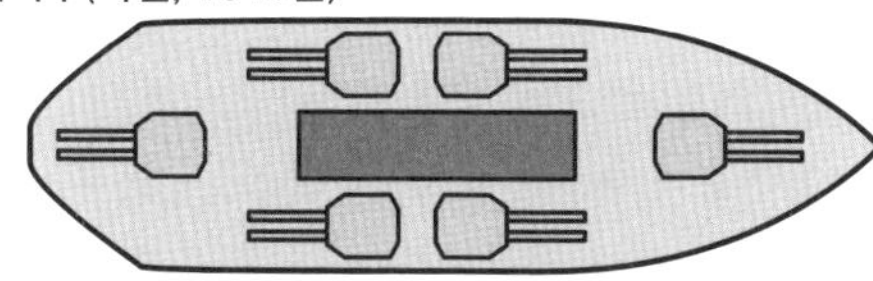

다수의 포탑을 탑재한 예. 이것이라면 사각에 들어가 사격이 불가능한 주포가 늘어나고 만다.

사우스캐롤라이나(미국, 1910년)

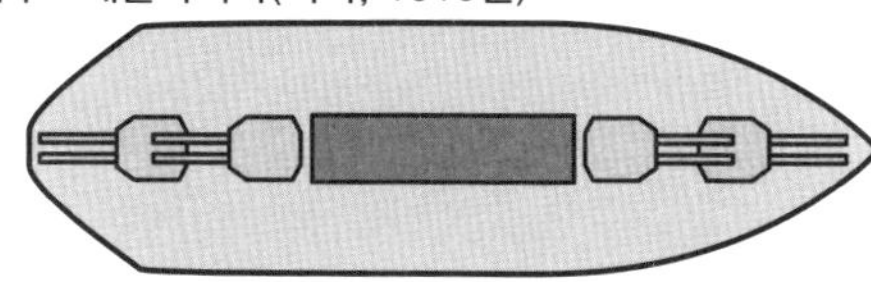

포탑의 일부를 높여서 (겹쳐지는 식으로 배치) 전후의 포탑을 집중시키는 것이 가능했다.

넬슨(영국, 1927년)

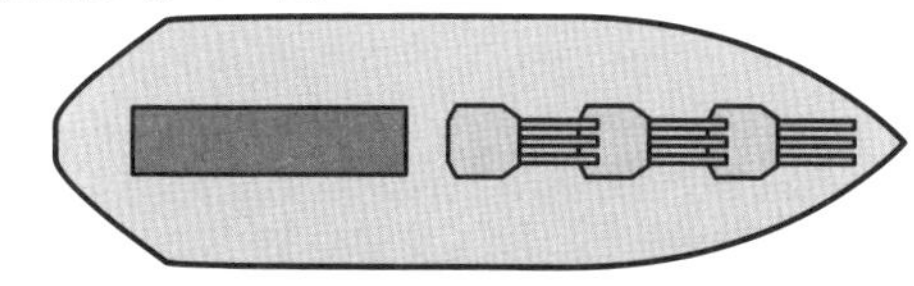

배수량을 억제하기 위해 화약고를 한 개로 하여, 장갑범위를 좁혔다. 중앙의 포탑이 겹쳐지는 식으로 되어 있다.

야마토(일본, 1941년)

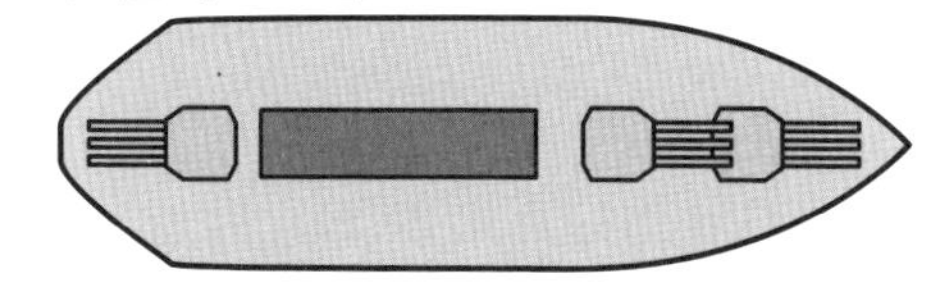

3연장포탑을 앞부분에 2기, 뒷부분에 1기 탑재한 배치는, 미국의 노스캐롤라이나급(1941년), 아이오와급(1942년)에도 채용되어 있어, 전함의 완성형이라고 할 수 있다.

관련항목

- 전함의 주포는 최강병기인가? → No.034
- 부포는 무엇을 위해 붙어있는가? → No.037
- 전함이란 무엇인가? → No.027
- 각국의 최강전함을 비교해 본다면? → No.043

No.037

# 부포는 무엇을 위해 붙어있는가?

전함 「야마토」에는 주포보다 작은 부포가 붙어있지만, 그것은 애초에 순양함의 주포였던 것이다.

## ● 방전용으로 중요한 포

전장에 있어, 군함의 **주포**는 고화력과 장사정을 기대할 수 있다. 하지만, 대형함의 주포는 거대할뿐으로 포탑회전속도가 느리고, 포탄의 장전도 시간이 걸린다. 탄약수도 한정되어 있기 때문에 상시 사용할 수는 없는 것이었다. **어뢰정** 등의 소형함정이 육박해올 경우, 속도에서 따라갈 수 없는 가능성도 있다.

의지가 안되는 것처럼 보이는 부포는, 실은 중요한 방전병기인 것이었다.

19세기말의 전함은 현측에 덕지덕지 부포가 붙어있었다. 영국의 로얄 사브린급(14,150t)이 그 견본이라고 할 수 있을 것이다. 당시의 부포는 각각 포실에 들어가 있어, 갑판에 고정되어 있는 선회대에 실려있어, 방패가 포와 일체화 되어 움직여 적탄을 막도록 되어 있었다. 이것은 케이스 메이트(포곽)식이라고 불린다. 탄약은 갑판아래에 부포용탄약고에서 필요에 따라 운반되었다. 당초에는 수동, 나중에는 구경이 커짐에 따라 기계로 장전하였다.

케이스메이트는 고풍스러운 형식이지만, 제2차 세계대전기에는(본래는 전함으로서 계획되었던) 일본 항모 「아카기」「가가」가 케이스메이트식 부포를 장비하고 있었다.

1920년대에 들어서자, 영국의 넬슨급, 미국의 메릴랜드급을 경계로, 부포에도 포탑식이 채용되게 되었다. 현측의 방어력을 올리고, 거기에 부포의 사정범위를 넓히고 대공임무도 담당하게 하려는 용도였다. 실제로 미전함의 부포는 타국보다 소구경인 12.7cm포였지만, 사격속도가 뛰어나, 대공포로서 우수하였다.

참고로 **야마토**급의 부포는, 순양함최상급에서 떼어온 3연장 60구경 15.5cm포탑이었다(최상급 주포를 연장 20cm포탑에 환장하여 15.5cm포는 필요없게 되었다). 이 포의 사정거리는 27km나 되어, 이례적으로 강력했다. 다만 포탑의 장갑두께는 25mm밖에 되지 않아, 부포가 피해를 입게 될 경우, 바로 아래의 탄약고에 인화되어 피해가 확대될 위험성도 있었다.

## 부포는 무엇을 위해 붙어있는가?

발사속도가 느리고 탄약수도 한정되어 있기 때문에
항공기나 소형함정을 공격하는 것에는 맞지 않는다

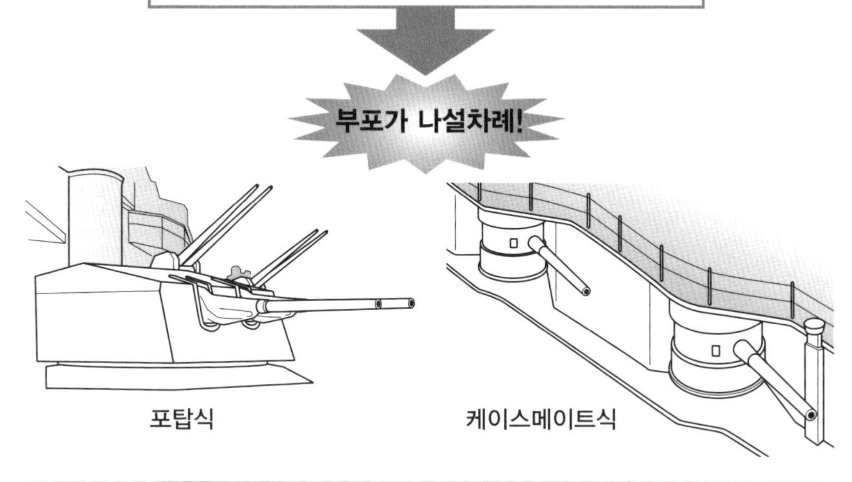


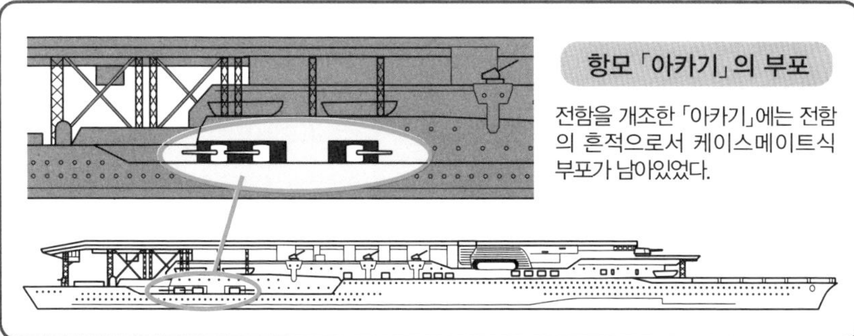

**항모 「아카기」의 부포**

전함을 개조한 「아카기」에는 전함의 흔적으로서 케이스메이트식 부포가 남아있었다.


관련항목

- 전함의 주포는 최강병기인가? → No.034
- 어뢰정이란 무엇인가? → No.084
- 전함이란 무엇인가? → No.027
- 데미지컨트롤이란 무엇인가? → No.014

# 어뢰는 어떠한 병기인가?

대량의 화약을 싣고 물속을 고속으로 돌진하는 어뢰는, 함정에 큰 피해를 입힌다. 대전 중에는 군함뿐 아니라 상선도 자주 희생되었다.

## ●물속을 달리는 저승사자

어뢰는 1866년에 발명되었다. 최초의 어뢰는 압축공기에 의한 피스톤을 움직이는 것으로, 속력은 6노트, 사정거리는 600m였다.

그 후, 고압공기와 연료를 폭발시키는 것으로 발생한 가스를 실린더로 보내 피스톤을 움직이는 열공기형 어뢰가 등장했다. 제1차 세계대전 무렵에는 속력은 30노트, 사정거리는 4km로 늘어났다.

제2차 세계대전 무렵에는 속력은 45노트, 사정거리는 10km에 달했다.

열공기형의 어뢰는 배기가 기포를 발생시켜, 수면에 항적을 남기는 것이 결점이었다. 이것을 개량한 것이 공기를 대신하여 산소를 사용하는 것으로, 일본이 개발에 성공한 「산소어뢰」이다. 산소는 모두 연소에 사용되어 배기가스를 남기지 않고, 연소효율이 좋기 때문에 사정거리도 늘어났다. 반면 다루기가 어려워져서 폭발할 위험성이 있었기 때문에 대전 시에는 일본밖에 사용하지 않았다.(전후에는 소련이나 러시아에서 사용)

전지로 모터를 돌려 움직이는 전기식어뢰도 전쟁 중에 등장했지만, 출력이 낮았다. 전후가 되면서 열공기식과 전기식의 연구가 크게 진행된 결과, 열공기식은 클로즈드 사이클을 채용하여 배기를 내지 않게 되었고, 전기식도 성능이 향상되어 실용화에 적합해졌다.

어뢰의 신관은 접촉식 혹은 자기반응식으로, 자기반응식 신관은 함정의 바로 아래의 용골(킬)에서 폭발하여, 심각한 데미지를 줄 수 있다. 유도는 당초에는 관성에 의존하였지만, 제2차 세계대전에서는 적함의 소리를 목표로 하여 나아가는 음향유도어뢰가 개발되었다. 전후, 항적유도, 유선유도, **액티브/패시브 소나**를 탑재하는 등의 유도방식이 고안되었다.

한때 어뢰는, 순양함, 구축함, **어뢰정**, 폭격기 등이 장비하고 있었지만, 지금은 **잠수함**만이 운용하고 있다. 전후에 배치된 더욱 소형인 것이 경어뢰로, 함정이나 항공기에 싣고 다니거나, **대잠미사일 탄두**로 사용되고 있다.

## 어뢰는 어떠한 병기인가?

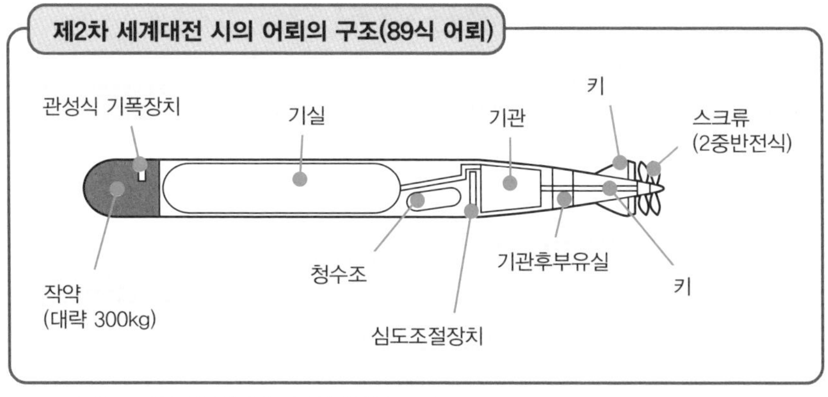


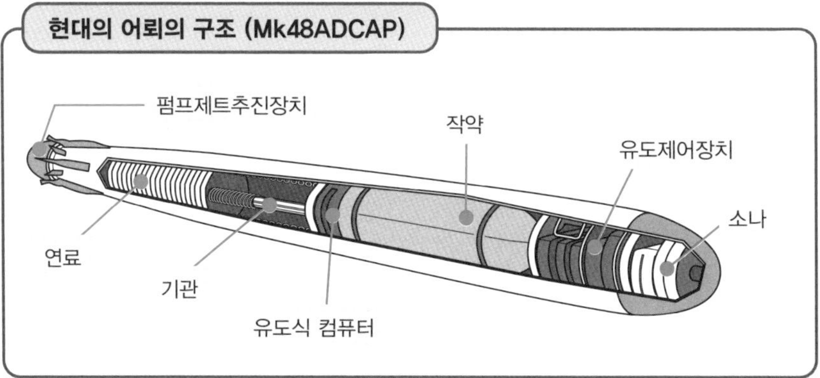


### ●대표적인 어뢰

| 명칭 | 국적 | 연대 | 속도(노트) | 사정거리(km) | 탄두중량(kg) | 추진기관 | 유도방식 |
|---|---|---|---|---|---|---|---|
| G7a | 독일 | WW2 | 44/30 | 5/12.5 | 280 | 열공기 | 없음 |
| G7e | 독일 | WW2 | 30 | 5 | 280 | 전기 | 없음 |
| 89식 | 일본 | WW2 | 45/36 | 5.5/10.1※ | 300 | 열공기 | 없음 |
| 93식 | 일본 | WW2 | 49/37 | 19.8/39.4※ | 490 | 산소 | 없음 |
| 95식 | 일본 | WW2 | 49/46 | 9.0/11.9※ | 405 | 산소 | 없음 |
| Mk16 Mod 1 | 미국 | WW2 | 46 | 6.3 | 339 | 열공기 | 없음 |
| Mk46NAERTIP | 미국 | 현대 | 45/25 | 10.8 | 45 | 클로즈드 | 소나 |
| Mk48ADCAP | 미국 | 현대 | 60/40 | 27/32※ | 300 | 클로즈드 | 유선+소나 |
| ET80A | 러시아 | 현대 | 45/35 | 11.5/14.4※ | 272 | 전기 | 유선+소나 |
| 시크발 | 러시아 | 현대 | 195 | 10 | 210 | 로켓 | ? |

※속도를 떨어트리면 사정거리가 늘어나게 된다.


관련항목

●잠수함은 어떻게 적을 찾는가? → No.074
●어뢰정이란 무엇인가? → No.084
●잠수함이란 무엇인가? → No.065
●대잠병기에는 어떠한 것이 있는가? → No.040

No.039

# 군함의 천적은 하늘에서 오는가?

제2차 세계대전 이후, 항공기는 군함의 큰 적이 되었다. 항공우세 없이 함대가 행동하는 것은 굉장히 곤란해진 것이다.

## ●진형과 대공포증설 그리고 신기술

제2차 세계대전 중, 수상함은 항공기에 맞서기 위한 대책을 강구했다. 특히 국력에 여유가 있던 미국은 생각대로 대책을 세울 수 있었다.

함대의 진형으로서 「**윤형진**」이 채용되었다. 허약한 항공모함을 함대의 중앙에 두고, 그 주변을 중무장한 전함이나 순양함이 둘러싼다. 더욱이 그 주위를 **구축함**이 둘러싸고 대공대잠전투에 맞추는 것이다.

더욱이 함대전방에 구축함(레이더 피켓함)을 배치하여, 적기의 조기 발견을 노린다.

장비면에서, 레이더 외에도 대공화력을 충실히 하였다(군함은 다른 무기와 달리, 간단히 무장을 증설할 수 있는 것이 좋은 점이다). 대공포나 대공기관총은 한계까지 증설되었는데, 무거워서 태풍으로 침몰한 함도 있을 정도였다. 적기가 다가오게 되면 폭발하는 근접신관을 갖춘 대공포탄은, 맹위를 떨치게 되었다.

대형항모는 건조에 시간과 경비가 많이 들었지만, 그것을 대량의 호위항모로 메꾸고, 함대 상공에 공중초계CAP를 실시한 것이 미군이다.

참고로 항공기가 군함의 천적이 된 시대에는 잠수함도 발달을 계속하여, 얕보기 어려운 적으로 인식되었다. 잠수함대책으로서 그 시대에는 폭뢰 등이 실린 구축함이 대처하였었다.

전후, 대공포에 사격레이더가 장비되게 되면서, 대공능력은 더욱 상향되었다. 그러나, 제트공격기나 소형고속의 대함미사일이 등장하자, 종래의 전술에 더해, 더더욱 강한 대책이 필요해졌다.

그것들에는 대형장사정의 **대공미사일** 등으로 맞섰지만, 그렇다고 해도 역부족이어서, 이번에는 다수의 미사일에 의해 방어하는 이지스함이 도입되었다.

## 군함의 천적은 하늘에서 오는가?

### ●윤형진과 레이더 피켓함

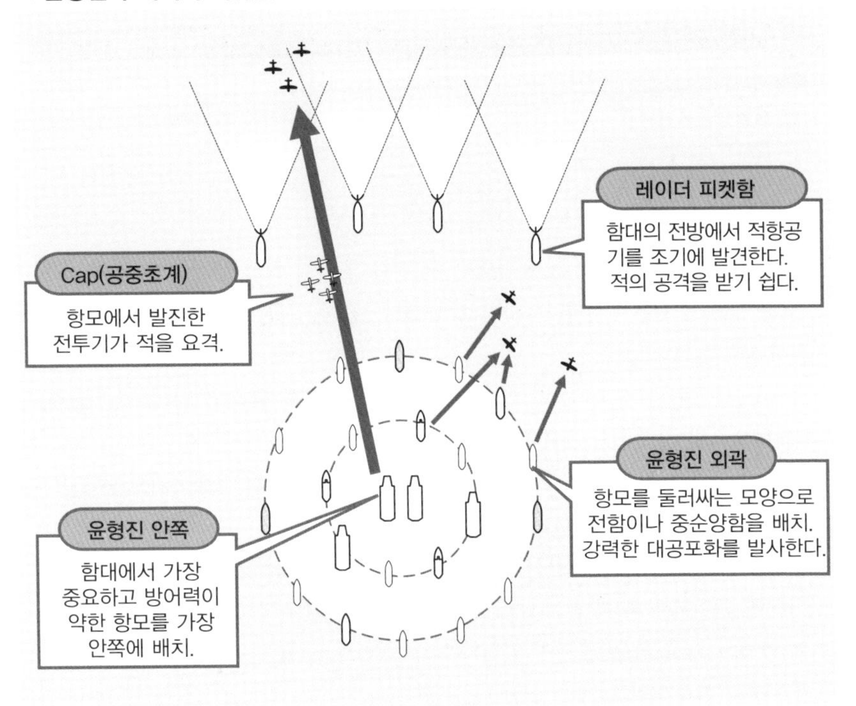


### ●현대의 미사일 방어

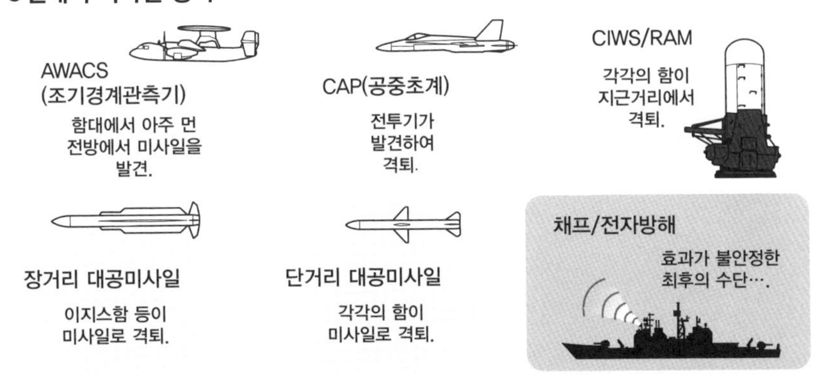


관련항목
●함대란 무엇인가? → No.023
●구축함이란 무엇인가? → No.030
●방공용 미사일이란? → No.049
●이지스함이란 무엇인가? → No.047

No.040

# 대잠병기에는 어떠한 것이 있는가?

정확한 위치를 알 수 없는 잠수함을 격파하기 위해, 한때는 대량의 폭뢰가 투하되었다. 현대의 대잠미사일은 추적하여 적함을 격파한다.

## ●흩뿌리기에서 꼬리잡기로 진화

애초에 초기의 대잠병기는 폭뢰였다. 작약을 케이스에 담은 것뿐인 단순한 병기로, 폭발하는 심도를 조절하는 것이 가능했다. 값이 쌌고 저심도에 있는 **잠수함**에 대해 효과적인 병기였다.

폭뢰는 갑판위의 궤도(레일)에서 투하되었지만, 이렇게 되면 함의 항적을 따라 직선패턴으로밖에 투하가 불가능했다. 그래서 폭뢰를 발사하는 투사장치도 개발되었다. 폭뢰를 투사하는 수단으로는, 그 외에 구포나 로켓을 사용하기도 하였으며, 러시아에서는 지금도 사용하고 있다.

폭뢰는 잠수함을 탐지하면서 지정심도에서 폭발하게 하기까지 시간이 걸리며, 결국 감에 의존하여 투하할 수밖에 없다. 그것도 폭발로 인해 소나를 한동안 사용할 수 없게 된다고 하는 결점이 있었다.

전후에는 핵폭뢰라고 하는 물건도 미국에서 개발되었다. 핵의 파괴력에 의지한 것으로 적 잠수함의 위치를 알 수 없어도 저지하는 것이 가능했다.

제2차 세계대전 중에 개발된 대잠병기 「해지호그Hedgehog」는 현대에도 사용되고 있다. 소형폭뢰를 투망처럼 넓은 범위에 대량으로 투사하는 것으로 사정거리는 300m이상이며, 신관에 접촉식으로 한 개가 폭발하면 다른 폭뢰도 모두 유폭되어 버리는 것이다. 명중하지 않는다면 폭발하지 않기 때문에 수상함은 소나를 계속해서 사용할 수 있다.

대잠미사일의 등장으로, 대잠병기는 비약적으로 발전하게 되었다. 미국의 「애스록」이나 러시아의 「라스트롭」(NATO코드 : 사이렉스)이 대표적으로, 소형의 유도어뢰인 「**경어뢰**」가 미사일에 실려있는 것이다.

잠수함을 탐지한 수상함에서 발사하면, 미사일은 목표부근까지 비행한 뒤, 경어뢰를 착수시킨다. 그 후, 어뢰는 주변을 원운동 내지는 나선운동하면서 탐색에 들어가, 목표를 발견하면 쫓아가게 된다.

## 대잠병기는 어떠한 것인가?

### ●제1차~제2차 세계대전 초기의 대잠수함 병기

### ●현대의 대잠수함병기(아스록 대잠미사일)

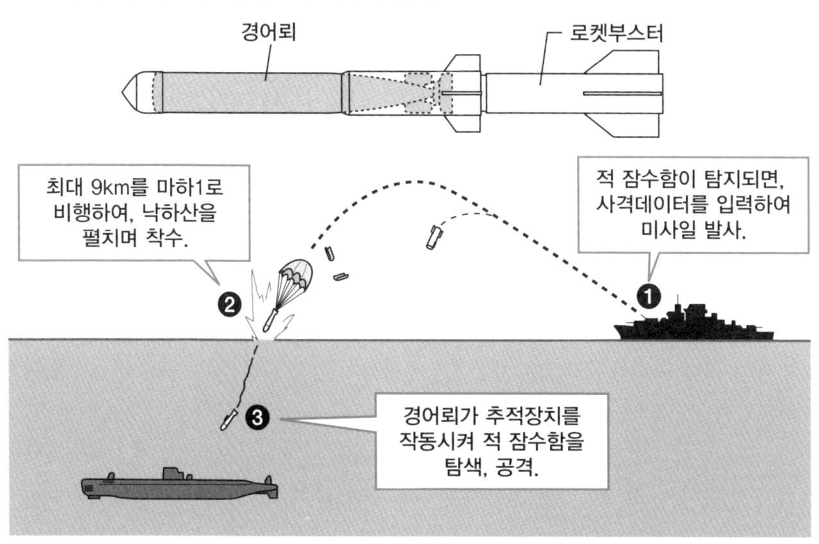


관련항목

●잠수함이란 무엇인가? → No.065
●잠수함은 어떻게 적을 찾는가? → No.074
●어뢰는 어떠한 병기인가? → No.038

No.041

# 군함의 야전장비와 전술은 어떠했는가?

태평양전역에서는, 솔로몬 군도주변을 비롯하여 많은 야전이 일어났다. 동해해전이 있던 옛날부터 야전은 특히 일본해군에게 특기였다.

## ● 살을 내주고 뼈를 치는 싸움

주력함끼리의 싸움은 낮에 이루어지지만, 밤이 되면 **어뢰정**이 어둠을 이용하여 기습을 가한다. 이것은 제2차 세계대전 이전부터 유효하다고 알려진 전술로, 적함이 정박하고 있는 때가 찬스였다.

그래서 적에 대하여 전력이 열세였던 일본해군은 야전에 힘을 쏟았고, 중뇌장함이나 구축함을 비롯한 어뢰전력의 충실을 꾀하였다.

또한, 일본은 탐조등을 적극적으로 장착하였다. 탄소로 만들어진 전극의 사이에 날아가는 전기 아크를 이용한 것으로, 직경 1.5cm정도의 전극에 세리움 등이 봉인되어 휘도나 광색을 조절할 수 있었다. 아크광은 반사광에 의해 수집되어, 관제장치에 의해 적함 방향으로 향하게 된다. **야마토**급에 장비된 탐조등은, 직경 150cm, 300암페어의 전류를 사용하여 12km앞까지 비출 수 있는 것이 8기 장비되어 있었다. 구축함에도 직경 90cm, 200암페어급이 장비되었다.

함대로 야전은 **단종진**(일렬종대)으로 행해지며, 아군 1척만이 탐조등을 조사한다. 다른 함은 조사되는 적선에 집중하여 포격을 가한다. 탐조등을 조사하는 함은 적에게 위치가 발각되기 때문에 집중포화를 받고 만다.

한편, 미해군은 조명탄을 이용하였다. 낙하산을 붙여 체공시간을 길게 만든 발광탄으로, 적의 등뒤에 발사하여 실루엣을 떠오르게 하는 것이었다. 훗날 미국에서는 사격 레이더의 정밀도가 향상되었기 때문에 조명탄도 탐조등도 사용하지 않고 정확한 포격이 가능해졌다. **제3차 솔로몬해전**에서는 일본전함 「기리시마」가, **스리가오해전**에서는 「야마시로」가 레이더 사격으로 침몰하였다.

또한 일본의 「야간 정탐원」은 높은 야간시력을 보유하고 있었기 때문에, 특별한 훈련을 받고 있었다. 눈을 어둠에 익숙하게 하기 위해, 붉은 조명을 켠 방에 틀어박혀 암시비타민(비타민D)을 섭취하거나 칠성장어 꼬치구이를 먹거나 했다고 한다.

## 전함의 야전장비와 전술은 어떠했는가?



### ●탐조등을 사용한 포격

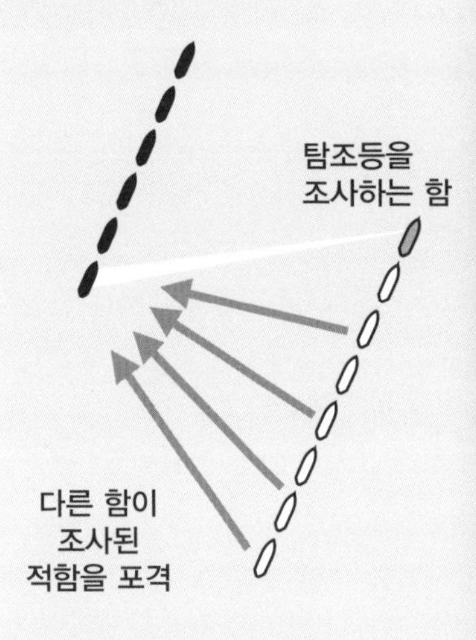

### ●조명탄을 사용한 포격

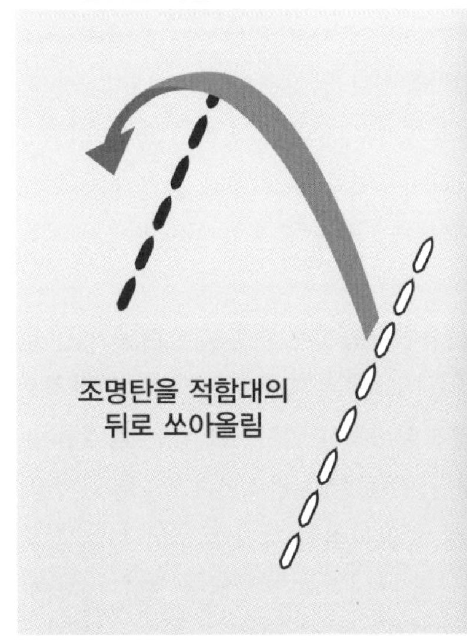

관련항목

●어뢰정이란 무엇인가? → No.084
●전함이란 무엇인가? → No.027
●함대란 무엇인가? → No.023
●함대결전으로 전쟁을 끝낼 수 있는가? → No.024

No.042

# 전함을 건조하면 나라가 기우는가?

전함은 고가의 병기로, 보유국도 한정되어 있었다. 몇척정도는 건조해도 국가재정에 영향은 없지만, 국력 이상의 건함을 하게 되면 정말로 나라가 기울고 만다.

## ●국가예산을 압박하는 돈먹는 벌레

전투기나 전차는 대량생산하면 코스트다운이 가능하지만, 함선은 꽤나 그것이 어렵다. 또한, 건조에 필요한 자재의 양도 엄청나다. 그 중에서도 원오프 제품이나 예술품이라고도 말할 수 있는 **전함**은, 애초에 고가의 군함이다.

예를 들면 일본의 전함 「야마토」의 직접건조비는, 당시의 금액으로 약 1억 4,000만엔이라고 추정된다. 이 금액은 쇼와 12년(1937년)의 국가예산의 3%에 해당되며, 현재의 국가예산의 약 80조엔에 대입해보면, 야마토의 가격은 2조 4,000억엔이라고 하는 계산이 나온다.

참고로 현대 일본의 주력함의 이야기를 하자면, 고가라고 하는 **이지스함** 아타고형의 건조비는 1,475억엔이다.

건조까지는 좋다고치고, 시스템으로서 전함을 운용하기 위해서는 고액의 유지비가 든다. 당시의 전함의 포탄은 그 함에서밖에 사용할 수 없는 오더메이드인 것이 많았고, 유지비도 막대한 금액이었다. 전후의 미해군은 소유하고 있던 전함을 해체하였는데, 유지비가 너무 많이 든다는 판단에서였다. 소비에트 붕괴 후의 러시아 해군도, 군함을 항구에 정박시켜둔 채였었는데, 함을 운용할만한 경제적 여력이 없었기 때문일 것이다.

비용을 계산해서 국력에 잘 맞게 함대를 운용한다면 국가재정이 파탄날 일은 없다. 예를 들어 전쟁전의 일본에서는 「88함대」라고 하는 계획이 있었다. 단계적으로 수를 늘려, 최종적으로는 전함 8척과 순양전함 9척을 기간으로 하는 함대를 편성한다고 하는 이 계획은, 해군의 비원이었지만, 주력함의 건조비만으로도 11억엔, 함대유지비로 매년 6억엔이 필요했다. 계획이 입안되었던 다이쇼 10년(1921년)도의 국가예산은 16억엔으로 이미 50%가 육해군의 유지비로 계산되어 있었다. 88함대계획은 심의를 통과하였지만, 후에 「**워싱턴 군축조약**」에 의해 파기되어, 실현되지는 못했다.

## 전함을 건조하면 나라가 기우는가?

●야마토급 전함의 상대가격

전함야마토의 건설비는 당시의 국가예산의 3%였지만, 현대의 조선소에서 동등한 군함을 건조한다고 할 경우, 이지스함 2척분 정도의 비용이 든다고 말한다.

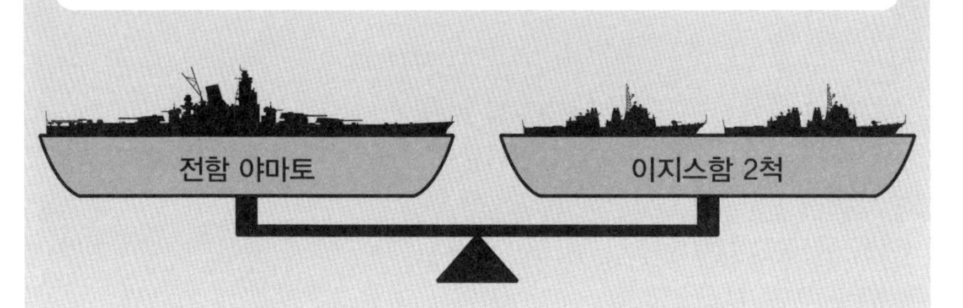


●군함에 드는 비용의 내역

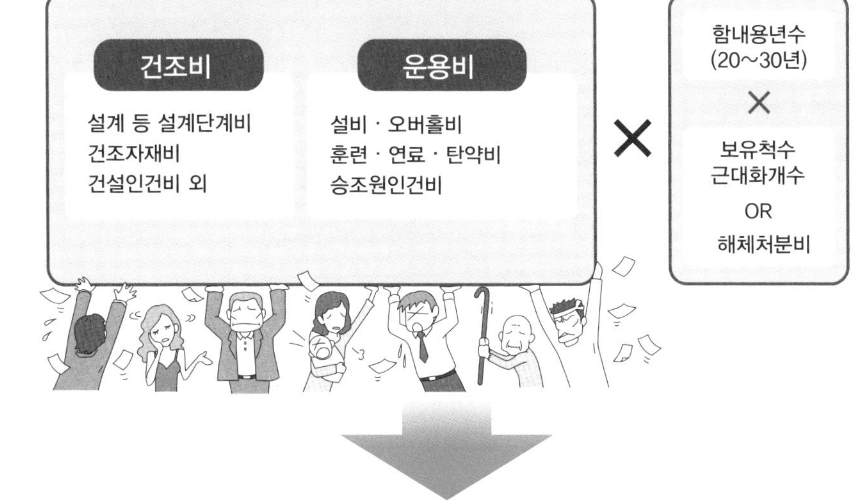


**전시가 되면, 더욱 수리나 소모부품 교환비, 작전행동에 따르는 연료·탄약·보급물자비가 든다.**

관련항목

●전함이란 무엇인가? → No.027
●이지스함이란 무엇인가? → No.047
●함의 크기는 조약으로 정해졌다? → No.006

No.043

# 각국의 최강전함을 비교해본다면?

「어떤 전함이 최강일것인가」라고 하는 의문에 답은 나오지 않지만, 각국이 위신을 걸고 건조한 전함의 능력을 비교해 보는 것은 가능하다.

## ● 에스컬레이트된 건조경쟁

신조전함의 건조를 제한한 「**워싱턴 군축조약**」은 일본이 파기를 통고하였기 때문에 1936년말에 실효성을 잃었다. 이것에의해, 일미영의 각국은 무제한으로 신형전함을 건조해가게 되었다.

유럽에서도 신형전함의 건조경쟁이 시작되었다. 독일은 베르사유 조약을 기초로, 1933년부터 도이칠란트급 중순양함(11,700t)을 취역시켰다. 실제로는 조약의 제한을 넘었던 이 급은, 28cm포 6문을 장비하고 28노트로 항행할 수 있어 「포켓전함」이라고 불렸다.

프랑스가 이에 대항하여 24cm포 8문을 장비하고, 29.5노트의 「덩케르크」(26,500t)를 건조에 착수하자, 이탈리아도 그에 대항하여 「비토리오 베네토」(41,177t)의 건조에 착수, 프랑스는 더더욱 「리슐리에」(35,000t)를 건조하였고, 독일은 더욱 대형의 「비스마르크」(41,700t)의 건조를 시작하는 상황이 되었다.

이와 같이 제2차 세계대전 전반에, 각국은 최강의 전함군의 건조를 계속하였다. 킹 조지 5세급(36,772t)은 35.6cm포 10문으로 공격력은 보통이었지만, 밸런스가 뛰어나 세계의 대양에 전개한 영국해군을 지탱했다.

일본은 사상최대의 전함 **야마토**급(65,000t)을 건조한다. 전함의 수에서 밀리던 일본해군은 46cm포를 주포로 선택하여, 적전함을 아웃레인지공격하려고 생각했다. 야마토급은 철저히 집중방어되어, **바이탈파트**의 장갑의 두께는 타의 추종을 불허하는 전함이었다.

미국은 **아이오와**급(48,500t)을 건조하였다. 33노트라고 하는 빠른 속도가 자랑으로, 항모기동함대의 호위로 활약하였다. 또한 장포신의 40cm포의 위력은 야마토의 주포에 뒤지지 않을 정도였다. 아이오와급은 전후, 1991년의 걸프전에도 함포사격(지상으로의 포격)을 위해 출동하였다.

## 각국의 최강전함을 비교해 본다면?

**각각의 항목의 최대인 것을 1로하여 그것에 대한 비율을 그래프로 만들어 보았다.**

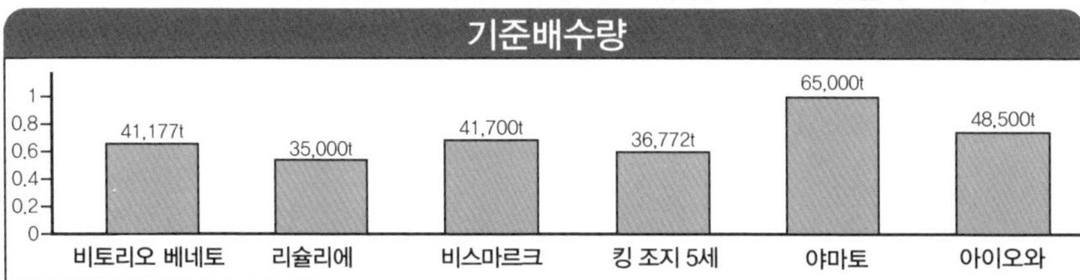


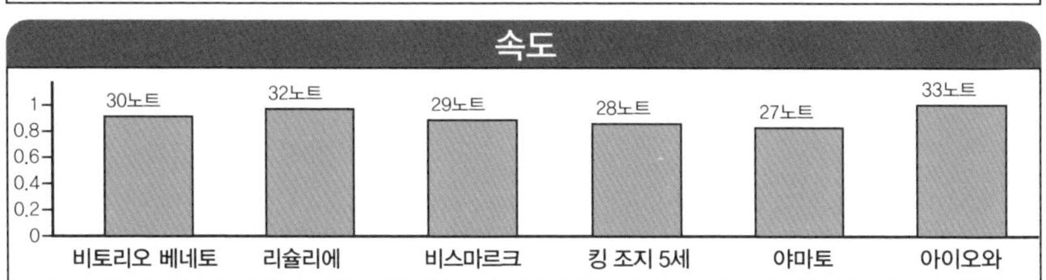


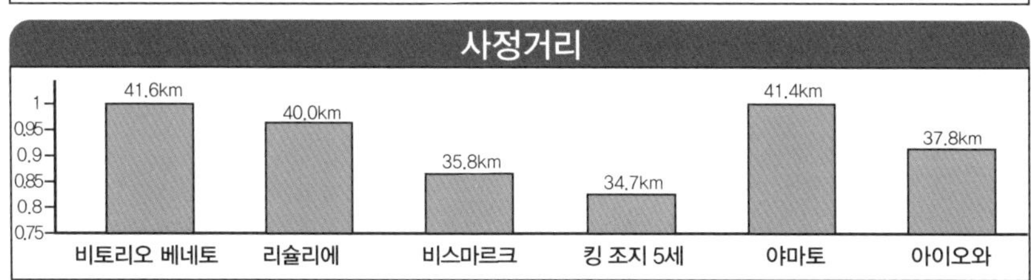


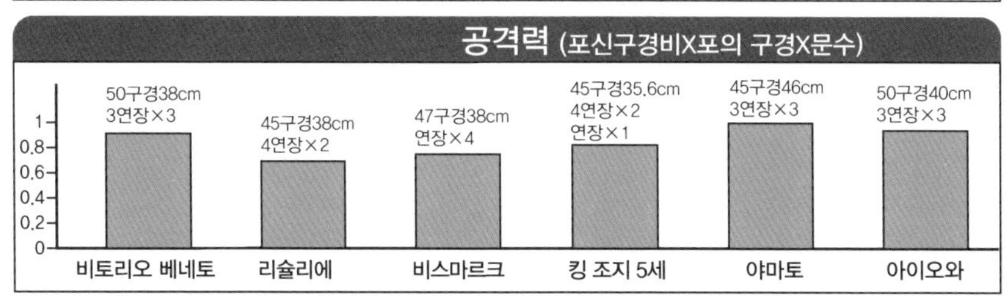


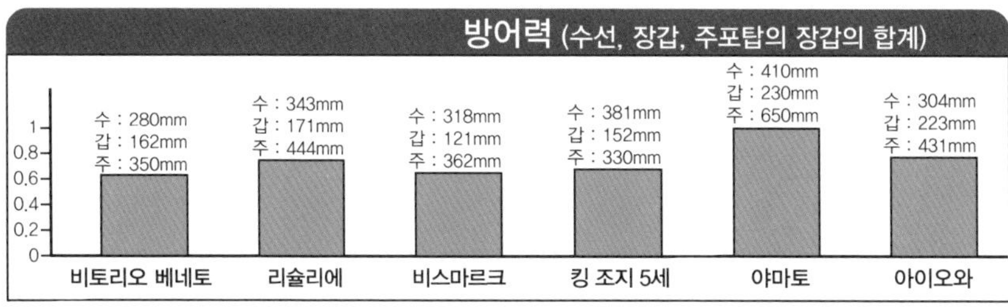


※수 = 수선, 갑 = 갑판, 주 = 주갑판

### 관련항목


● 함의 크기는 조약으로 정해졌다? → No.006
● 전함이란 무엇인가? → No.027
● 군함은 어디를 방어하는가? → No.015
● 순양전함이란 무엇인가? → No.029

No.044

# 전함이 침몰하는 원인은 무엇이었는가?

전례없는 규모의 해전 공중전이 각지에서 벌어졌던 제2차 세계대전이었지만, 주력으로 삼고 있었던 전함은 전투에서 어느 정도 손실되었는가.

## ● 의외로 적었던 작전 중의 손실

제2차 세계대전에서는 수십척의 **전함**(혹은 **순양전함**)이 싸워, 30척이 여러가지 이유로 손실되었지만, 전투 중에 가라앉은 것은 의외로 적었다.

독일 「**비스마르크**」(41,700t)는 영국의 「후드」(42,750t)를 격침시켰지만, 이것이 전함이 전함을 격침시킨 유일한 예라고 한다.

「브루타뉴」(23,230t)는 프랑스가 독일과 휴전을 맺었기 때문에 영국에 격침당했고, 「**로마**」(43,624t)도 이탈리아의 항복 후, 독일에 의해 공격당해 격침되었다.

격침당한 원인 중에 다수를 점하고 있는 것은, 공중공격에 의한 손실이다. 해상(작전 중)에서 당한 함은 의외로 적어서 6척뿐이다. 공습으로 침몰한 다른 전함은 항구에 있을 때 습격당했었다. 패전국측의 전함의 대다수는 전국의 악화로 출격불능에 빠지고 말았을 때, 습격당했었다. 그 이외의 예라면, 미국 2척의 전함은 진주만기습에서 침몰하였다(침몰한 전함은 그 외에도 있지만, 수리되어 재취역했다).

잠수함에 의해 격침당한 것은, 영국의 「로얄 오크」(29,150t)과 일본의 「콘고」(31,720t)가 있는데, 전자는 항구에 있을 때를 공격당했고, 외양에서 침몰한 것은 콘고뿐이다. 잠수함에게 습격당한 전함은 그 외에도 있지만, 1~2발의 어뢰로는 침몰하지 않고, 항구로 귀환할 수 있었다. 일본의 「무쓰」(32,720t)는 정박 중에 포탑이 폭발하여 침몰하였다. 군함은 좁은 선내에 위험물을 만재시켜두어, 폭발사고나 화재사고가 발생하기 쉬운 것이다. 프랑스의 「쿠르베」(21,400t)는 노르망디 상륙작전 시에 인공항만의 일부가 되어 자침되었다.

별난 예로서, 소련의 「마라」(23,360t)가 있다. 전함 「페트로파블로브스크」라는 이름으로 건조되어 1919년에 대파된 후에 수리된 뒤 마라로 개명, 1941년에 대파, 항행불능에 이르렀어도, 전후에 또 수리되어 연습함 「볼호프」로 개명되어, 1953년에 퇴역하였다(본서에서는 상실함에 포함되었다).

## 전함이 가라앉는 원인은 무엇이었나?

### ●제2차 세계대전에 있어 전함, 순양전함의 손실원인

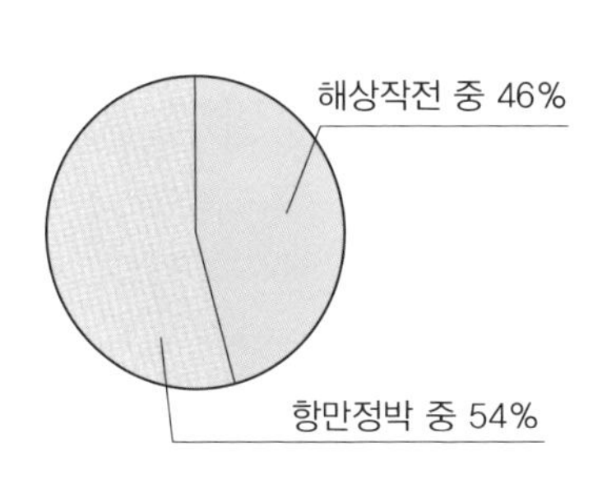


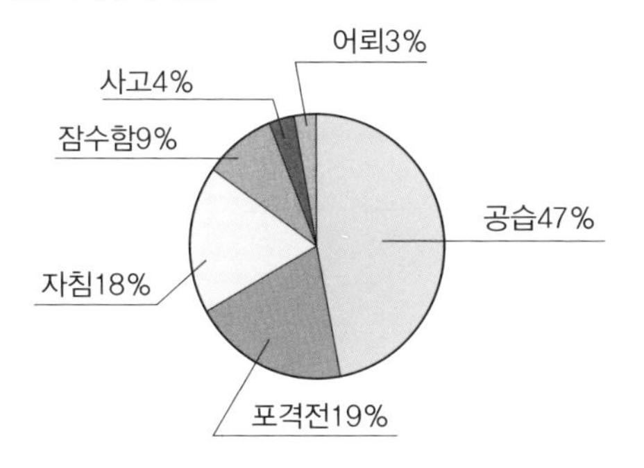


**제2차 세계대전에서 침몰한 30척의 전함(순양전함)중, 전함(순양전함)에 침몰당한 것은 얼마 되지 않는다.**

**일본**

| 함명 | 원인 | 장소 | 시기 |
|---|---|---|---|
| 히에이 | 순양함/공습 | 과달카날 | 1942.11.13 |
| 기리시마 | 수상함공격 | 과달카날 | 1942.11.15 |
| 무쓰 | 사고 | 구레 | 1943.6.8 |
| 무사시 | 공습 | 시부얀 해 | 1944.10.24 |
| 후소 | 수상함어뢰 | 스리가오 해협 | 1944.10.24 |
| 야마시로 | 수상함어뢰 | 스리가오 해협 | 1944.10.24 |
| 콘고 | 잠수함 | 폴모사해 | 1944.11.21 |
| 야마토 | 공습 | 동중국해 | 1945.7.4 |
| 이세 | 공습 | 구레(착저) | 1945.7.24 |
| 히나타 | 공습 | 구레(착저) | 1945.7.24 |
| 하루나 | 공습 | 구레(착저) | 1945.7.24 |

**독일**

| 함명 | 원인 | 장소 | 시기 |
|---|---|---|---|
| 비스마르크 | 수상함공격 | 북대서양 | 1941.5.27 |
| 샤른호스트 | 전함공격&<br>수상함어뢰 | 북해만 | 1941.12.26 |
| 티르피츠 | 공습 | 노르웨이 | 1944.11.12 |
| 그나이제나우 | 자침 | 그지니아 | 1945.5.28 |

**이탈리아**

| 함명 | 원인 | 장소 | 시기 |
|---|---|---|---|
| 로마 | 공습 | 포니파시오 해협 | 1943.9.9 |
| 콩테 디 카부르 | 공습 | 토리에스테(착저) | 1945.2.20 |

**미국**

| 함명 | 원인 | 장소 | 시기 |
|---|---|---|---|
| 애리조나 | 공습 | 진주만 | 1941.12.7 |
| 오클라호마 | 공습 | 진주만 | 1941.12.7 |

**영국**

| 함명 | 원인 | 장소 | 시기 |
|---|---|---|---|
| 로얄 오크 | 잠수함 | 스캐플로 | 1939.11.14 |
| 후드 | 전함포격 | 덴마크 해협 | 1941.5.24 |
| 프린스 오브 웨일즈 | 공습 | 말레이시아 인근 | 1941.12.10 |
| 레펄스 | 공습 | 말레이시아 인근 | 1941.12.10 |
| 바함 | 잠수함 | 동지중해 | 1941.11.25 |

**프랑스**

| 함명 | 원인 | 장소 | 시기 |
|---|---|---|---|
| 브르타뉴 | 수상함공격 | 오랑(착저) | 1940.7.3 |
| 덩케르크 | 자침 | 툴롱(착저) | 1942.11.27 |
| 프로방스 | 자침 | 툴롱(착저) | 1942.11.27 |
| 스트라스부르 | 자침 | 툴롱(착저) | 1942.11.27 |
| 크루베 | 자침 | 노르망디(착저) | 1944.6.6 |

**소련**

| 함명 | 원인 | 장소 | 시기 |
|---|---|---|---|
| 마라 | 공습 | 크론슈타트 | 1941.9.23 |

관련항목

●전함이란 무엇인가? → No.027
●순양전함이란 무엇인가? → No.029
●함대결전으로 전쟁을 끝낼 수 있는가? → No.024
●대함미사일에는 어떠한 종류가 있는가? → No.048

No.045

# 현대의 군함은 어떠한 구조로 되어 있는가?

현대의 군함은, 종래의 것과 비교하면 훨씬 경량이다. 포탄 등에 대한 방어는 생각되지 않으며, 유도병기의 발사대와 같은 것이다.

## ● 경량 보디에 미사일을 만재

대함병기가 절대적인 화력을 갖게 되었기 때문인지, 현대의 군함에는 장갑은 없다. 강재를 전기용접하여, 구조적인 방어만이 고려되어 있다. 블럭공법이 대규모로 이루어져 있어, 신형함이라면 레이더파를 반사하기 어렵게(스텔스성 향상) 측면의 판에 경사가 져있다.

함교에는 조함능력만이 남겨져있고, 전투를 지휘 · 관제하는 중추부는 함체내부에 들어가 있다.

헬리콥터가 탑재되어 있는 경우, 파도에 휩쓸리지 않는 함미에 비행갑판이 설치되며, 격납고가 디자인되어 있다.

함저에는 안정성을 높이기 위해서 핀 스테빌라이저가 장비되어 있는 경우가 많고, 둥근 띠모양의 함수내부나 함수아랫부분에는 잠수함탐지용의 소나가 장비되어 있다.

추진기관으로는 **가스터빈기관**의 채용이 많다. 동력은 컴팩트하게 되어 있지만, 감속 기어를 장비한 기계실은 아직 커다란 그대로이다.

마스트위 등 함의 높은 장소에는 경계레이더나 수상 레이더, 각종 무기의 유도레이더, 사격지휘장치, ECM안테나, 근접방어에 쓰이는 CIWS요격용 기관포나 RAM, 채프발사기 등이 설치되어 있다.

현대함은 5인치포가 최대급 주포로 이용되며, 자동화와 소형화가 이루어져 있다. 5인치는 예전에는 경순양함의 주포로 쓰이던 것이다.

제2차 세계대전시대의 함보다 포나 총기의 수는 줄어들어 전체적으로 스마트하게 보이지만, 이것은 주무장이 미사일로 변했기 때문이다. 어뢰, **대잠미사일, 대함미사일, 개별 함대공미사일이**라고 하는 유도무기의 발사기는, 앞뒤 갑판이나 함교부근에 비치된다. 더욱이 최근의 「VLS」라고 하는 다용도 런처 겸 탄약고가 보급되어, 외견으로 본다면 병기는 감소하는 경향을 보인다.

## 현대의 군함은 어떠한 구조로 되어 있는가?

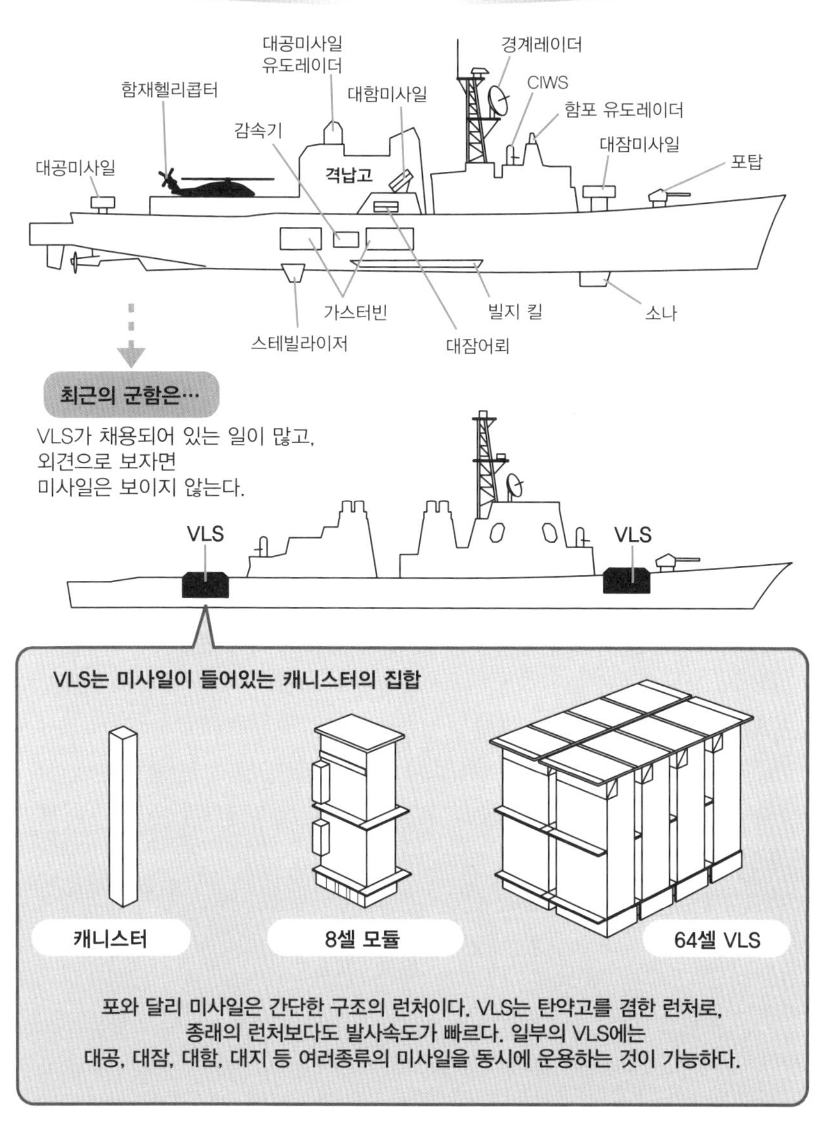


관련항목


- 군함의 동력은? → No.011
- 대잠병기에는 어떠한 것이 있는가? → No.040
- 대함미사일에는 어떠한 종류가 있는가? → No.048
- 방공용 미사일이란? → No.049

No.046

# 전후의 순양함은 어떠한 역할을 수행하였는가?

제2차 세계대전 후, 순양함이 함대의 중심적인 역할을 수행하고 있던 시기가 있었다. 순양함은 병장플렛폼으로서 충분한 여유가 있었다.

## ● 동서냉전기에 황금시대를 맞이한 순양함

전후의 해군의 지휘함 혹은 기함으로서, **순양함**이 선정되었던 시대가 있었다. 더욱 작은 함(구축함)에는 없는 뛰어난 대함대공능력을 갖고 있어, 항모기동부대의 호위를 담당한 적도 있다.

일반적으로 배수량 6,000t이상에서 10,000t전후, 중형고속함이 순양함이라고 불린다. 전후, 미국은 대전 중에 건조한 볼티모어급 중순양함과 클리블랜드급 경순양함의 주포의 일부를 제거하고, 대신 개발된지 얼마 되지 않는 대공미사일을 탑재, 「미사일순양함」CG이라고 불렀다.

전후 처음으로 미국에서 건조된 순양함은 「롱비치」(15,540t)이다. 타로스 혹은 테리어라고 하는 **대공미사일**과, 당시로서는 혁명적인 「위상배열 레이더」, 그리고 원자력 기관을 탑재하고 있었다. 이후 미해군에서는 순양함이 「함대방공을 책임지는 함」의 위치에 올라, 오늘날 타이콘테로가급(8,300t)에 이른다. 참고로 타이콘테로가의 함체는 구축함 스프루언스급과 동일한 것이었다. 중량이 있는 **이지스 웨폰 시스템**을 탑재한 결과, 구축함에서 순양함으로 격이 올라갔던 것이다.

타국에서는 대공임무용의 순양함 외에, 대잠임무를 주로 담당하는 순양함도 건조되었다. 항모를 갖지 않는 나라에서는 다수의 대잠헬리콥터를 운용하는 「헬리콥터 순양함」도 건조되었다.

**대잠미사일**의 장비에 힘을 쏟은 소련은, 슬라바급(10,000t) 등을 건조했다. 그 정점이 키로프급(24,300t)으로 높은 대잠대공능력을 갖고 대잠 로켓도 장비하고 있다.

현재 각국해군은 스케일 다운의 경향이 있어, 함대기함으로서의 역할은 V/STOL 수직/단거리 착륙기항모나 양륙함이 담당하며, 다른 임무도 서서히 구축함이나 프리깃으로 이양되고 있다.

## 전후의 순양함은 어떠한 역할을 수행하였는가?

### 전후의 여러가지 순양함

**●방공임무**

미국의 타이콘테로가급 순양함
이지스 웨폰 시스템을 장비한 방공함.
기준배수량 8,300t.

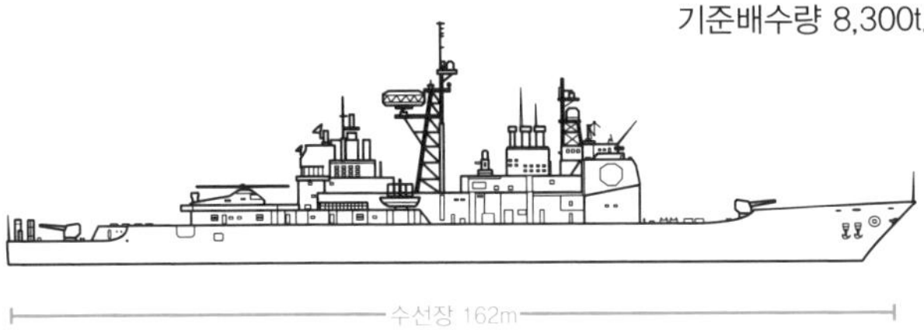

수선장 162m

**●대잠임무**

러시아의 슬라바급 순양함.
P-500「바잘트」 순항미사일 연장 발사기 8기를 장비한 중무장함. 함대기함으로서 이용되었다. 기준 배수량 10,000t.

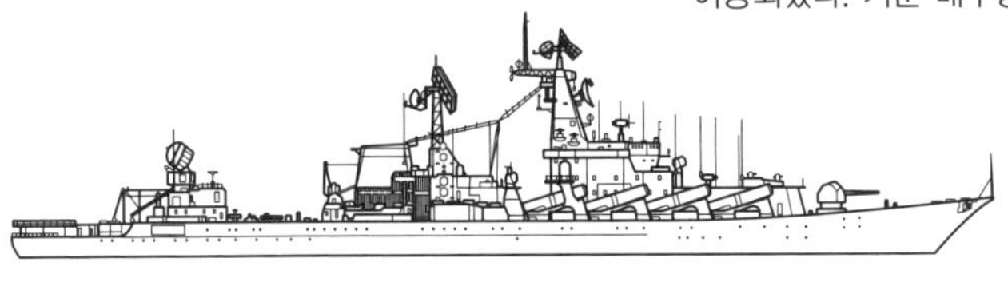

수선장 170m

**●대공·대잠임무**

러시아의 키로프급 순양함.
대형함체와 강력한 대공·대잠미사일을 탑재한 VLS로 세계를 경악시켰다.
함대방공시스템「포트」를 장비. 기준배수량 24,300t.

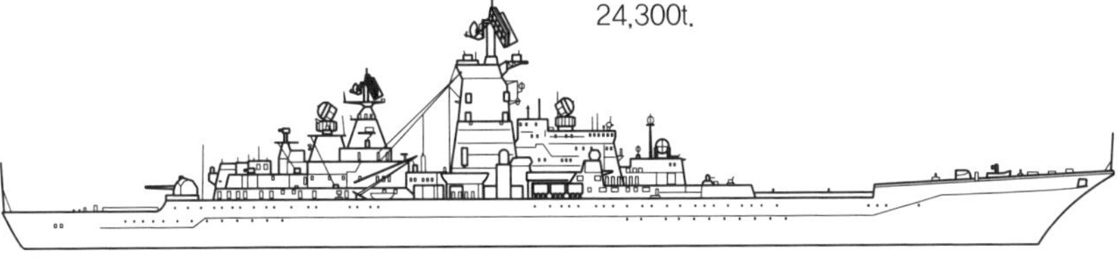

수선장 228m

관련항목
●순양함이란 무엇인가? → No.028
●이지스함이란 무엇인가? → No.047
●방공용 미사일이란? → No.049
●대함미사일에는 어떠한 것이 있는가? → No.048

No.047

# 이지스함이란 무엇인가?

선진함대 방공시스템인 이지스나 그와 비슷한 시스템을 탑재한 함은, 함종을 불문하고 이지스함이라고 불린다.

## ●원거리다수를 상대할 수 있는 시스템

냉전시대의 소련은 미해군에 대항하기 위해, **대함미사일**을 대량배치하였다. 질보다 양으로 대항하려고 했던 것이다.

한번에 발사된 무수한 미사일을 격퇴하기 위해, 미국측은 1970년대 중반부터 기존의 방공시스템을 일신하는 시스템의 개발을 시작했다. 이리하여 1983년부터 배치되기 시작한 타이콘테로가급 순양함(만재 10,010t)에 채용된 것이 이지스 웨폰 시스템이다. 방어전에 주안점을 두고는 있지만, 다수의 목표에 다수의 미사일을 발사하는 시스템이기 때문에, 적 미사일이나 적기뿐 아니라, 적함을 공격하는 것도 가능하다.

그리스신화에 나오는 아테네의 방패의 이름을 붙인 이 시스템의 큰 특징은 4가지이다. 다수의 목표를 요격할 수 있다는 점, 복수의 무기시스템을 통합하여 지휘할 수 있다는 점, 다른 함과의 데이터 교환이 원활하게 이루어진다는 점, 적의 탐지 · 분류 · 교전이 인간을 거치지 않고 고속으로 처리된다는 점이다.

종래의 **대공미사일**이 공격할 수 있는 목표는 유도장치의 수로 인해 정해져 있었지만, 이지스는 다르다. 강력한 **위상배열 레이더**로 경계, 미사일을 관성유도로 다수 발사하여, 목표에 접근시킨다음부터 순차적으로 정밀유도하여간다. 더욱이 컴퓨터가 더욱 위협이 높은 목표를 선택하여 사격하여 무력화되었는지 어땠는지가 판단되어, 다시 사격을 행하거나 다른 목표를 선택하는 것도 가능하다. 이것은 특히 초를 다투는 대공전투에 있어서 유효한 작업이다.

그 외에, 통상의 미사일뿐만 아니라 탄도탄을 요격가능한 「스탠다드 SM3」의 개발도 진행되어, 일부의 이지스함에 배치가 시작되고 있다.

이지스는 미국에서 개발 및 수출되고 있지만, 비슷한 시스템은 그 외에도 있다. 독일과 네덜란드의 공동개발인 AAWS시스템, 러시아의 포트시스템도 다수의 목표를 요격가능한 방공시스템이라고 알려져있다.

## 이지스함이란 무엇인가?

### 시스템 모식도

1. 강력한 위상배열 레이더로 주위를 경계.

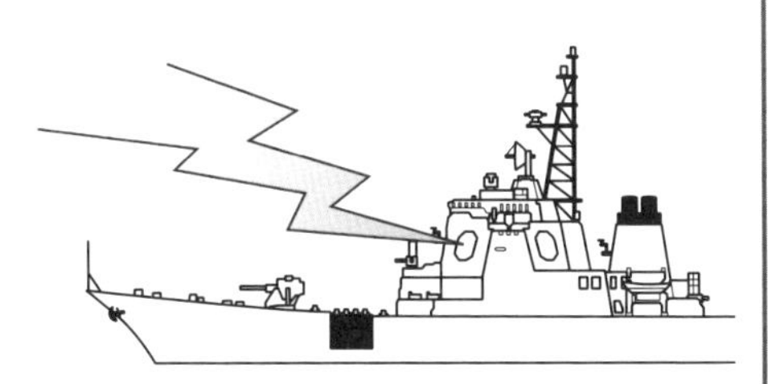

2. 발견된 적함 미사일·항공기에 차례차례 대공미사일을 발사.

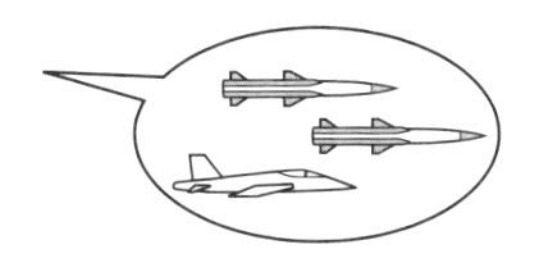

3. 유도장치로 목표를 향해 유도.

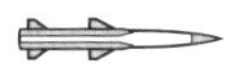

●세계의 이지스함 혹은 이지스에 해당하는 함

| 국적 | 급 | 만재배수량 | 시스템 | 레이더 | 대공미사일 |
|---|---|---|---|---|---|
| 미국 | 타이콘테로가 | 10,010t | 이지스 | SPY1 | 스탠다드 |
| 미국 | 알레이버크 | 9,400t | 이지스 | SPY1 | 스탠다드 |
| 일본 | 콘고 | 9,485t | 이지스 | SPY1 | 스탠다드 |
| 스페인 | 알바로 데 바잔 | 6,250t | 이지스 | SPY1 | 스탠다드 |
| 노르웨이 | 프리쵸프 난센 | 5,121t | 이지스 | SPY1 | 스탠다드 |
| 한국 | 세종대왕 | 10,290t | 이지스 | SPY1 | 스탠다드 |
| 독일 | 작센 | 5,600t | AAWS | APAR | 스탠다드 |
| 네덜란드 | 드 제벤 프로빈센 | 6,050t | AAWS | APAR | 스탠다드 |
| 러시아 | 키로프 | 26,500t | 포트 | MR800 | 포트 |

관련항목
●대함미사일에는 어떠한 종류가 있는가? → No.048
●색적은 어떻게 하는가? → No.031
●방공용 미사일이란? → No.049

No.048

# 대함미사일에는 어떠한 종류가 있는가?

소련을 중심으로 진행된 대함미사일의 개발은, 해전의 양상을 완전히 바꾸어놓고 말았다. 미사일과 그 방어수단은 최신기술의 결정체이다.

## ●주포보다 멀리 정확한 공격

제2차 세계대전 중인 1943년, 독일 공군의 폭격기에서 투하된 유도폭탄 「프리츠X」는, 이탈리아 해군기함 「**로마**」(43,624t)를 일격에 침몰시키고, 함대사령관을 포함한 1,350명을 전사시켰다. 프리츠X는 무선유도 활공폭탄으로 대함미사일의 선조였는데 그 이래, 유도탄은 군함을 계속해서 위협하고 있다.

전후, 소련은 대함미사일의 연구에 열을 올렸다. **항모를 중심으로 하는 미국 기동함대**의 우위에 소련이 대항하기 위해서는, 항공기를 대체할 수 있는 병기가 아무래도 필요했던 것이다.

1967년, 이스라엘의 구축함 「에일라트」(1,700t)가 이집트의 미사일정에게서 발사된 소련제 대함 미사일에 침몰당했다. 이것을 들은 세계의 해군관계자는 큰 충격을 받았다. 대함미사일의 장비와 그것에 대한 대책을 결정한 국가도 있고, 아예 대형함은 그저 표적일 뿐이라고 포기하고, 해군규모를 축소한 나라도 있었다.

구식의 대함미사일은 목표나 **레이더파**를 발사하는 측 플랫폼에서 유도하였었지만, 신형은 발사후에는 외부의 도움을 필요로 하지 않는 「쏘고나서 잊어버리는」fire and forget능력을 갖추고 있다.

현대수준의 대함 미사일은, 우선 목표에 대한 방위정보만을 입력하고, 관성유도 혹은 GPS유도 상태로 발사된다. 미사일이 어느 정도 비행한 장소에서 시커가 작동하여, 레이더파를 쏘아 목표를 찾기 시작한다. 레이더파는 목표에 맞고 반사되어 오기 때문에, 거기로 돌입하여간다.

스스로 레이더파를 쏘지 않는 패시브식 미사일도 있다. 이 경우, 목표가 방사하는 경계 레이더파, 배기열 등의 적외선을 추적한다. 탑재된 TV카메라의 광학영상이나 적외선 화면으로 추적하는 타입은, 조작원이 목표를 보고 조작하는 경우와, 미사일이 자동판단하여 쫓아가는 경우로 나뉜다.

## 대함미사일에는 어떠한 종류가 있는가?

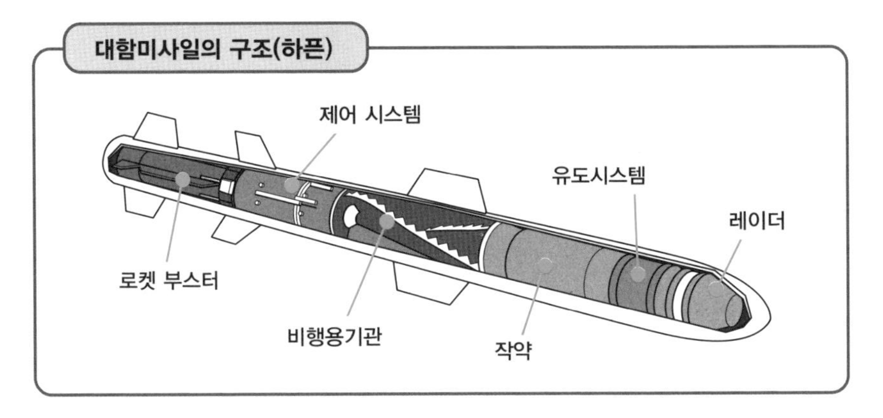


### ●대함미사일의 비행방법 2종

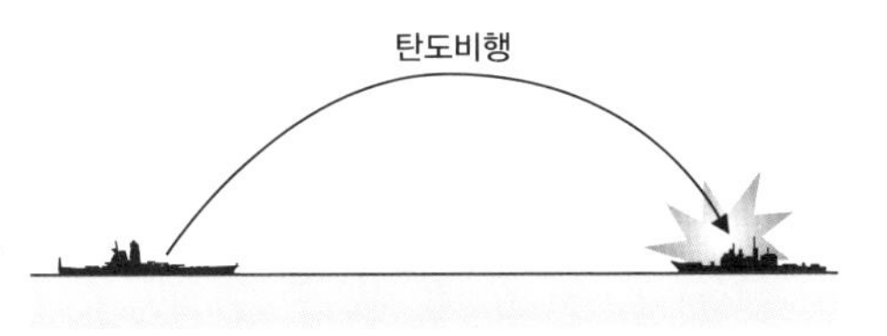


**탄도비행**

미사일이 발사 플랫폼에서 목표를 향해 호를 그리기 때문에 레이더에는 탐지되기 쉽지만, 고속으로 비행하여 요격을 곤란하게 한다.

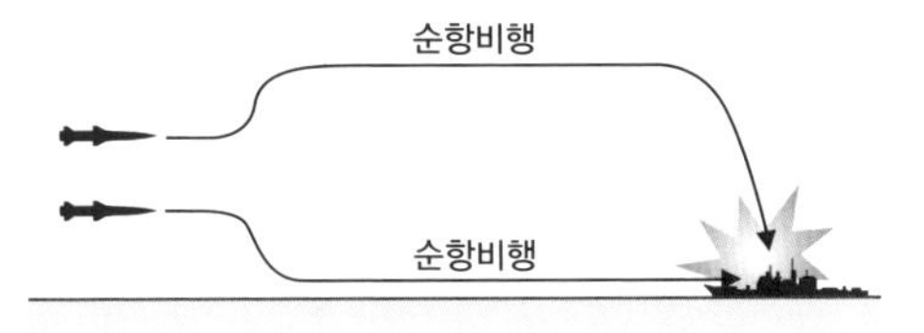


**순항비행**

거의 일정한 고도를 유지하는 것으로, 해수면 아슬아슬하게 비행하는 것을「시 스키밍」이라고 부른다. 이 타입의 미사일은 속도는 느리지만, 저공으로 접근하기 때문에 탐지하기 어렵다.

### ●현대의 주요 대함미사일

| 국적 | 명칭 | 사정거리(km) | 고도 | 탄두(kg) |
|---|---|---|---|---|
| 프랑스 | SM39 엑조세 | 50 | 초저공 | 165 |
| 이탈리아, 프랑스 | 오토매트 Mk2 | 160 | 초저공 | 210 |
| 노르웨이 | 펭귄 Mk2 | 25 | 초저공 | 120 |
| 중국 | C802 | 48 | 초저공 | 150 |
| 미국 | 하푼 IC | 128 | 초저공 | 227 |
| 소련 | P700그라니트(SS-N-19) | 550 | 고공 | 750 |
| 소련 | P270모스키토(SS -N-22) | 100 | 초저공 | 150 |
| 일본 | 90식 함대함 유도탄 | 150 | 초저공 | 225 |

관련항목
●전함이 침몰하는 원인은 무엇인가? → No.044
●색적은 어떻게 하는가? → No.031
●대형항모는 어떠한 능력을 지니고 있는가? → No.059

No.049

# 방공용 미사일이란?

하늘의 위협으로부터 몸을 지키기 위해, 현대의 함은 100km앞부터 지근거리까지를 커버하는 다중의 방공 미사일 시스템을 장비하고 있다.

## ● 3단계의 방공미사일

습격해오는 적기나 미사일을 방어하는 방법으로서, 현대에는 방공미사일이 쓰이고 있으며, 그것은 사정거리에 의해 3종으로 나뉘어있다.

장거리 대공미사일은, 요격범위가 넓기 때문에, 함대 방공미사일이라고 불리고 있다. 미국의 「스탠다드」나 영국의 「시 다트」는 세미 액티브 레이더 호밍 방식을 채용하고 있으며, 함에서 쏘아져 나가는 레이더파의 반사를 미사일이 감지하여 목표로 향한다. **이지스 웨폰 시스템**은 이 방식을 고도화시킨 것으로, 이지스함은 함대 전체를 지키는 임무를 지고 있다.

미사일이 약 10km권내까지 접근하게 되면, 각함 방공미사일의 차례가 된다. 미국의 「시 스페로우」, 영국의 「시 울프」, 러시아의 9M330 「킨잘」(NATO코드 : 건틀렛) 등이 이에 해당된다. 이쪽도 세미 액티브 레이더 호밍 방식, 혹은 미사일에 지령을 보내는 것으로 목표로 유도한다. 현재는 대부분의 수상함에는 이 개함방어 미사일이 탑재되어 있다.

여기까지 요격하지 못한 경우, 지근거리에서 대처할 수밖에 없다. 지근거리의 요격시스템은, **CIWS**근접방어화기 시스템이라고 통칭된다. 지금까지는 「팔랑스」 등의 레이더 연동 기관포가 주류였지만, 사정거리와 위력의 부족, 탄환이 떨어지는 문제가 지적되어왔다. 그래서 그것을 대신하여 RAM이라고 불리는 방공 시스템이 채용되기 시작했다. 이것은 서방측에서 전투기에 장비하는 「사이드와인더」 등을 베이스로 한 대공 미사일의 개량판을 상자모양의 발사기에 장전하고, 연속해서 발사하는 것이다.

이것으로도 방공망을 뚫은 대함미사일이 있는 경우, 원시적인 전파방해수단인 **ECM이나 채프(알루미늄 박을 뿌림)**, 플레어(미끼의 고열탄) 등을 이용하여 회피성공을 비는 수밖에 없다.

## 방공용 미사일이란?

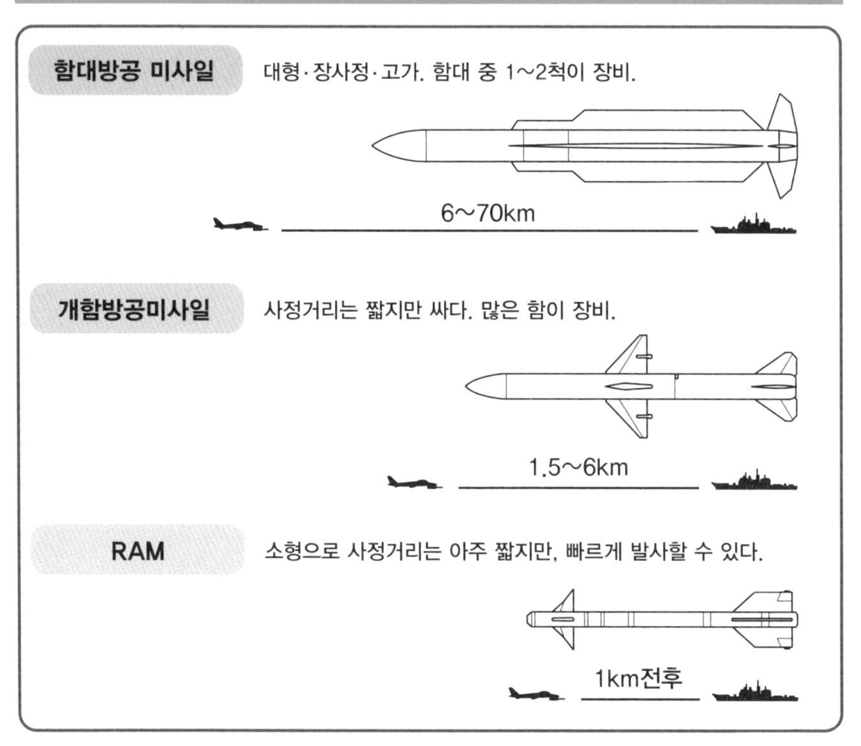


### ●주요 대공 미사일

| | 국적 | 명칭 | 유도 | 사정거리(km) | 최대고도 | 속력(마하) |
|---|---|---|---|---|---|---|
| 함대방공 미사일 | 프랑스 | 아스터 30 | I/TARH | 70 | 20 | 3.5 |
| | 영국 | 시 다트 | SARH | 63 | 18 | 3 |
| | 미국 | 스탠다드 | I/M/TSARH | 162 | 25+ | 2.2 |
| | 미국 | 시 스페로 ESSM | SARH | 50+ | – | 4+ |
| | 러시아 | S300F | TVM | 75 | 25 | 6 |
| 개함방공 미사일 | 프랑스 | 미스트랄 | IRH | 5.5 | 6 | 2.5 |
| | 영국 | 시 울프 | Cmd | 5 | 6 | 2.5 |
| | 미국 | 시 스페로 | SARH | 14 | 8 | 2.5+ |
| | 러시아 | 9M330 킨잘 | Cmd | 15 | 6 | 2.6 |
| RAM | 미국 | RAM (RIM-116) | PRH/TIRH | 11 | 저 | 2+ |
| | 러시아 | 코티크 | Cmd | 10 | 6 | 1.8 |

약칭 : Cmd=지령유도, I=관성유도, IRH=적외선추적, M=진로수정,
SARH=세미 액티브 레이더 추적, TSARH=종말 적외선 레이더 추적, TIRH=종말 적외선 추적, TVM=미사일 경유추적

관련항목

●이지스함이란 무엇인가? → No.047
●군함의 천적은 하늘에서 오는가? → No.039

## 가이텐이란?

잠수함이 실용화되자, 각국은 외양형 잠수함을 장비하는 한편, 기습공격용의 소형 잠수정도 개발하기 시작했다. 그것은 몇 명밖에 타지 않는 소형함으로 어뢰나 폭약으로 적함을 공격한다는 것이었다.

특수잠수정이라고도 불리는 이러한 함종은, 항속력이 짧기 때문에 연안부나 항만에서 운용 혹은 모함(잠수모함)에 탑재되어 출격하였다. 제2차 세계대전에 있어서는, 독일의 반잠수정 『네거』가 어느정도 전과를 올려, 이탈리아의 SLC급은 영국 전함 「퀸 엘리자베스」「발리언트」를, 영국의 「X보트」는 독일 전함 「티르피츠」나 일본 중순양함 「다카오」를 격파하였다.

일본해군은 앞선 군축조약에 의한 주력함의 열세를 보충하기 위해, 특히 열심히 특수잠항함을 연구했다. 전용 모함(수상기모함 「치세」「치요다」「미즈호」「닛신」)으로부터 특수잠항정을 발진시켜 적함을 공격한다는 구상으로, 이를 위해 개발된 특수잠항정이 「고표테키」이다.

고표테키는 2인승으로 어뢰 2발을 장비하고 있어(당초구상에는 없었던 것), 잠수함에 탑재되어 적항만으로 침입하는 것이었다. 진주만 기습에도 참가하여, 오스트레일리아의 시드니항 공습(1942년)에도 전과를 올렸다. 어찌되었든, 고표테키는 적에게 발견되어 귀환은 불가능하였지만, 소형잠수정은 그 임무나 성능에서 생환율이 낮았기 때문에 어쩔 수 없는 일이었다.

그러나 악화되는 전국 속에, 일본은 어뢰 그 자체를 유인화 해서 자살공격을 가하는 병기를 완성시키고 말았다. 이것이 인간어뢰 「가이텐」이다.

사정거리가 타국의 어뢰의 4배나 되며, 고성능이었던 「93식 산소어뢰」의 외장을 붙여서, 조종석을 설치한 것이 가이텐이다. 속도 30노트로 사정거리 23,000m, 작약량은 베이스가 된 93식 3형 산소어뢰의 780kg의 거의 두배인 1,550kg에 달했다.

가이텐은 잠수함의 갑판위에 탑재되어, 공격대상에 다가가면 탑승자가 탑승하고 출격한다. 처음에는 잠수함이 부상해서 탑승하였지만, 이후에는 해치가 설치되어 잠항한 채로 탑승할 수 있게 되었다. 출격 후에는 잠망경과 자일로에 의해 탑승원이 진로를 수정하면서 적함을 향했다.

종전까지 출격에는 약 150기가 출격했지만, 전과는 격침 4척, 대파 1척에 불과했다. 어뢰는 애초에 직진하는 것이었기 때문에 가이텐의 조종은 어려웠고, 다발하는 고장도 원인이었다. 본래, 어뢰는 함내에 탑재되어 있는 것으로, 가이텐은 물속에 잠긴채 탑재되어 있었기 때문에 망가지는 일이 많았던 것이다. 애초에 출격전에 모함인 잠수함째로 가라앉아버리는 일도 있었다.

그래도 대전말기의 대열세 속에서, 연합군함정에 손해를 주는 것이 가능한 소수의 병기로서 가이텐은 마찬가지인 자살공격용 소형잠수정 「가이류」나 수상 자살공격정 「신요」 등도 생산이 계속되었다.

언젠가 이루어질 본토결전 시에는, 기지에서 발진한 미함대에 자살공격을 할 예정이었지만, 그 기회는 없이 일본은 항복하였다.

# 제 3 장

# 항공모함

No.050

# 항공모함이란 무엇인가?

항공기를 전개 · 정비하는 능력을 가진 군함으로, 해상항공기지로서 기능을 하는 군함을 항공모함이라고 부른다.

## ●근대해군 최강의 전력

흔히 말하는 항모는 정식으로는 항공모함이라고 한다. 문자 그대로, 항공기의 모함이 되는 군함이라는 뜻이다.

**항공기**를 싣고 있고, 이착함이 가능하다고 항모라고 하지는 않는다. 함 단독으로 항공기의 정비 · 보급 · 수리가 가능하고, 해상의 항공기지로서 기능을 할 수 없다면, 항모라고 부를 수 없는 것이다.

이 목적을 달성하기 위해, 항모는 항공기를 발착함시킬 넓고 평평한 **비행갑판**을 갖고 있다.

형태나 운용법이 항모와 비슷하다고 하더라도, 항모와 동등한 능력을 갖지 않은 함은 몇종류 있지만, 그것은 다른 함종으로 구별된다. 예를들면 수상기를 탑재하고 운용하는 **수상기항모**이거나, 비행갑판을 갖고 있지만 양륙작전을 주목적으로 하는 **강습양륙함**을 들수 있다. 좁은 의미로는 고정익기 운용을 하는 것을 항모로 하고, 회전익기(헬리콥터)의 운용을 주목적으로 하는 헬기항모는 항모로서 인정하지 않는 일이 많다.

항모의 고정무장은, 대공 혹은 대 미사일 장비 등 자함방위병기만이 있는 경우가 많다. 항모가 갖는 전투력이란, 탑재하고 있는 항공기 그 자체이다.

함재항공기의 조합에 의해 제공 · 대함 · 대지 · 대잠 · 초계 · 전자전 · 구난 · 수송 등 여러가지 임무에 대응할 수 있다. 작전은 수기에서 수십기정도로 이루어지기 때문에, 한번에 여러가지 규모의 임무를 수행하는 것도 가능하다.

전략적으로 커다란 포인트로서, 항모는 이동항공기지이기 때문에, 항공기를 투입하고 싶은 지역에 신속히 전개할 수 있으며, 장기간 작전도 가능하다.

현대에 항공기는 최강의 전력이다. 그에 더해, 이 유연성이 높은 긴급전개능력이 제2차 세계대전 이후, 항모를 해군의 주력함의 지위에 위치시키는 이유이다.

## 항공모함이란 무엇인가?

### ●항모의 정의

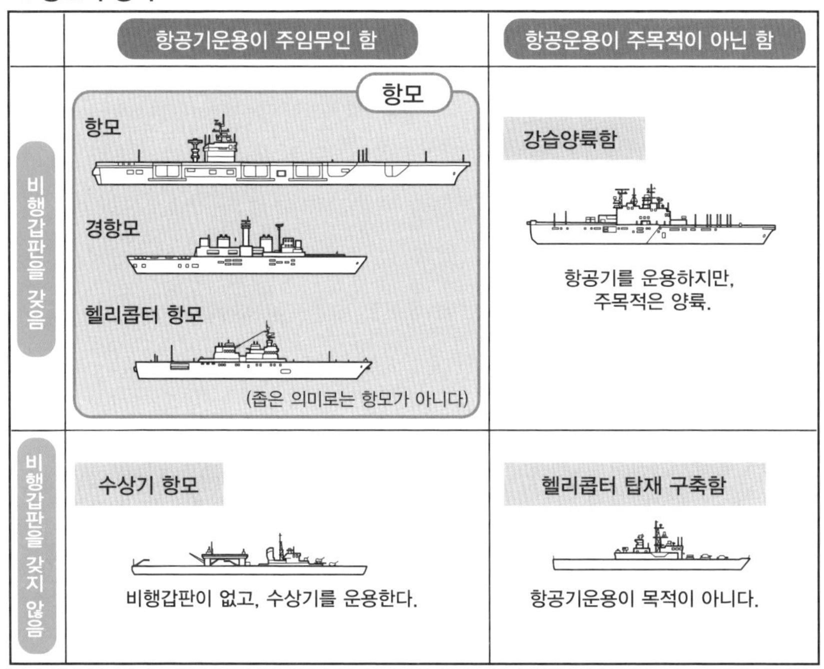


### ●항모의 특징

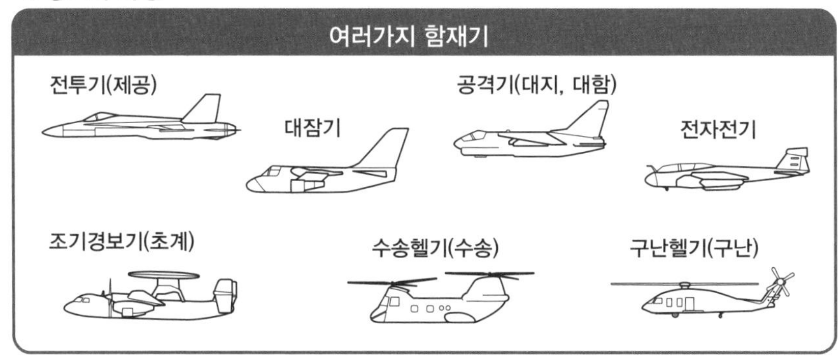


**각각의 조합으로 유연하게 운용**

관련항목
●함재기로는 어떠한 것들이 사용되는가? → No.055
●어째서 항공모함은 그런 모양인가? → No.053
●수상기모함이란 무엇인가? → No.064
●강습양륙함이란 무엇인가? → No.090

No.051

# 항공모함은 언제 만들어졌는가?

항공기가 전장에 투입되고난 뒤부터 근대항모의 스타일이 확립될 때까지는, 많은 시행착오가 있었다.

## ● 수상기항모에서 항공모함으로

함선에서 항공기를 발함시키고 착함시키는 것에 대한 실험은 우선 미국에서 성공하였다. 1910년의 경순양함 「버밍엄」에서의 발함, 다음해인 1911년의 장갑순양함 「펜실베니아」에서의 착함 성공이, 항공모함 역사의 원점이다. 이것을 이어받아 각국해군도 함재기의 개발에 힘을 쏟기 시작했지만, 이 시점에서는 플로트 장비의 **수상기**가 주류를 이루었다.

제1차 세계대전이 시작되자, 영국해군은 육상전투기의 해상 운용을 계획했다. 독일이 해상정찰에 사용하는 제펠린 비행선을 격추하기 위해서는 어떻게 해서라도 경쾌한 전투기가 필요했던 것이다. 1917년, 경순양함 「야마스」의 활주대에서 발진한 소피즈 파프 전투기가 비행선을 격추시키는데 성공한다.

이것에 자신을 얻은 영국은, 전투기의 함선배치를 추진하였지만, 활주대로는 전투기를 착함수용할 수 없다는 결점이 있었다. 한번 발함한 전투기는 육상기지로 귀환하거나 불시착할 수밖에 없어, 운용이 어려웠다. 복수의 전투기를 탑재해서 착함도 가능한 전문 항공기운용함을 바라게 되었다.

최초로 완성된 것은, 경순양전함개조의 「퓨리어스」이다. 통상의 함선위에 판을 얹은듯한 모습으로, 함교앞부터 발함, 연돌에서 뒤로 착함하게 되어 있었지만, 발함은 둘째치고 착함은 곤란했다.

항공기의 원활한 발착에는 **전면적으로 평평한 비행갑판**이 필요하다고 하는 교훈을 얻고, 1918년, 플래쉬댁 타입의 「어거스」(14,450t)가 완성되었다. 갑판에 전혀 장해물이 없는 어거스는 항모의 초기형이 되었다.

그리고, 1920년에 마찬가지로 영국에서 완성된 「이글」(21,600t)은 비행갑판 오른쪽에 함교와 **연돌**을 갖고 있었지만, 이것이 섬과 같이 보였기 때문에 「아일랜드 타입」이라고 불렸다. 이글은 뒤에 대형항모의 원형이 되었다. 어거스와 이글에서 항모의 역사가 시작되었던 것이다.

## 항모는 언제 만들어졌는가?

### ●항공모함탄생까지의 경위

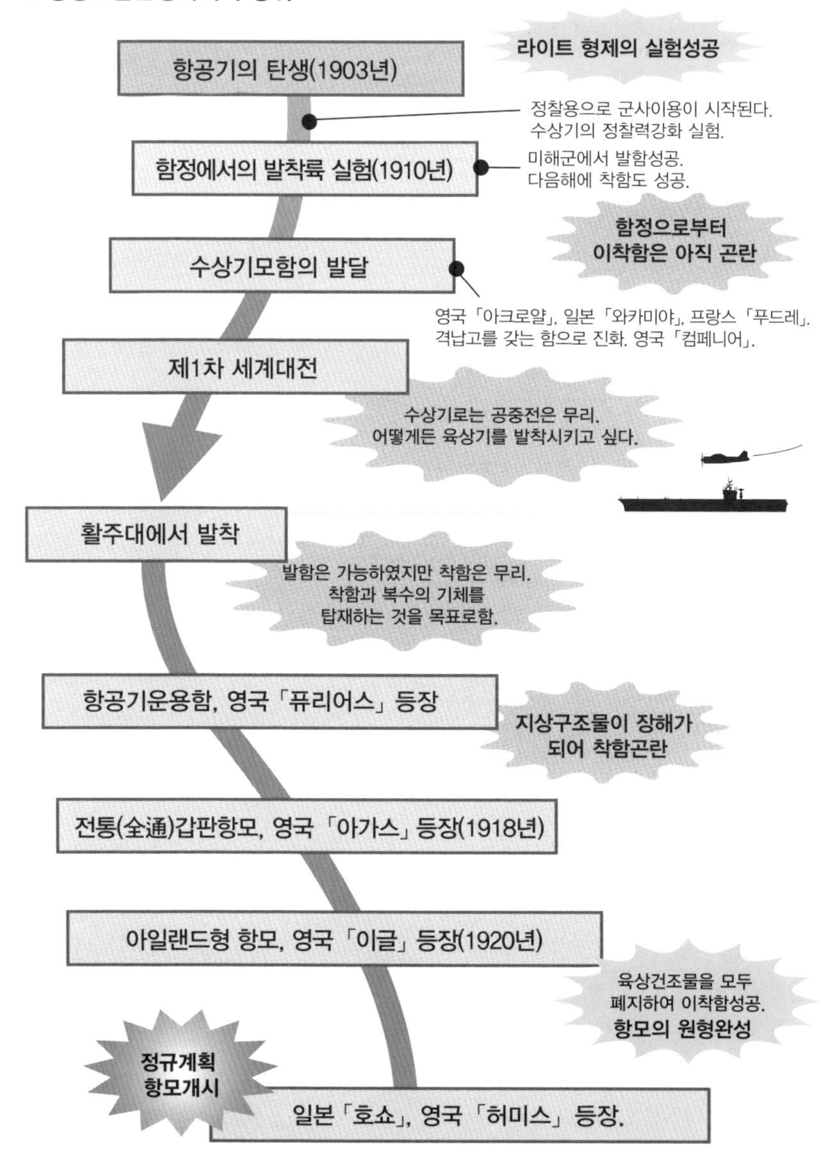


관련항목
●수상기모함이란 무엇인가? → No.064
●어째서 항공모함은 그런 모양인가? → No.053
●항공모함의 특징적인 장비는? → No.054

No.052

# 항공모함에는 어떤 종류가 있는가?

정규항모, 경항모, 개조항모, 호위항모 등을 실은 항모에는 여러가지 종류가 있다. 이것들은 주로 운용의 차이에 따라 나뉘어지고 있다.

## ●정규와 그렇지 않은 항모

항모의 분류방법은 언제나 존재하였지만, 실은 공식적인 분류법이 있는 것은 아니다. 예를 들면 「처음부터 항모로서 설계건조된 함」을 정규항모라고 하는 경우, 배수량 7,500t의 「호쇼」는 경항모라고 부를 수 없게 되고, 반대로 대형인 「아카기」나 「가가」는 전함을 개장한 개조항모로 부르지 않으면 안 된다. 그래서, 운용하는 방법으로부터 항모를 분류해 보도록 하겠다. 여기서는 제2차 세계대전시의 함을 대상으로 3종류로 분류하였다.

첫번째로 「정규항모」. 기동부대의 중핵이 되는 주력함이며, 대형에 고속, 전투기나 공격기, 폭격기 등을 탑재한다는 것이 정의이다. 예를 들면 일본의 쇼카쿠급, 미국의 에섹스급이 있다. 또한, 비행갑판에 장갑을 두른, **장갑항모**라고 불리는 것도 있었다.

두번째로 「경항모」 혹은 「보조항모」. 정규항모수의 부족을 메우기 위해 건조된 10,000t전후의 소형함이 많다. 단기간에 전력화시키기 위해 전시체제하에서 잠수항모나 순양함의 선체를 이용하여 건조한 것도 있다.

세번째가 「호위항모」이다. 이것은 수송선단의 호위, 항공기를 전선에 운반하기 위해 사용되며, 상선이나 여객선에서 개조한 것이 많다. 저속으로 탑재기수도 적고, 전투에는 맞지 않는다. 일본은 개조함이 많았지만, 지프항모라고도 불리는 **미국 호위항모**는, 근본설계도는 상선의 것을 이용한 것으로 생산성이 좋았기 때문에 상당한 수가 양산되었다. 미국의 호위항모는 본래의 임무 외에, 상륙작전지원이나 적함대에 대한 직접공격에도 투입되었다.

현대의 항모는 이것을 답습하여, 정규항모와 경항모로 나뉜다. 정규항모는 「**대형항모**」로 불리는 것도 있다. 경항모는 통상의 항공기는 운용하기 어렵고, 헬리콥터나 **V/STOL**수직/단거리 이착륙기가 탑재되어 있다.

## 항공모함에는 어떠한 종류가 있는가?

**정규항모 「즈이카쿠」 (일본)**

기준배수량 25,675t, 전장257.5m, 함재기총수 84기(최대시). 쇼카쿠급 항모 2번함으로, 1번함과 행동을 함께하였다. 일본해군의 표준적인 항모이며, 진주만 기습을 시작으로 주요 해전에서 활약을 계속하였다.

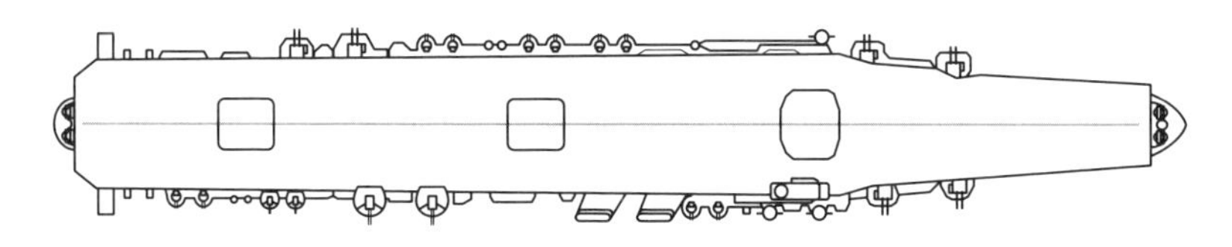

**장갑항모 「타이호」 (일본)**

기준배수량 29,300t, 전장260.6m, 함재기총수 53기. 마지막으로 준공된 정규항모로, 선진기술을 집대성하였다. 비행갑판에 장갑을 둘러 방어력을 향상시켰지만, 그 대신 함재기수가 적어졌다.

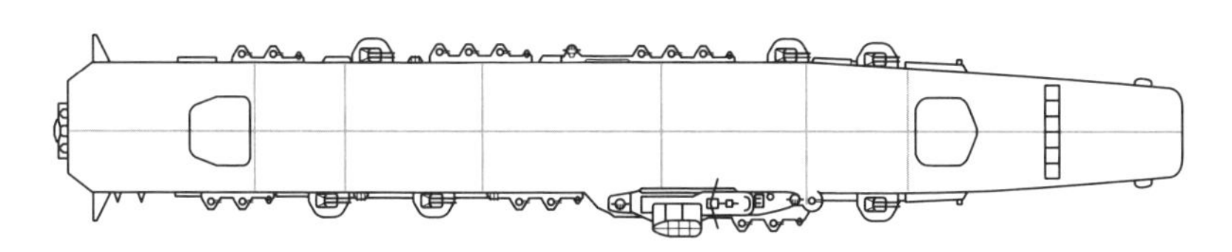

**경항모 「호쇼」 (일본)**

기준배수량 7,470t, 전장 179.5m, 함재기총수 21기. 항모로서 설계된 함으로서는 세계최초. 실전에도 나갔지만, 설계가 오래되었기 때문에 신예기를 운용할 수는 없었다. 그로인해, 후방훈련항모로서 운용되었다.

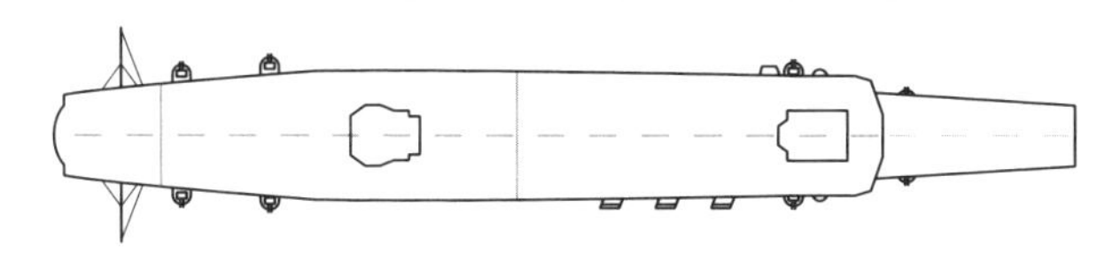

**호위항모 「다이요우」 (일본)**

기준배수량 17,830t, 전장 180.24m, 함재기총수 27기. 민간선을 전용하여 개장한 것으로, 당초는 「가스가마루」라고 불렸던 것이 후에 「다이요우」로 개칭. 대잠초계와 선단호위를 주임무로 하였다.

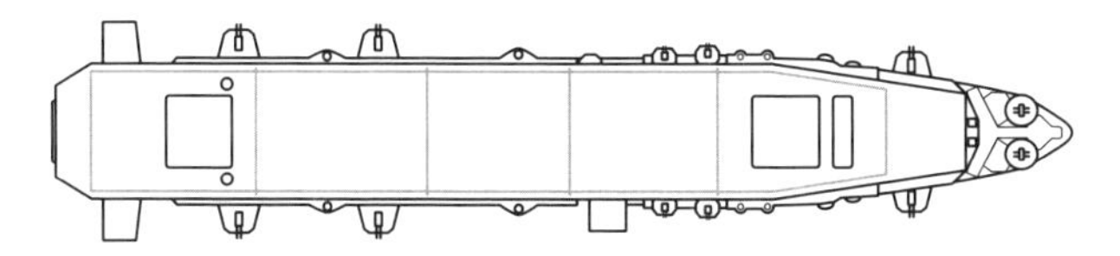

관련항목

●항공모함의 방어력을 올리기 위해서는? → No.057
●대형항모는 어떠한 능력을 지니고 있는가? → No.059
●제2차 세계대전 시의 터무니없는 항모란? → No.062
●미국 이외에 항모를 보유한 국가는 있는가? → No.060

No.053

# 어째서 항공모함은 그런 모양인가?

항모는 해상의 비행장이기 때문에, 가장 위층에 있는 갑판을 평탄한 비행갑판으로 하고, 그 우현에 함교를 두는 것이 일반적이다.

## ● 비행갑판과 함교의 특징

**함재기**를 발착시키기 위한 가늘고 길고 평평한 갑판은 항모의 기본형태이지만, 제2차 세계대전시기까지는 직선식으로 되어 있는 것이 일반적이었다. 갑판의 표면에는 목재나 라텍스, 콘크리트 등을 깔아놓았었다.

그러나, 직선식 비행갑판은, 함재기의 발함과 착함을 동시에 진행할 수 없다. 그래서 함이 향하는 쪽에 대하여 경사진 착함용 비행갑판을 배치한 디자인이 「앵글드 댁」이다. 영국에서 개발되었지만, 미국이 「앤티탐」((27,100t)을 1952년에 개장하여 장비, 실용화시켰다.

이후, 고정익기를 운용하는 항모는 앵글드 댁이 표준장비가 되어있다. 또한 제트기의 도입에 의해 비행갑판표면에는 내열 콘크리트가 깔리게 되었다.

1980년 준공된 영국항모 「인빈시블」(16,000t)에서는, 비행갑판 끝이 위쪽으로 경사져있는 「**스키점프대**」가 실용화되었다. 이륙하는 기체를 위쪽을 향해 발진시키는 것으로 발함성능을 향상시킨 것으로, **캐터펄트**가 없는 V/STOL기를 운용하는 경항모에서는 표준적인 장비가 되어 있다.

항모의 함교는 일본의 「아카기」(26,900t)나 「히류」(15,900t)를 제외하면 반드시 우현에 존재한다. 이것은 항모의 기본 디자인을 결정지은 영국항모 「이글」(21,600t)의 건조 시 검증에 의한 것이다. 함재기의 프로펠러의 회전방식을 계산하면, 이함에 실패한 경우 좌현측으로 이탈하는 것이 유리하며, 함정은 오른쪽부터 항구에 접촉하기 위해 조함하는 것이 쉽다는 이유로, 항모의 함교는 우현에 배치되게 되었다.

참고로 설계가 오래된 소형항모에는, 발착함에 방해가 될 법한 함교가 존재하지 않는 것도 있다. 영국 항모 「**아가스**」(14,450t) 등이 유명하지만, 함교가 없으면 항행이나 항공관제를 하기 어려워지기 때문에, 주류가 되지는 못했다.

## 어째서 항공모함은 그런 모양인가?

### ●앵글드 댁의 효용

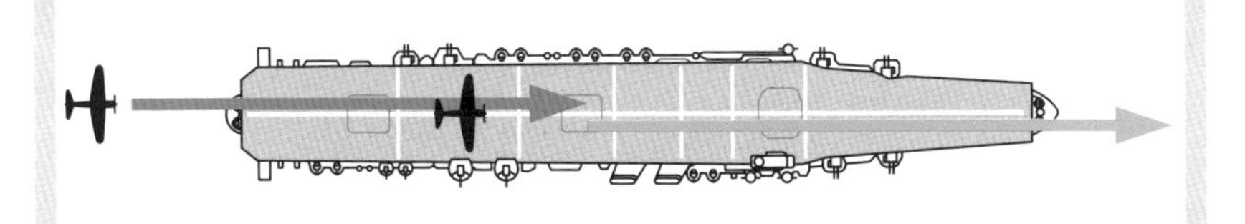

직선식 비행갑판에서는 착함과 발함이 같은 축선상에서 이루어지기 때문에,
사고의 위험성이 높고, 사실상 발착함을 동시에 하는 것은 불가능하다.

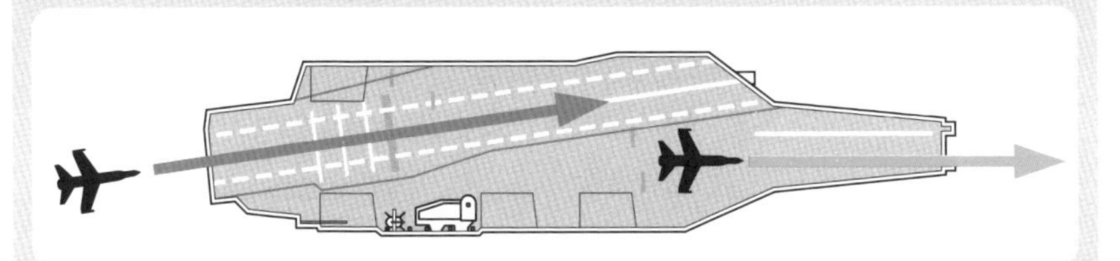

발함과 착함이 다른 축선상에서 이루어지기 때문에 사고의 위험성은 없고,
동시에 발착함을 행할 수 있다. 또한, 발함을 2곳에서 동시에 행할 수 있기 때문에 고속으로 항공기를 발함시킬 수 있다는 이점도 있다.

### 항모여명기의 시행착오

항모 「아카기」(신조 시)

배수량 : 26,900t　탑재기수 : 60기

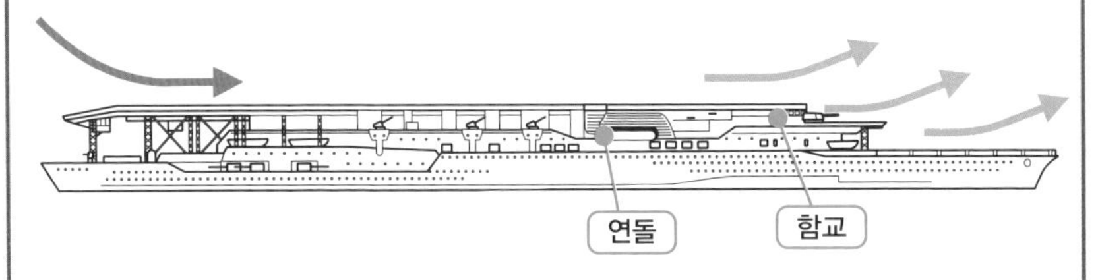


항모「아카기」는 1927년 준공시에 3단비행갑판을 갖고 있었다. 또한 「가가」도 마찬가지였고, 영국항모 커레이저스급도 2단비행갑판이었다. 이들은, 각각의 높이를 이용한 것으로, 동시에 발착함을 행할 수 있는 것을 노렸다. 그러나, 함재기의 대형화, 고속화에 의해 크고 긴 비행갑판이 요구되었고, 따라서 「아카기」「가가」는 비행갑판을 일단 개장했다.

관련항목

●함재기로는 어떤 것들이 사용되는가? → No.055
●항공모함은 언제 만들어졌는가? → No.051
●함재기는 어떻게 발착하는가? → No.056

No.054

# 항공모함의 특징적인 장비는?

함재기운용이야말로 항모의 존재이유인데, 이를 위해서 엘리베이터나 연돌 등의 의장에 예전부터 연구가 계속되어왔다.

## ●항모의 엘리베이터

격납고에서 **비행갑판**에 함재기를 올려보내기 위해 사용되는 것이 엘리베이터이다. 제2차 세계대전기까지의 항모에서는, 비행갑판 중심선상에 앞뒤로 2~3기의 엘리베이터가 설치되어 있었다. 후부에서는 발함기를 올려보내는 용, 전부에서는 착함기를 수납하는 용으로 역할이 나뉘어 있었다.

그러나 엘리베이터는 선체의 강도를 약화시키고, 파괴당하거나 고장나게 되면 비행갑판위에 큰 구멍이 뚫리기 때문에 기체가 발착할 수 없게 된다. 이것을 해소하기 위한 것이 현대 항모에 채용된 현측 엘리베이터이다. 비행갑판의 가장자리에 엘리베이터를 설치하는 이 방식은, 1942년 준공된 미국의 「에섹스」(27,100t)에서 일부 채용되어, 1955년 준공된 미국의 「포레스탈」(59,060t)에서 전면채용되었다.

## ●항모의 연돌

연돌에서 나오는 연기는 시계를 가리고 기류를 어지럽히고, 연돌 자체도 함재기 발착의 장해물이 된다. 연돌을 어떻게 할지는 오랜세월동안 큰 화두였다.

예를들면 미국의 「레인저」(14,500t)의 연돌은 세웠다 넘어트렸다 하는 식으로, 발착함 시에는 바깥쪽으로 넘어트리도록 되어 있었다. 일본의 「가가」(26,900t)는 함미에서 연기를 뿜었지만, 연기가 지나가는 함내가 고온이 되었기 때문에 문제가 되었다. 그 외에, 일본에서는 현측에 연돌을 배치한 일이 있어, 효과를 보았지만, 선체가 기울게 되면 연돌이 침수되게 되어 문제가 남아있었다.

영미 그리고 일본도 1942년 준공된 항모 「히요」(24,140t)이후는, 함교후방에 배치, 혹은 함교와 일체화하는 직립연돌이 주류가 되었다. 이것으로도 기류나 배연상의 문제가 남아있었지만, 당시는 방어상 유리한 점이 우선시되었다.

옛사람들은 연돌문제를 해결하기 위해 여러가지 노력을 기울였지만, 최종적으로 미국에서는 항모의 **동력이 원자력화**됨에 따라, 연돌 그 자체가 없어지게 되었다.

## 항공모함의 특징적인 장비는?

### ●엘리베이터

#### 중심선 엘리베이터

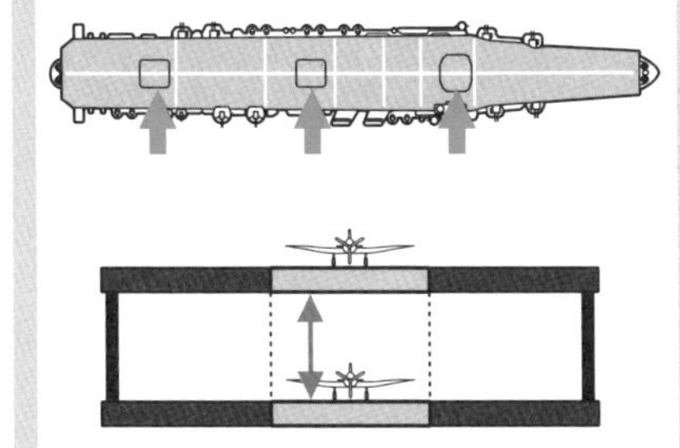

비행갑판의 중앙부가 위아래로 왔다갔다 한다. 격납에 지장은 없지만, 엘리베이터가 고장나거나 피해를 입을 경우, 비행갑판에 커다란 구멍이 뚫려, 비행기를 발착함 시킬 수 없게 되고 만다.

#### 현측 엘리베이터

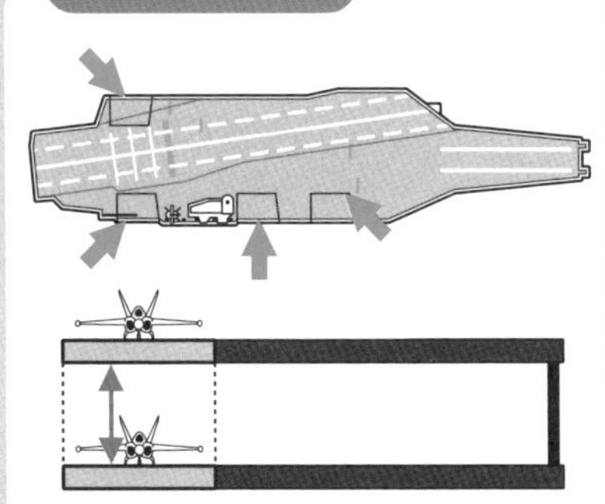

갑판의 바깥쪽에 엘리베이터가 있다. 엘리베이터에 고장이나 피해가 있더라도, 항공기의 발착함에 지장이 없다. 또한 엘리베이터보다 다소 어긋나는 사이즈의 항공기도 운용가능하다. 다만, 엘리베이터가 한쪽에만 고정되어 약해지게 되며, 격납고 측면에 구멍을 뚫지 않으면 안 된다.

### ●연돌

#### 세웠다 넘어트렸다 하는 식

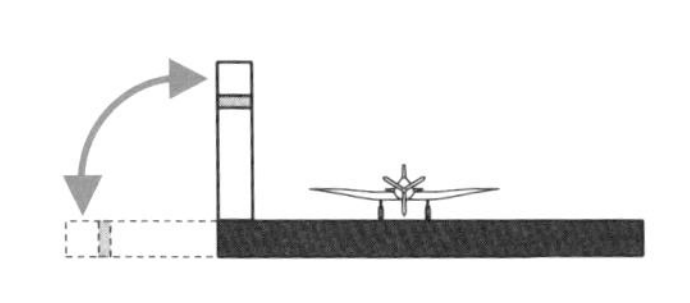

여명기의 항모에 채용되었지만, 구조가 복잡하게 되는데 비해 효과는 별로 없었다.

#### 직립식

각국에서 주류가 되었던, 직립식 연돌. 일본의 항모에서는 연돌을 바깥쪽으로 26도가량 기울여, 배기가스가 비행갑판에 주는 영향을 줄였다.

#### 현측식

현측에서 아래를 향해 설치된 것. 일본의 항모가 많이 채용, 결과는 양호했다. 피해를 받은 선체가 기울게 되면 연돌이 해면에 빠지게 되는 것이 약점.

관련항목

●어째서 항공모함은 그런 모양인가? → No.053
●원자력함이란 무엇인가? → No.012

No.055

# 함재기로는 어떠한 것들이 사용되는가?

항모에는 여러가지 임무에 맞춰 많은 종류의 함재기가 탑재되어 있다. 이것들을 조종하는 파일럿도 특별히 선발된 엘리트이다.

## ● 해군전력의 담당자

여명기의 항모에는 지상기지에서 운용되던 항공기와 동일한 것이 실려있었다. 하지만, 한정된 공간에 격납, **비행갑판에서의 이발착함** 등의 요구를 만족시키기 위해, 점차로 함재를 전제로 한 기체가 설계 · 채용되게 되었다. 속칭 "해군기"라고 하면 항모함재기를 가리키는 경우가 많다.

주어지는 임무의 높은 난이도와 바닷바람을 맞는 등의 가혹한 환경 속에서 운용되기 때문에, 함재기의 수명은 길지 않다. 그리고, 그것을 조종하는 파일럿은 높은 숙련도가 요구된다. 활주로에 착륙하기보다 항모에 착함하는 쪽이 어렵다는 것은 상상하기 어렵지 않을 것이다.

함재기의 종류는 그 임무의 수와 동일하게 있는 것이 좋다.

우선, 전투기는 함대방공이나 공격대호위를 위한 기체이다. 대전기간부터 현대까지 존재하고 있으며, 대함대지공격능력을 보유하고 있는 것도 있다.

제2차 세계대전시기에는 적함을 가라앉히기 위한 특별한 기종이 개발되었다. 급강하폭격기는 그 중에도 꽃이라 불릴만한 것으로, 적 머리위에서 습격하는 기체이다.

뇌격기는 어뢰 혹은 폭탄을 탑재한 기종이다. 대전말기 이후에는 공격기로 통합되어, 현대에는 정밀유도폭탄이나 미사일로 공격을 행한다.

색적을 행하는 정찰기는 필요불가결한 존재로, 한때는 전임기체도 개발되었다. 현대에는 전투기에 정찰포트를 장착한 전술정찰기, 강력한 레이더를 싣고 있는 조기경보기가 있다. 공격대에 수반되어 적 레이더에 대한 방해를 행하는 것이 전자전기로, 든든한 지원기이다. 또한 잠수함의 성능향상이 이루어진 전후, 대잠초계기도 등장했다. 이 임무는 회전익기가 담당하는 경우도 있다.

그외에, **V/STOL**수직/단거리 이착륙기는 활주로가 아주 짧은 상태에서도 사용가능하기 때문에 긴 비행갑판을 확보할 수 없는 **경항모**나 **양륙함**에 탑재되어, 전투공격기로서 운용되고 있다.

## 함재기에는 어떠한 것들이 사용되는가?

### ●함재기의 종류와 대표적인 기체

|  |  |
|---|---|
| **전투기**<br>임무 : 공대공전투 | F-14 (미국)<br>냉전기의 주력전투기.<br>높은 공대공전투력을 보유하고 있다. |
| **폭격기**<br>임무 : 폭격에 의한 대함, 대지공격 | 99식함폭 (일본)<br>제2차 세계대전 전반에 활약.<br>가장 많은 연합군함정을 가라앉힌 폭격기. |
| **뇌격기**<br>임무 : 어뢰·폭격에 의한 대함, 대지공격 | 97식함공 (일본)<br>제2차 세계대전 전반에 활약.<br>일본해군의 황금기를 지탱하였다. |
| **공격기**<br>폭격기와 뇌격기가 통합된 것. | A-1 (미국)<br>제2차 세계대전 직후에 배치되어,<br>한국전쟁, 베트남전쟁에서 활약한 명기. |
| **전투공격기**<br>전투기와 공격기가 통합된 것 | F/A-18 (미국)<br>현재는 주력전투기와<br>공격기를 겸하는 존재가 되었다. |
| **전자전기**<br>임무 : 전자전에 의한 원호 | EA-6 (미국)<br>A-6공격기를 개수.<br>40년이상 현역이다. |
| **정찰기**<br>임무 : 정찰 | 2식함정 (일본)<br>스이세이함폭을 개수한 정찰전용기.<br>미드웨이해전에서 데뷔. |
| **조기경보기**<br>정찰기에서 발전하여, 레이더에 의한 색적을 행한다. | E-2 (미국)<br>등에 원반형 레이더돔을<br>싣고 있는 것으로 유명. 항공자위대에서도 채용. |
| **대잠초계기**<br>임무 : 잠수함에 대한 색적, 공격 | S-3(미국)<br>30년이상, 주력대잠초계기로서<br>운용되고 있다. |
| **그 외의 기체**<br>수송기나 범용 헬리콥터 등 | C-2(미국)<br>E-2C의 수송기형.<br>항모와 지상의 연락 등에 사용된다. |

관련항목

●함재기는 어떻게 발착하는가? → No.056
●미국 이외에 항모를 보유한 국가는 있는가? → No.060
●항공모함에는 어떤 종류가 있는가? → No.052
●강습양륙함이란 무엇인가? → No.090

No.056

# 함재기는 어떻게 발착하는가?

현대의 함재기는 무겁기 때문에, 캐터펄트에서 발사되어 착함시에는 와이어로 정지한다. 꽤나 터무니없는 운용방법이다.

## ● 발함

리시프로기 시대, **함재기**는 비행갑판 위를 자력으로 가속하여, 날아올랐다. 이때, 항모는 바람을 향해 전속력을 내서, 합성풍력(순풍)을 업는 것으로 함재기에 대기속도를 올려주었다.

이것을 크게 변화시킨 것이, 제2차 세계대전이기에 등장한 캐터펄트이다. 갑판위에 설치된 캐터펄트로 함재기를 잡아당겨 급가속하는 것으로 발함에 필요한 속도를 얻는 것이다. 이것에 의해 미군은, 저속소형의 **호위항모**에서도, 무리없이 함재기를 운용할 수 있게 되었다.

전후, 항공기의 제트기화가 이루어짐에 따라, 기체중량이 증가하여, 자력으로 발함하는 것은 불가능해졌고, 캐터펄트는 항모에 필수장치가 되었다. 캐터펄트도 당초의 유압식에서 증기식이 되어, 성능이 향상되었다.

또한 V/STOL기는 그 특성을 이용하여, 자력으로 발함하고 있다. 수직이륙도 가능하지만, 연료소비가 극심하기 때문에 웬만한 일이 없는 한, 단거리발함을 행한다. **현대의 경항모**는 갑판이 윗쪽으로 경사져(스키점프대) 있기 때문에, 이것으로 위쪽에 대한 가속을 할 수 있어, 더 효율좋은 이륙을 할 수 있게 되었다.

## ● 착함

이쪽은 오래전부터 변함이 없다. 비행갑판에 횡방향으로 어레스팅 와이어(착함제동선)을 설치하여, 기체뒷부분에 착함후크로 그것을 걸게 된다. 와이어는 걸리면서 브레이크를 거는 구조로서, 기체는 급속히 속도를 떨어트리게 되어, 짧은 거리에서 멈출 수 있다.

착함에는 높은 기량이 요구된다. 와이어는 여러줄 설치하여 걸릴 가능성을 높이게 된다. 또한 착함실패가 예상되는 때에는 그물모양의 크래쉬 배리어(활주제지선)로 기체를 강제적으로 정지시킨다.

## 함재기는 어떻게 발착하는가?

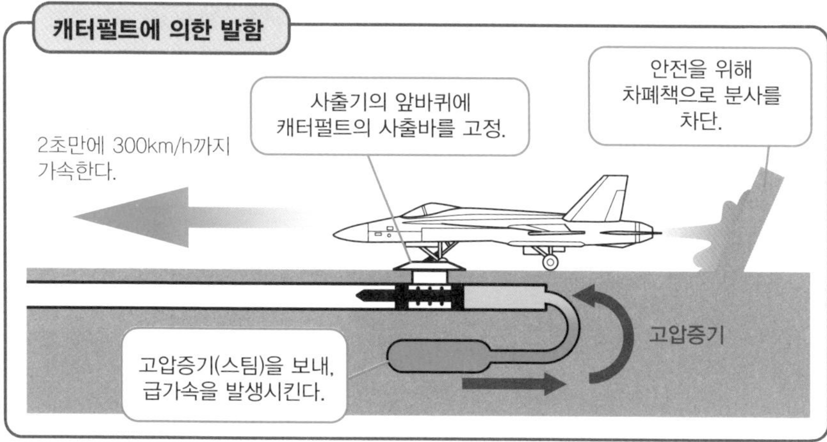


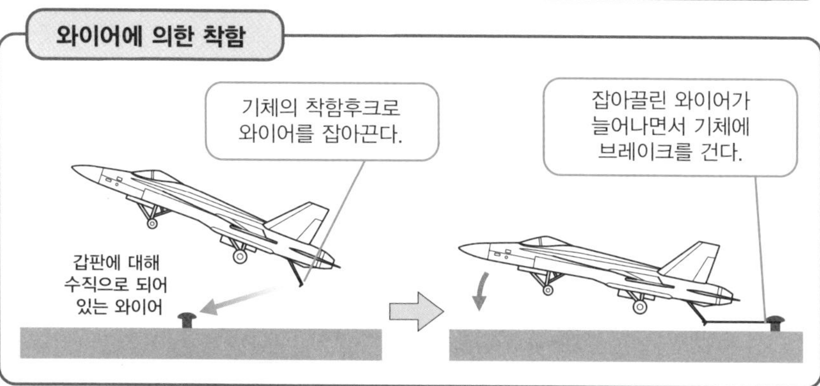


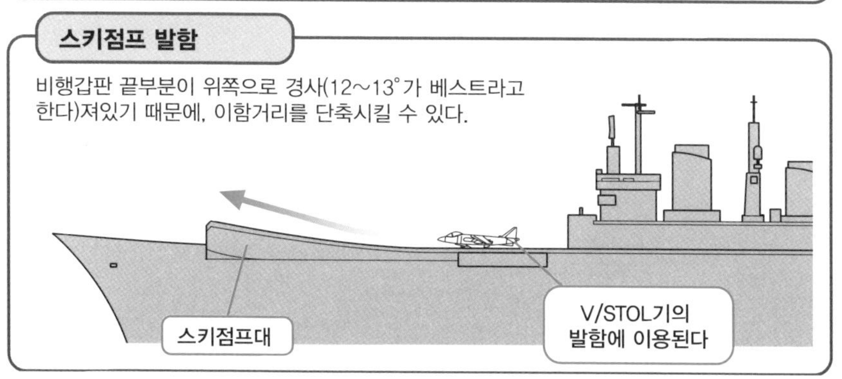


관련항목

● 함재기로는 어떠한 것들이 사용되는가? → No.055
● 항공모함에는 어떤 종류가 있는가? → No.052
● 미국 이외에 항모를 보유한 국가는 있는가? → No.060

No.057

# 항공모함의 방어력을 올리기 위해서는?

항모는 중요한 전력이면서, 방어면의 문제가 있는 군함이다. 항모의 방어라고 하는 문제를 해결하기 위해서 몇가지 방법이 고안되었다.

## ● 가라앉지 않기 위한 여러가지 노력

크고 넓은 평면의 비행갑판을 가진 항모의 방어는 어떻게 할 것인가는 오랜기간의 과제로, 설계자들은 여러가지 연구를 해왔다.

제2차 세계대전 시의 표준적인 항모는, 격납고의 바닥면을 강도갑판으로 만들었다. 피탄한 경구, 비행갑판에는 간단히 구멍이 뚫리고 말지만, 함의 중량은 가볍고, 중심도 안정된다. 함의 대형화가 가능해지고, 용적도 여유가 있어졌기 때문에, **함재기**도 많이 탑재가능할 수 있었다.

한편, 영국의 항모는 비행갑판에도 장갑을 실시하였다. 이렇게 되면 중량이 늘어나고, 중심도 높아져 불안정해지지만, 함의 방어력은 더욱 올라간다.

영국의 항모 「일러스트리어스」(23,000t)는 500kg 폭탄 6발을 맞으면서도 생환한 높은 방어력을 보여주었다. 일러스트리어스급은 「**장갑항모**」라고 불릴 정도로 견고한 항모로, 게다가 안정성을 늘리기 위해서 전고를 낮춘 설계를 했지만, 함재기 수가 감소된다는 큰 약점도 포함되어 있었다.

그 외에 방어력에 관한 선택지로서, 격납고에 대한 접근이 있다.

제2차 세계대전시기의 미국 항모 격납고의 측면 벽은 슬라이드식 문으로 만들어진 정도의 개방식 격납고였다. 이 방식이라면 폭격이 있어도 폭풍이 바깥으로 빠져나가고, 또한 화염이 일더라도 타고 있는 기체를 투척하면 간단히 소화할 수 있다. 반면 측풍이 불기 때문에 함재기의 보호에는 문제가 있었다.

이에 비해, 영국과 일본 항모의 격납고는 폐쇄식으로, 함재기보호에는 만전이었다(전후에는 미국도 폐쇄식이 되었다). 그러나, 격납고에서 폭발이 있게 되면 폭풍이 빠져나갈 곳이 없어 **피해가 확대**되고, 화재시의 대응도 개방식보다 곤란했다.

참고로 함재기를 증가시키는 방법으로서는 격납고를 다층식으로 하거나, 천정에 체인으로 묶어두거나, 미국 등 여유가 있는 나라는 비행갑판에 노천계류, 즉 비를 맞도록 내버려둔채로 함재기를 싣고 있었다.

## 항공모함의 방어력을 올리기 위해서는?

### 격납고를 강도갑판으로 한다

비행갑판은 선체의 강도와 관계가 없다. 장갑화시키지 않았기 때문에 간단히 구멍이 뚫리지만, 중심이 낮아지기 때문에, 대형화시키기 쉽다(격납고를 2층으로 하는 등)는 이점이 있다.

### 비행갑판을 장갑화한다

비행갑판자체가 선체의 강도를 지탱해주는 일부가 된다. 장갑화되기 때문에 배 그 자체의 피해를 튕겨내는 것은 가능하지만, 중심이 높아지기 때문에 대형화되기 어렵다.

### ●격납고와 방어

#### 개방식격납고와 비장갑비행갑판

명중한 폭탄은 비행갑판을 파괴하고 내부에서 폭발하지만, 벽이 없기 때문에 폭풍은 바깥으로 빠져나가고, 피해를 경감시킬 수 있다. 그러나 항모로서의 능력은 잃게 된다.

#### 폐쇄식격납고와 장갑비행갑판

비행갑판 자체의 장갑으로 폭탄을 방어한다. 항모로서의 능력도 잃지 않는다. 다만 비행갑판을 뚫릴 경우는 피해가 확대되기 쉽다.

관련항목
●함재기로는 어떠한 것들이 사용되는가? → No.055
●항공모함에는 어떤 종류가 있는가? → No.052
●데미지컨트롤이란 무엇인가? → No.014

No.058

# 항모의 고정무장은?

항모의 주병장은 함재기가 되지만, 자함방어를 위해, 대공포 등의 무장도 실려있다.

## ● 항모무장의 변천

비행갑판에 자리를 빼앗겨, 무장탑재공간이 적어지기 쉬운 항모이지만, 전선에 나가는 이상, 무방비로 나갈 수는 없다. 하지만 탑재되어 있는 병기는 자함방위용이며, 그 이외의 함대방공 · 대함 · 대잠 등의 임무는, 호위함정에 맡겨두는 경우가 많다.

초창기의 항모는, 함재기의 성능이 신뢰받지 못했기 때문에, 대함전투를 고려하고 있었다. **20cm급의 포**가 실려있는 것도 많았지만, 제2차 세계대전까지는 대공전투중시의 무장이 되어갔다.

당시의 대공무기는 대공포와 대공기관총이다. 대공포는 8cm~15.5cm정도, 기관포는 7mm에서 40mm정도로 속도가 빠른 항공기에 대응하기 위해 초구포속과 발사속도가 빨랐고, 2연장이상에 포좌선회속도도 빠르게 되어 있었다.

하지만 조준해서 쏘더라도 항공기를 격추하는 것은 어렵다. 그렇기 때문에 탄약에 시한신관(시한식으로 공중폭발하는 신관)을 붙인 포탄도 이용되었지만, 현실적으로는 적기의 조준을 어긋나게 하거나 쫓아내는 정도의 효과밖에 없었던 것이다. 이것이 제2차 세계대전 후반이 되면, 미군이 근접신관(적에게 가까이가면 폭발하는 신관)을 붙인 포탄의 개발에 성공하게 된다. 근접신관의 효과는 굉장하여 격추율은 상향되었다.

대전 후, 항공기가 제트기화되면서, 대공포나 기관총으로 대응하는 것은 불가능해졌다. 그래서 **개함방위용 대공미사일**이 도입되게 되었다. 더욱이 현대에는 대미사일 고정방어용으로 **CIWS**나 **RAM**롤링 에어프레임 미사일이 장비되게 되었다.

전후의 항모 중에는, 항공대의 능력부족을 보충하거나, 함대의 전력강화를 위해, **대함미사일**을 탑재하는 것도 있었다. 러시아 「어드리멀 쿠즈네초프」(55,000t), 이탈리아 「쥬세페 가르발디」(10,000t, 2003년 개장까지) 등이 유명하다.

## 항모의 고정무장은?

**에섹스급항모(미국)의 고정무장배치(1945년무렵)**

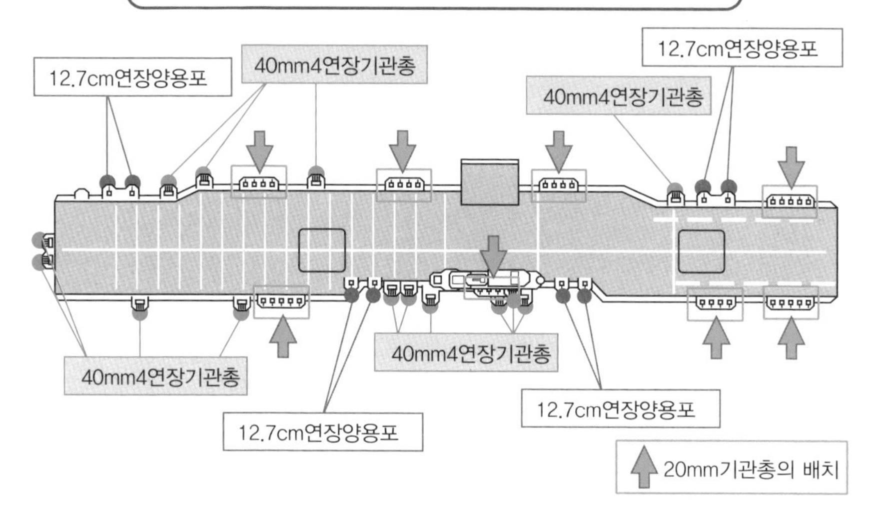


### ●신관에 의한 차이

사격전에 폭발시간을 설정하기 때문에 예상과 다른 움직임을 취할 경우 완전히 다른 장소에서 작렬하고 말아, 의미가 없어지고 만다.

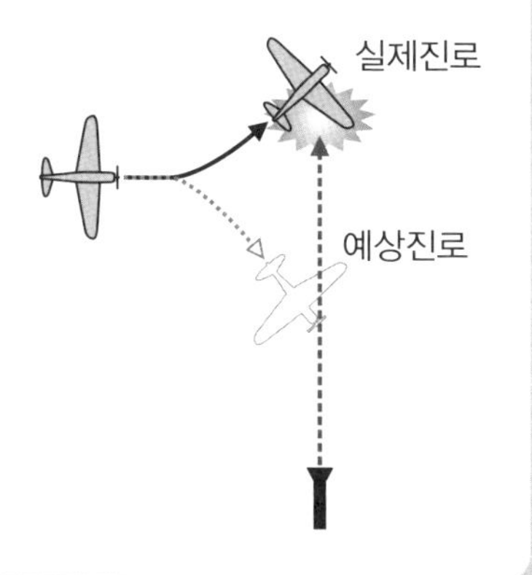


적기에 근접해서 작렬(신관에 소형 레이더가 내장되어 있다)하기 때문에, 예상과 다른 움직임이라도, 어느정도 대응할 수 있다.

관련항목
●부포는 무엇을 위해 붙어있는가? → No.037
●방공용 미사일이란? → No.049
●군함의 천적은 하늘에서 오는가? → No.039
●대함미사일에는 어떠한 종류가 있는가? → No.048

No.059

# 대형항모는 어떠한 능력을 지니고 있는가?

대형의 정규항모는, 현대 미해군의 근간병력이다. 동시에, 힘이 되는 외교를 지탱하고 있으며, 국가전략상으로 중요한 존재이다.

## ● 대국만이 보유할 수 있는「이동요새」

현대에 있어, 미해군정도로 많은 **대형항모**를 보유한 국가는 없다. 세계의 바다에 11척의 니미츠급 원자력항모를 전개하고 있다.

니미츠급의 **주력이 되는 항공기**는 4개 전투비행공격중대분이 배치되어 있다. 구체적인 내역은 F/A-18전투공격기가 60기, E-2C조기경보기가 4~5기, EA-6B전자전기가 4~5기, S-3대잠초계기 5기, SH-60 헬리콥터가 6~12기(2008년시. 함에 의해 다소 차이가 있음).

일본의 항공자위대의 전투비행대는 기지 1개당 36기가 배치되어 있는 것을 감안하면 니미츠급은 항공자위대 기지 1.5개분에 맞먹는 전력을 보유하고 있는 것이 된다. 게다가 90년대까지는 핵병기도 탑재하고 있었다.

니미츠급 몇척이 전선에 투입될 경우, 선진국 이외의 해공군전력으로는 저항이 불가능하다. 미국은 바다가 있기만 하다면, 마음먹은 시간에 마음먹은 장소의 제공권을 확보하여 항공공격을 실행할 수가 있다는 것이 된다. 또한, 탑재된 항공기의 조합에 의해, 특정목표를 공격하는 등 소규모 작전도 유연하게 실행할 수 있다.

더욱이, 거대한 함내 공간과 한 개 도시에 필적한다고 하는 **원자로**의 발전능력을 활용하면, 재해복구에도 공헌할 수 있다.

항모는 해군전력의 중요한 요소였지만, 냉전이 종결되어 제해권획득을 위해서 해전을 벌이는 케이스는 생각될 수 없게 되었다. 현재 항모는 바다에서 육지로의 전력투입거점으로 보게 되었다.

전쟁에서 항공기를 사용하기 위해서 주변국의 협력을 얻는 것은 어렵다. 비행장을 빌린다든가 영공을 비행하는 허가를 얻기 위해서는 외교적인 수단이 필요하다. 그러나, 항모가 있다면 그런 귀찮은 문제는 어느정도 무시하고 항공기를 운용하는 것이 가능해진다.

## 대형항모는 어떠한 능력을 지니고 있는가?



### 미국 원자력 항모 「해리 S 트루먼」

| | |
|---|---|
| 만재배수량 : 102,000t | 무장 : 시 스페로 단거리 SAM8연장 발사기 3기 |
| 전장 : 332.0m | 탑재기수 : 80~105기 |
| 최대폭 : 76.8m | 준공 : 1998년 |
| 속력 : 30노트 이상 | |

니미츠급 항모 9번함. 니미츠급 항모는 1번함 「니미츠」가 1975년에 준공된 후, 30년이상에 걸쳐 건조되었다.

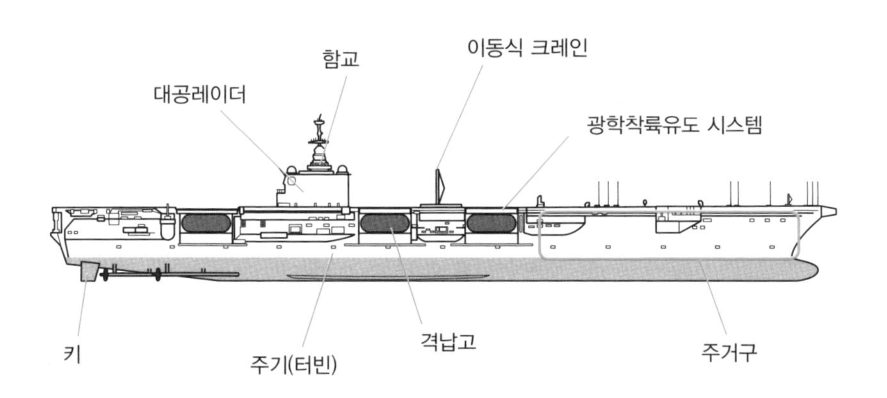


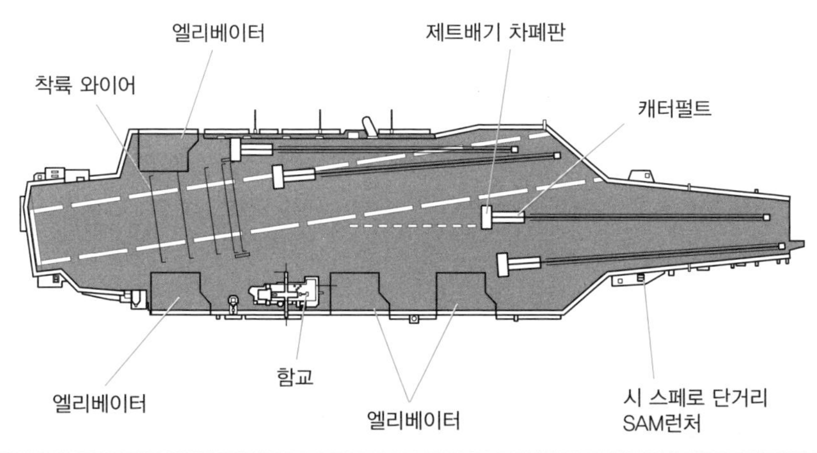


관련항목
●항공모함에는 어떤 종류가 있는가? → No.052
●함재기로는 어떠한 것들이 사용되는가? → No.055
●원자력함이란 무엇인가? → No.012

No.060

# 미국 이외에 항공모함을 보유한 국가는 있는가?

현대에 있어, 항모를 보유한 국가는 미국 이외에도 있으나 상징적인 존재이다. V/STOL기와 함께 경항모를 운용하는 국가도 있다.

## ●각국의 항모

미국 이외의 **대형항모**는, 현재 프랑스와 러시아가 한 척씩 운용하고 있을 뿐이다. 그 외에, 브라질이 고정익기를 탑재할 수 있는 중형의 정규항모를 1척 보유하고 있다. 영국, 이탈리아, 스페인, 인도, 태국은 1척혹은 2척의 **경항모**를 보유하고 있으며, V/STOL수직/단거리 이착륙기인 해리어나 헬기가 탑재되어 있다. 전략상, 항모를 전력화하기 위해서는 3척을 세트로 운용하는 것이 이상적이다. 1척이 임무 중, 1척이 이동 중, 1척이 정비 중이라고 하는 로테이션이다. 거기까지는 못가더라도, 작전가능한 상태에 두기 위해서는 최소한 2척이상은 필요하다고 생각된다. 다만 NATO국가들로서는 이야기가 달라서, 유사시에 NATO해군으로서 기능을 하기 위해서 1국에 1척만으로도 전력이 성립된다.

영국, 이탈리아는 항모를 복수로 유지하고 있고, 프랑스는 또 1척을 건조 중이다(프랑스는 현재도 항모에 핵병기를 탑재하고, 핵전략의 일약을 담당하고 있다).

인도도 항모 2척체제에 들어가는 중이며, 본격적인 전력화를 목표로 하고 있다. 중국도 마찬가지로 항모의 배치를 계획 중이다. 한편, 러시아는 소련붕괴에 의한 혼란으로 항모배치계획이 중지된 후, 1척만 운용을 하고 있다. 장래적으로는 복수의 항모를 보유하는 것을 원하지만, 아직 구체화는 되지 않고 있다.

태국, 브라질은 국위를 상징하기 위해 경항모를 보유하고 있다고 생각된다.

## ●V/STOL항모

경항모는 그 정도로 경비가 들지 않기 때문에, 대국이 아니라도 보유할 수 있다는 이점이 있다. 현대에 있어 경항모의 대다수는 **V/STOL**수직/단거리 이착륙**기**와 회전익기를 탑재하고 있다. 단, 탑재기의 수와 성능의 문제로부터 중소국상대로 함대방공이나 지상부대지원이 주임무로 생각되고 있다. 그 실력은 단독으로 여러가지 작전에 대응할 수 있는 대형항모와 비교할 수조차 없다.

## 미국 이외에 항모를 보유한 국가는 있는가?

영국

경항모 「일러스트리아스」 (16,000t) V/STOL기·헬기 : 20기
경항모 「아크.로얄」 (16,000t) V/STOL기·헬기 : 22기
예비함 : 경항모 「인빈시블」 (16,000t) V/STOL기·헬기 : 20기

프랑스

항모 「샤를 드 골」 (37,085t) 고정익기·헬기 : 40기

러시아

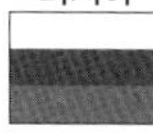

항모 「어드미럴 쿠즈네초프」 (45,900t) 고정익기·헬기 : 39기

이탈리아

경항모 「쥬세페 가르발디」 (10,000t) V/STOL기·헬기 : 16기
경항모 「카보우르」 (만재 27,100t) V/STOL기·헬기 : 20기

브라질

항모 「상파울로」 (만재 33,673t) 고정익기·헬기 : 24기

스페인

경항모 「프린시페 데 아스투리아스」 (만재 17,188t) V/STOL기·헬기 17대

인도

경항모 「비라트」 (만재 28,700t) V/STOL기·헬기 : 19기

태국

경항모 「차크리 나루벳」(만재 11,485t) V/STOL기·헬기 : 12기

### 경항모 「카보우르」

2007년 준공된 신예함. 이탈리아 함대기함으로 쓰인다. 또한 양륙함으로서의 성능도 있어, 장갑차 60량이 탑재가능하다.

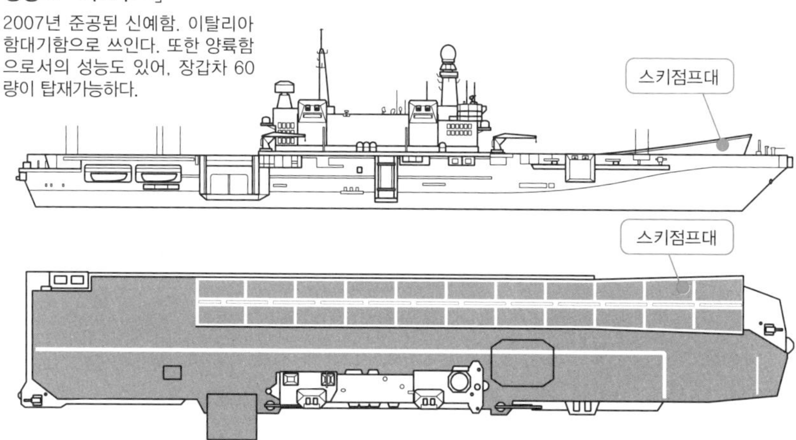


관련항목

●대형항모는 어떠한 능력을 지니고 있는가? → No.059
●항공모함에는 어떠한 종류가 있는가? → No.052
●함재기는 어떻게 발착하는가? → No.056

No.061

# 미래의 항모는 어떻게 되는가?

니미츠급 항모의 등장이래, 눈에 띄는 변화는 없었던 항모는 21세기에 들어서서 큰 변화를 맞이하고 있다.

## ● 미래항모와 함재기

미국이 건조 중인 **원자력 항모** 「제럴드 R 포드」(101,600t)는 스텔스성을 배려한 설계가 되어 있다. 또한, **증기캐터펄트**는 전자식(리니어 모터식)으로 변경되었다. 이 캐터펄트는 발사되는 기체의 중량에 따라 세밀하게 가속도 조절이 가능한 것 이외에, 메인테넌스의 용이성, 효율성이라고 하는 성능향상을 꾀하고 있고, 게다가 경량에 컴팩트하기까지 하다.

더욱이 장래적으로는 원자로의 대출력을 이용한 **레이저 무기**도 탑재될 것이라고 한다.

항모 제일의 무기인 **함재기**에 대해서도, 대망의 스텔스기가 갱신예정이다. 몇몇 국가에서 공동개발중인 F-35 「라이트닝II」는 2012년부터 배치될 예정이다. 미공군형의 A형, 미해병대기 또는 영국해군형의 STOVL단거리이륙 · 수직착륙기로서 해리어 후계인 B형, 그리고 미해군형으로는 전투공격함재기로서 스펙을 만족시킨 C형이 준비되어 있다. 현재주력기 F/A-18의 후계기이다.

강습양륙함이나 경항모는 B형의 도입에 의해 비약적인 전력향상을 이룰 수 있을 것이다. V/STOL수직/단거리 이착륙혹은 STOVL이라고 하는 특수기능을 보유한 신설계 기체는, 1960년대의 첫 비행을 한 것을 개량해 온 것으로 오랫동안 현역으로 있어온 해리어 이후, 등장하지 않았던 것이다.

다른 신형기 설계로서는, 자율식 무인항공기로 임무를 수행하는 UCAV무인전투공격기가 있다. 「X-47B」는 50~100시간의 연속비행이 가능하여, 정찰과 정밀폭격을 수행하는 것 외에, 공대공 미사일도 장비가능하다. 또한 레이저 광선과 고출력 마이크로파로 미사일이나 통신시설을 파괴하는 것도 가능하다고 한다. 오늘날 선진국에서는 장병의 전사가 큰 문제가 되고 있어, 무인기는 그 비장의 무기라고 생각되고 있다.

## 미래의 항모는 어떻게 되는가?

### 원자력 항모 「제럴드 R 포드」

2009년준공 2015년 취역 예정

**배수량 : 만재 100,000t이상**
**전장 : 332.8m**
**전폭 : 78m**
**속력 : 39노트 이상**
**탑재기수 : 75기**

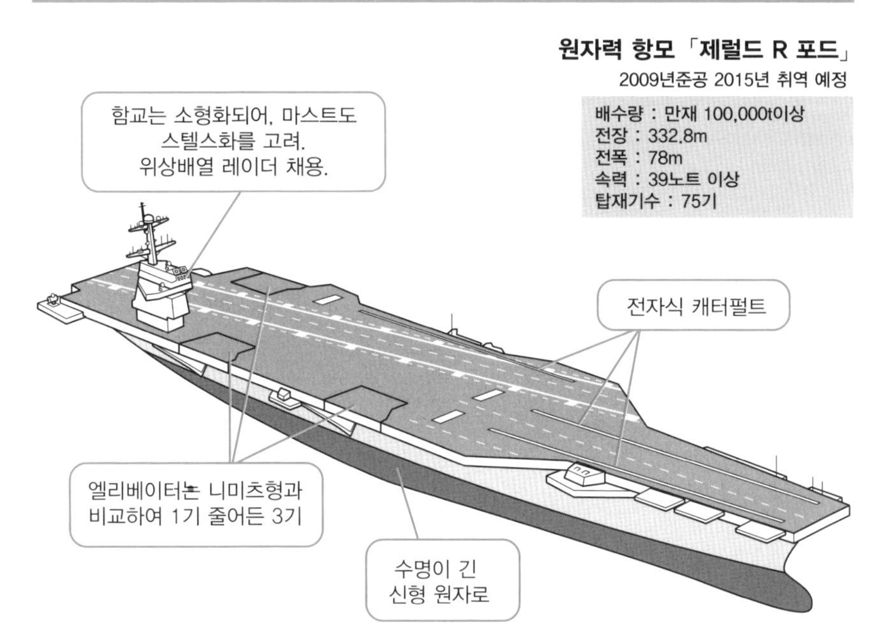


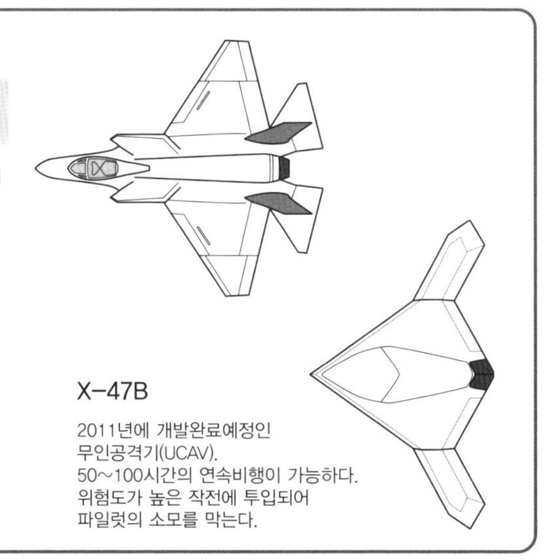

### F-35C 라이트닝II

**전장 : 15.5m 전폭 : 13.1m**
**최대속도 : 마하 1.5이상**

2015년부터 도입예정. C형은 현용의 F/A-18의 후계기종이 되어, 미군 항모의 주력전투공격기가 된다. STOVL(단거리 이륙 수직 착륙)인 B형은 해리어의 후계기종으로서, 미해병대는 강습양륙함 등에, 영국이 경항모의 함재기로서 채용예정.

### X-47B

2011년에 개발완료예정인 무인공격기(UCAV).
50~100시간의 연속비행이 가능하다.
위험도가 높은 작전에 투입되어 파일럿의 소모를 막는다.

관련항목

● 원자력함이란 무엇인가? → No.012
● 함재기는 어떻게 발착하는가? → No.056
● 미래의 군함은 어떠한 장비가 되는가? → No.100
● 함재기로는 어떠한 것들이 사용되는가? → No.055

No.062

# 제2차 세계대전 시의 터무니없는 항모란?

영국에서는 빙산을 이용한 초거대항모가 연구되었다. 또한 미국에서는 1주간에 1척씩 하이페이스로 항모를 건조해나갔다.

## ●빙산항모와 주간항모

빙산항모계획은, 공군사 뿐 아니라 조함사에 있어 공전절후의 거대함 건조계획이었다. 「하버쿡」이라고 명명된 그 항모는 배수량 200만t, 전장 610m나 되는 것이었다. 전함 「야마토」가 약 7만t, 원자력 항모 「**니미츠**」가 10만t 정도이다. 하버쿡은 차원이 다른 거대함으로, 군함이라기보다 거대건조물이나 이동요새라고 부르는 편이 더 어울렸다.

빙산항모의 건조재는 파이크리트라고 불렸다. 목재 펄프를 4~14% 혼합한 특수한 얼음이었다. 이 잘 녹지 않는 얼음재료는 콘크리트급의 강도를 유지했다. 파이크리트를 블록모양으로 하여 골조를 철골로 둘러싼다면 선체가 구성된다.

증기터빈에 의한 발전으로 모터를 돌리고 7노트정도로 항행이 가능해졌다. 거대한 배이기 때문에 긴 활주로를 필요로 하는 육상기도 운용할 수 있었다. 파이크리트의 부력이 있어 바다에서 가라앉지도 않고, 손해를 입더라도 바닷물과 펄프로 자가수리도 가능하기 때문에 무적의 불침항모가 될 예정이었다.

하버쿡은 독일의 **U보트** 대책으로 영국에서 고안되었지만, 레이더나 **해지호그** 등 신병기의 개발성공으로 대책이 생겨나고 말았다. 그래서 막대한 건조비가 드는 빙산항모계획은 중지되고 말았다. 1943년 12월의 일이다.

이상한 건조속도로 알려진 군함으로서는 미국의 **호위항모** 카사블랑카급(7,800t)을 들 수 있다.

양산전제의 신설계호위항모로, 네임쉽 「카사블랑카」는 9개월이 걸렸지만, 최종함 「문다」는 4개월만에 완성되었다.

민간인 카이저조선소에서 50척의 동형함이 건조되었지만, 이 50척의 완성에 필요한 시간은 1년이었다. 후반은 거의 1주일에 1척정도의 속도로 취항했는데, 이에 훗날 「주간항모」라는 이명이 붙게 된다.

## 제2차 세계대전 시의 터무니없는 항모란?

### 초거대항모 「하버쿡」(영국)

배수량 200만t, 전장610m, 1,590명의 승무원에 200기의 전투기와 100기의 폭격기가 배치될 예정이었다. 함체를 구성하는 파이크리트는 당초, 내어뢰장갑재로서 JN 파이크가 발명한 것이다.

역주: 실제로 파이크가 단독으로 발명했는지에 대해서는 이견이 있다.

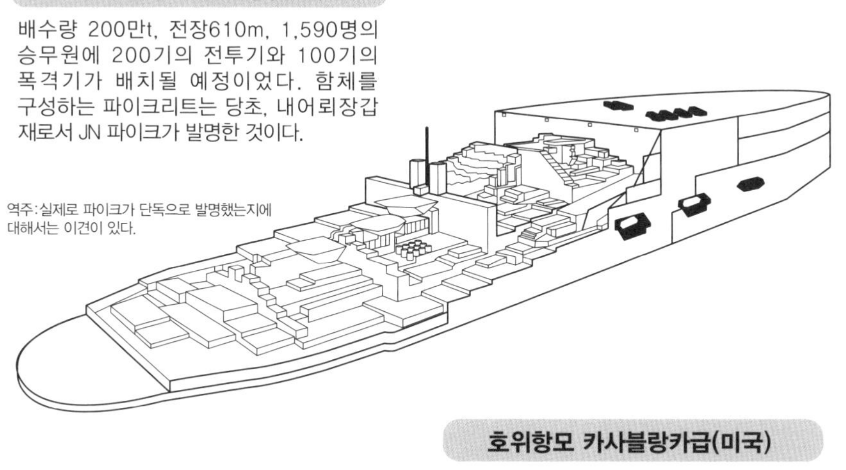

### 호위항모 카사블랑카급(미국)

기준배수량 7,800t, 전장156.13m, 함재기수 28기. 일년간 50척이나 동형 함이 취역하였고, 그러한 압도적인 물량은 연합군의 승리에 공헌했다.

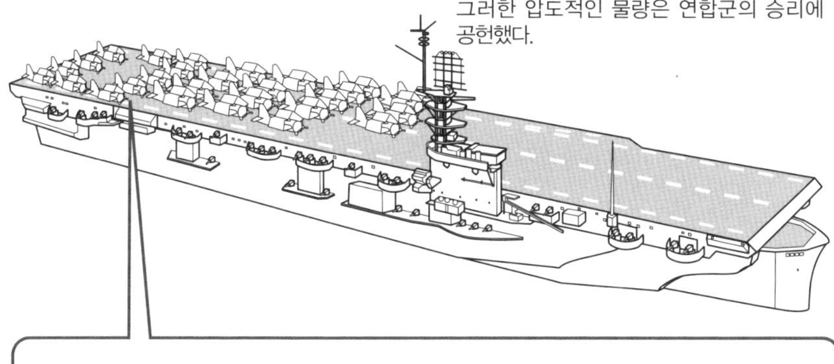

호위항모에 배치된 전투기 F4F와 뇌격기 TBF/TBM

관련항목
● 대형항모는 어떠한 능력을 지니고 있는가? → No.059
● U-보트란 무엇인가? → No.070
● 대잠병기에는 어떠한 것이 있는가? → No.040
● 항공모함에는 어떠한 종류가 있는가? → No.052

No.063

# 키에프급은 항공모함이었는가?

소련은 키에프급이라고 하는 함선을 건조했던 일이 있다. 이것은 순양함의 전반부분과 항공모함의 후반부분을 연결한 것으로 별난 형태를 하고 있다.

## ●항모인데도 항모가 아닌 함

**헬기항모** 같은 군함 모스크바급에 이어 건조된 키에프급은 소련 최초의 항공모함이라고 불리고 있다. 실제로, 비행갑판은 넓고, VTOL수직이착륙기와 대잠헬기를 합쳐 30기 정도 탑재가능했다. 경항모로서의 기능은 확실히 갖고 있다. 그런데, 소련에서 정식 함종명은 「중대잠순양함」이며, 후에 「중항공순양함」으로 개칭된다.

항모인데도 **순양함**인 이유는 두가지 있다.

첫번째로, 정치적 판단에 의해, 당초 소련해군은 항모의 보유나 연구를 사실상, 금지하고 있었기 때문이다. 두번째로, 국제조약에 의해 흑해의 출구가 되는 보스포라스 더 다넬스해협은, 항공모함이 통과하는 것이 금지되어 있었기 때문이다. 키에프급 4함은 모두 흑해연안에서 건조되었지만, 외양에 나가기 위해서는 이 해협을 통과하는 수밖에 없었던 것이다.

그러한 이유로 인해 중항공순양함이라고 하는 호칭은 정치적인 도피구로 지적되어도 어쩔 수가 없지만 어찌되었든 키에프급은 항모를 목표로 만들어졌다는 것은 아니다.

이 함수부분에는, 함대함 혹은 함대공 미사일 발사기가 집중되어 있다. 실은 키에프급은 미사일순양함급의 장비를 보유하고 있으며, 특히 **대함미사일**은 500km나 되는 사정거리를 가지고 있었다. 일련의 병장은 탑재기보다도 훨씬 큰 파괴력을 갖고 있어, 그 관점에서 보자면, 이 함은 미사일 전투함의 카테고리에 들어가는 것도 가능하다.

하지만, 결국 항모로서도 전투함으로서도 어중간한 성능밖에 발휘할 수 없었다. 지금은 대부분의 함이 퇴역했지만, 4번함 「**어드미럴 쿠르시코프**」만은 항모로 크게 개장중으로, 인도해군이 「비크라마디티야」로서 운용할 예정이다.

## 키에프급은 항공모함이었는가?

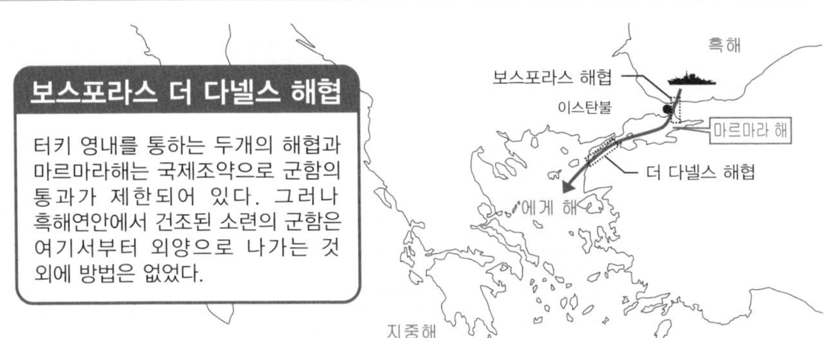


### 중항공순양함 키에프급

기준배수량 : 36,000t　　전장 : 273.1m　　속력 : 32노트
각종 대잠병장 : SSM X8, 76mm연장포 X4, SAM X4,
30mm CIWS X8, 5연장 어뢰발사관 X2
함재기 : 수직이착륙 공격기 Yak-38 X12, 대잠헬기 Ka-25 X22

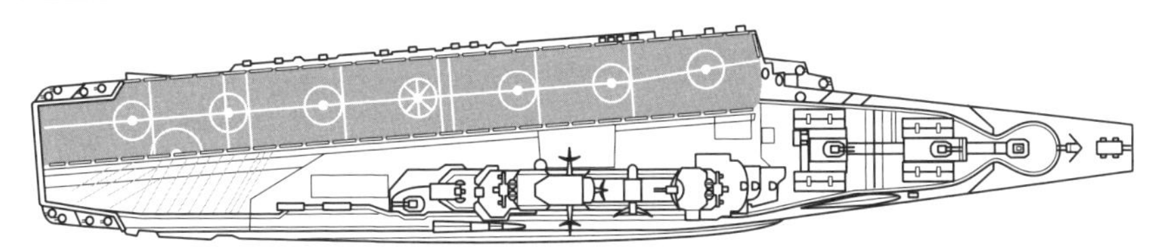

키에프급으로 항모운용경험을 쌓은 소련은 후에 대형항모급의 군함을 건조했다.

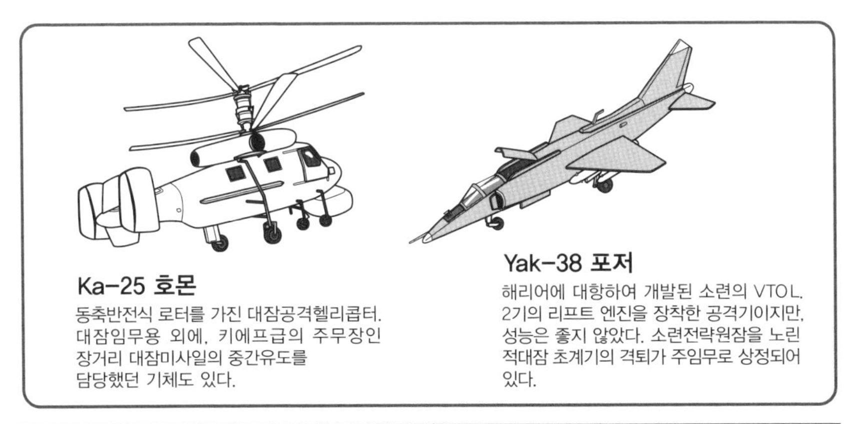


관련항목
● 항공모함에는 어떤 종류가 있는가? → No.052
● 순양함이란 무엇인가? → No.28
● 대잠미사일에는 어떠한 종류가 있는가? → No.048
● 칼럼/항공모함의 재취직처 → p.140

No.064

# 수상기모함이란 무엇인가?

수상기모함이란, 수상기(플로트가 붙어있는 기체)를 운용하기 위한 군함으로, 항모와는 다른 함종이다.

## ●일본에서는 중용되었던 수상기모함

**수상기모함(수모)**은 항모보다 앞서 항공기운용을 실용화한 군함이다. 실은 당초에, 수모가 「**항공모함**」이라고 불리고 있었다.

수상기는 대단한 전력은 되지 못한다는 이미지가 있지만, 제1차대전에 있어서는 일본의 「와카미야」(5,180t)에 의한 아오지마 폭격이나 영국 「벤 마이 크리」(상비 3,880t)에 의한 함정공격 등의 기록도 있어, 그럭저럭 전과를 올렸다.

초기의 수모는 크레인으로 수상기를 수면으로 떨어트려 활주발진시켰다. 회수도 함 부근에 착수한 수상기를 크레인으로 들어올렸다.

제2차 세계대전시기가 되면서 항모가 발달을 계속했기 때문에 수모는 제1선에서 물러나게 되었다. 이후는 항만이나 정박지에서 수상기의 이동기지로서 사용되거나 항공기수송 임무를 맡는 것이 일반적이었다.

그러나 일본해군에서는 이러한 후방임무는 민간선을 전용 · 개수한 특설수상기항모에게 맡기는 한편 함대에 수반되는 수모의 건조를 계속했다.

실은 일본의 수모는 타국의 그것과는 달리 **고표테키**함대결전용 소형 잠수정모함이나 고속유조선 임무도 겸했고, 유사시에는 항모로 개수될 수 있는 태세를 취하고 있었다. 이것들은 군축조약하에서의 계책이었으며, 조약 조인 후에도 「닛신」(11,317t)을 준공시켰다. 수반수모는 정찰이나 대잠초계에 이용되었다.

이 무렵의 수모는 **캐터펄트**를 장비하여 수상기는 함에서 사출되게 되어있었다(일본은 항모용의 유압식 캐터펄트의 실용화는 불가능했지만, 화약식 수상기용 캐터펄트의 개발에는 성공해 있었다).

물론 회수는 종래와 마찬가지로, 부근에 착수한 기체를 크레인으로 들어올리는 것이었다.

제2차 세계대전 후, 함재기의 성능이 비약적으로 올라가, 헬리콥터도 실용화되었기 때문에 군용 수상기는 폐지되었다. 이렇게 하여 수모라고 하는 함종도 사라지게 되었지만 전통인지 해상자위대는 우수한 일본산비행정을 사용하고 있다.

## 수상기모함이란 무엇인가?

### 수상기모함에서의 발진

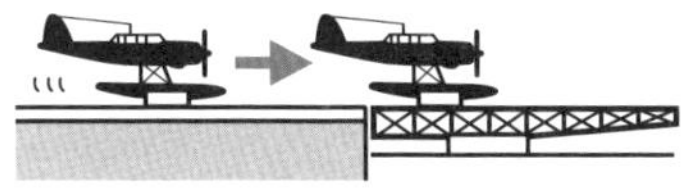

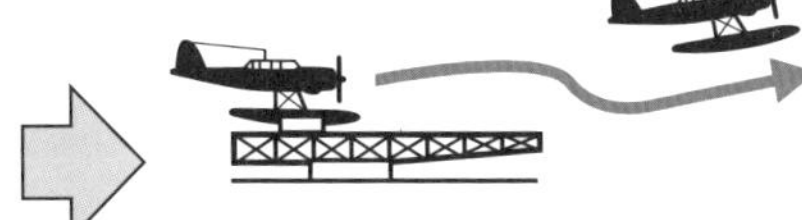

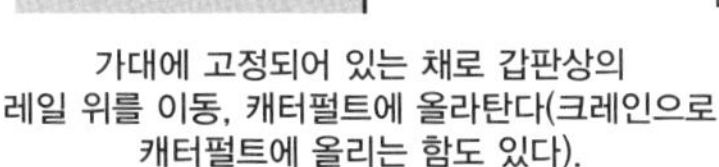

가대에 고정되어 있는 채로 갑판상의 레일 위를 이동, 캐터펄트에 올라탄다(크레인으로 캐터펄트에 올리는 함도 있다).

캐터펄트에서 가속, 발함한다.

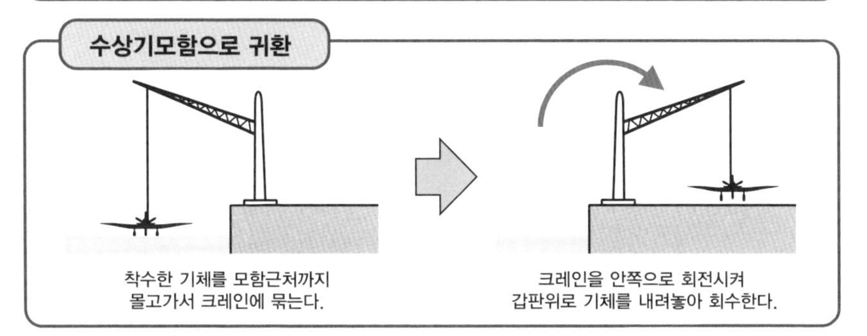



착수한 기체를 모함근처까지 몰고가서 크레인에 묶는다.

크레인을 안쪽으로 회전시켜 갑판위로 기체를 내려놓아 회수한다.

### 수상기모함 「닛신」

준공 : 1942년
배수량 : 11,317t
속력 : 28노트
탑재기수 : 12기
무장 : 14cm 연장X3
25mm 3연장X4

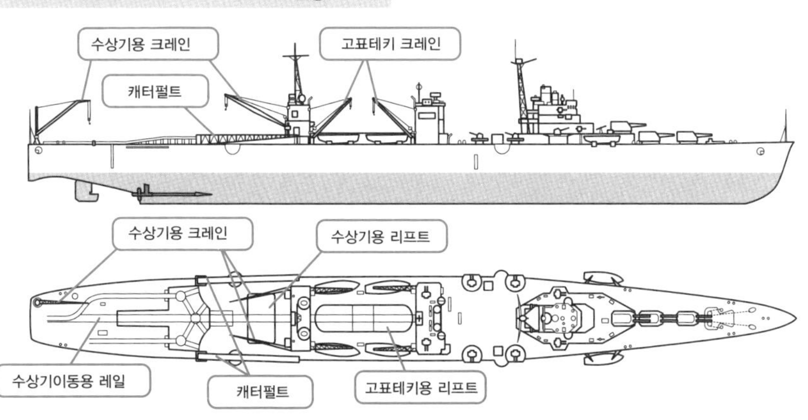



본래의 탑재기수는 25기였지만, 고표테키모함으로 개조된 상태로 완성되었기 때문에 기수가 줄어들었다(고표테키는 함내에 격납되어, 함미의 개구부에서 발진했다).
수상기는 갑판위의 레일위를 이동하여 캐터펄트에 올라가, 그곳에서 발함했다.

관련항목

●항공모함이란 무엇인가? → No.050
●항공모함은 언제 만들어졌는가? → No.051
●소형 잠수함이란? → No.071
●함재기는 어떻게 발착하는가? → No.056

## 항공모함의 재취직처

임무를 끝내고 퇴역한 항모는 해체되는 것이 대부분이지만, 그중에는 제2의 인생을 살아가는 경우도 있다. 오래된 것 중에는 건조된 지 50년이상 되더라도 그 모습을 볼 수 있는 항모도 있다. 군함은 불필요하게 되면 해체되지만 사용할 마음이 있다면 의외로 오랫동안 쓸 수 있는 것이다.

퇴역함이 타국에 매각되는 케이스는 의외로 많고, 특히 항모의 경우, 중소국은 중고품으로 장비한다. 항모가 갖고 싶지만 건조 노하우가 없던가, 건조비가 나오지 않는 경우, 대국의 항모를 구입하는 경우가 있다. 함명은 새로 붙이는 경우도 있다.

파는 쪽은 해체비용이 절약되는 데다가 외화도 획득할 수 있기 때문에 나쁜 이야기는 아니다.

영국은 대전말기부터 전후에 이르기까지 많은 경항모를 급조했지만, 그 대부분이 완성 후 얼마 되지 않아 매각되었다. 콜로서스급의 「콜로서스」는 프랑스, 「베네라블」은 네덜란드, 「벤젠스」는 브라질, 「워리어」는 아르헨티나에 매각되었다. 「베네라블」은 앵글드 덱으로 개조된 후에 아르헨티나로 매각되어 「베인티시코 데 마요」가 되었다. 마제스틱급의 「마제스틱」과 「테리블」은 오스트리아, 「허큘리스」는 인도, 「파워풀」은 캐나다에 매각되었다.

「베인티시코 데 마요」는 포클랜드 분쟁 시까지 현역이었지만, 결국 출격하지는 못했다. 영국은 1959년 완성된 동급 항모 「허미스」를 포클랜드로 파견했기에 잘하면 자매함끼리의 대결이 벌어질 수도 있었다. 참고로 「허미스」는 그 후 인도에 매각되어 「비라트」로 지금도 현역이다.

프랑스는 2001년 「샤를 드 골」의 취역과 동시에 노후화된 「포쉬」를 퇴역시켜 브라질에 매각했다. 「상파울로」로 개명된 이 함은 2009년 10월 현재 남미 유일의 항모이다.

소련이 건조한 6척의 항모는 소비에트 붕괴 후 「어드미럴 쿠즈네초프」를 제외하고 모두 해체되거나 매각되었다. 어드미럴 쿠즈네초프급 2번함 「바리야그」는 우크라이나의 손에 넘겨진 후에 중국에 매각되었다.

키에프급은 인도에 매각되거나 중국에 매각되어 테마파크로 변해버린 것도 있다.

미국은 항모를 대량으로 건조했지만, 인디펜던스급을 몇척 프랑스나 스페인에 양도한 것 이외에 해외에 방출하지 않고있다. 극히 일부가 예비역으로 보관되고 있는 것 외에 해체되거나 훈련이나 실전에서 가라앉았다.

미항모는 그대로 보존되어 박물관이 된 것도 적지 않다. 오랫동안 요코스카를 모항으로 삼았던 「미드웨이」나 에섹스급 「인트레비트」, 「호넷」, 「렉싱턴」 포레스탈급 「포레스탈」 등은 시민이 자유롭게 견학할 수 있다. 드문 케이스로서 「오리스카니」는 플로리다만에 가라앉혀 인공 어초가 되었다. 이것은 현재 다이빙 스폿이 되어 있다.

# 제 4 장

# 잠수함

No.065

# 잠수함이란 무엇인가?

19세기말에 발명된 잠수함은 전쟁을 통해 현저한 발전을 계속하여 수상함으로서는 불가능한 전략적 역할을 담당하고 있다.

## ●침묵의 함대

잠수가 가능한 군함의 연구는 오래전부터 이루어지고 있었지만, 현대 잠수함의 조상은 1878년에 아일랜드 사람인 홀란드가 미국에서 제작한 잠수함 「홀란드I」(수중 배수량 124t)이다.

압착공기를 이용하여 **밸러스트 탱크**의 물을 조절하여 잠수와 부상을 할 수 있어 이후 모든 잠수함이 이 방식을 채용하고 있다. **추진기관**으로는 전동 모터를 이용하고 있으며 모터는 축전지로 작동한다. 거기에 축전지에 충전하거나 수상항행에서 사용하기 위한 가솔린기관을 탑재하고 있었다. 무장은 압축공기로 포탄을 발사하는 공기포 2문과 어뢰발사관 2기. 어뢰는 2발밖에 탑재되어 있지 않았다.

홀란드의 잠수함은 각국해군이 구입하여 잠수함기술의 기초가 되었다.

제1차와 제2차 세계대전사이에 잠수함은 강재, 광학, 전기추진, 어뢰 등 각방면의 기술혁신에 의해 비약적인 성능향상을 이룩하여, 전략적 전술적으로 큰 위협이 되었다.

특히 독일은 잠수함의 배치에 힘을 기울여 중형 잠수함 「**U보트**」를 대량으로 건조하여 대서양 통상로를 공격하여 큰 전과를 올렸다.

연합국측에서는 대잠작전을 생각해내어 레이더 등 신병기로 대응했다. 대전 후기 항공기와 대잠함정은 U보트를 압도하였지만 반대로 태평양전선에서의 미국은 잠수함을 활용하여 통상로를 분단시켜 일본상선단을 거의 파멸시켰다.

전후에는 원자력 잠수함이 등장하여 종래의 결점으로 여겨졌던 수중속력 및 잠항시간도 비약적으로 향상되었다. 그리고 탄도미사일을 탑재하는 **전략 잠수함**이 나타나 초대국의 핵전략의 축이 되었다. 통상형 잠수함도 연료전지 등의 새로운 기관을 탑재하여 정숙성을 살려 주로 근해에서 활약하고 있다.

## 잠수함이란 무엇인가?

### ●초기의 잠수함

미국의 부쉬넬이 1776년에 만든 원시적인 잠수함 「터틀」. 미국 독립전쟁 시에 실제로 영국의 군함을 공격했다.

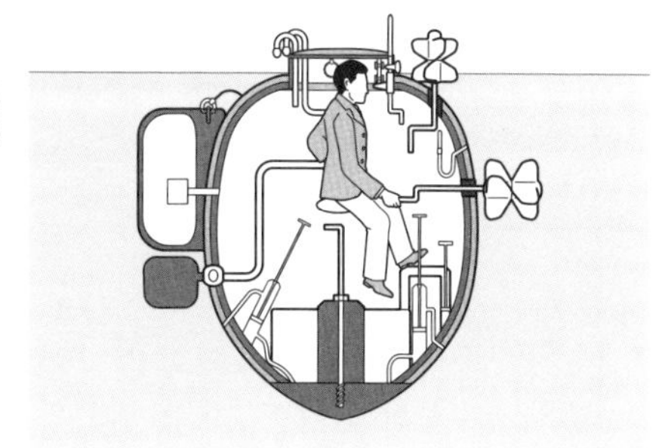

홀란드가 만든 잠수함 「SS-1」. 전장 19.5m, 수중 배수량 74t. 수중속력 5노트. 45cm 어뢰를 탑재했다.

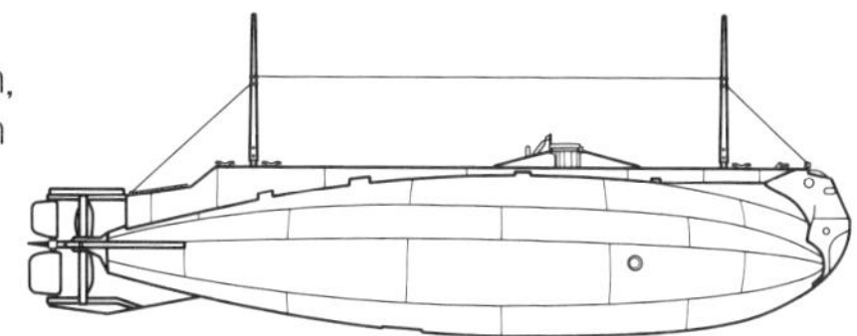

### ●제2차 세계대전 시의 잠수함

독일의 U보트 VIIC형. 전장 67.1m, 수중배수량 851t. 수중속력 7.6노트. 53.3cm 어뢰발사관 5기.

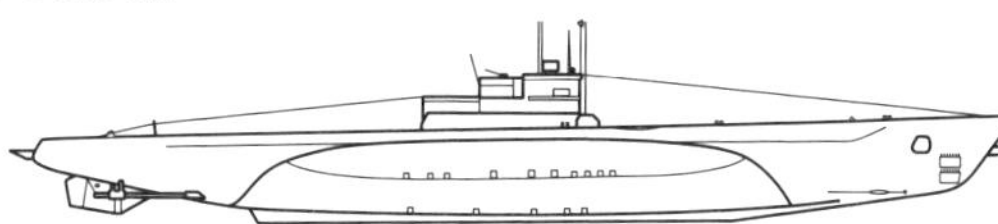

### ●현대의 잠수함

미국의 개조형 로스엔젤레스급 원자력 잠수함. 전장 109.73m, 수중배수량 7,147t. 수중속력 30노트. 53.3cm어뢰발사관 4기. 대함미사일용 VLS를 장비.

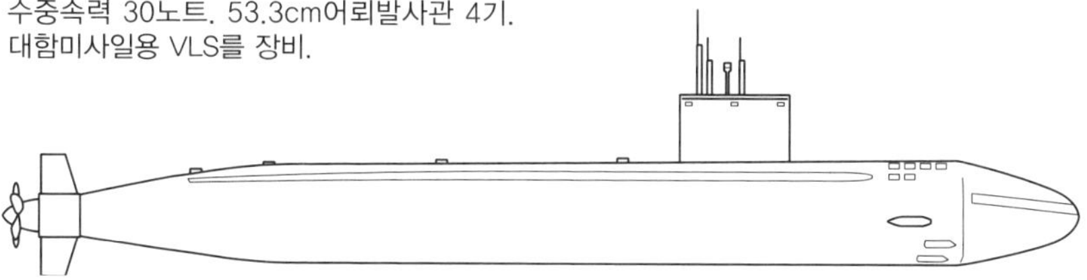

관련항목

●잠수함은 어떠한 구조로 되어 있는가? → No.066
●잠수함의 동력은 특별한 것인가? → No.067
●U보트란 무엇인가? → No.070
●전략원잠이란 무엇인가? → No.072

No.066

# 잠수함은 어떠한 구조로 되어 있는가?

잠수함은 밸러스트 탱크에 해수를 넣었다 뺐다 하는 것으로 함의 부력을 조절하고 있다.

## ●「잠수하는 배」에서「잠수하고 있는 배」로

많은 잠수함의 선체는 *내각內殼과 외각外殼의 2중구조로 되어 있으며 이 타입인 것을「복각식」이라고 부른다(내압선각이 한층만 있는 것은「단각식」으로 불린다). 내각과 외각 사이에는「밸러스트 탱크」가 있어, 이 탱크에 물을 채우게 되면 잠항하고, 압축공기로 물을 배수해내면 부상한다. 내각은 내압구조가 되어 있어「내압각」이라고도 불린다.

물속에서는 3차원적으로 이동하는 것이 가능한데 자세제어는 전방 좌우에 있는「잠항타」와 후부좌우에 있는「횡타」로 이루어진다. 거기에「트림 탱크」를 사용하여 앞뒤의 부력밸런스를 변화시켜 자세를 제어하는 것도 가능하다.

잠타가 함의 중앙근처에 있는 편이 조함성이 좋다는 것을 알게되어 세일(잠수함의 함교구조물)에 붙어있었던 시기도 있었다. 그러나 해수면의 얼음 등이 장해가 되기 때문에 지금은 앞부분으로 되돌아왔다. 세일에는 브릿지(함교)가 있지만 부상시에만 사용하고 잠항시에는 비워둔다.

제2차 세계대전 중에 개발된 스노켈이나 전후 개발된 **원자력기관**의 등장으로 잠수함은 상시 잠수가능하게 되었다. 예전에는 수상항행하기 쉬운 디자인으로 설계되었지만「잠수하는 배」에서「언제나 잠수하고 있는 배」로 변한 뒤로는 더욱 수중항행하기 쉬운 유선형이 되어, 물방울모양이나 시가모양, 고래모양 등의 선형도 채용되게 되었다.

현대의 잠수함은 선수나 현측에 **소나**가 장비되어 있으며 함미에 예인소나를 수납할 수 있는 포드가 붙어있는 함도 있다.

비원자력함의 내부는 여유가 없고 **디젤기관**, 전기모터, 축전지, 그리고 주요 병장인 **어뢰발사관**이나 어뢰격납고가 큰 공간을 차지하고 있다. 승무원의 거주구획은 아주 작은 공간밖에 없다. 또한 어뢰나 생활물자 등은 갑판에 있는 작은 해치에서 함내로 운반하지 않으면 안된다.

* 역주: 선각이란 배의 골격과 구조를 이루는 겉표면. 쉽게 말하면 껍데기와 같은 부분을 말한다.

## 잠수함은 어떠한 구조로 되어 있는가?

### 복각식 잠수함의 동작

내각과 외각 사이에는 밸러스트 탱크가 있으며 내각의 내부에는 압축공기를 넣는 기축기가 있다. 함내에는 공기나 해수를 움직이기 위한 파이프가 뻗어있어 각지에 그것을 열고 닫는 밸브가 있다.

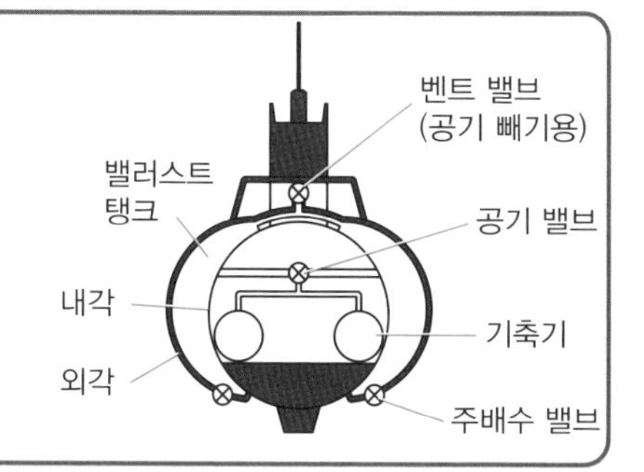


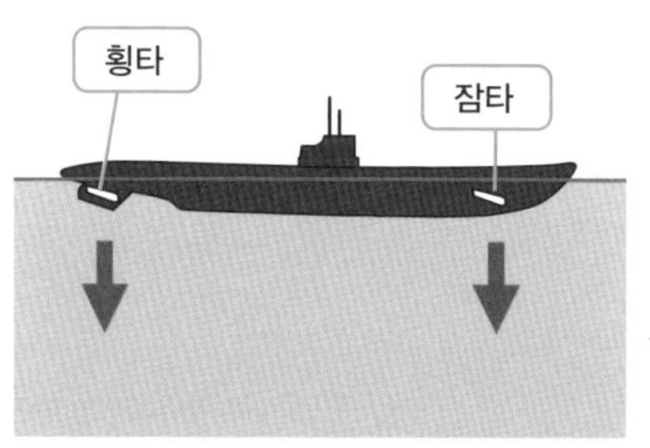


**잠수개시**

잠항하는 때의 벤트 밸브와 주배수밸브를 열고 밸러스트 탱크에 해수를 채운다. 횡타와 잠타를 움직여 함을 아래로 향하게 한다.

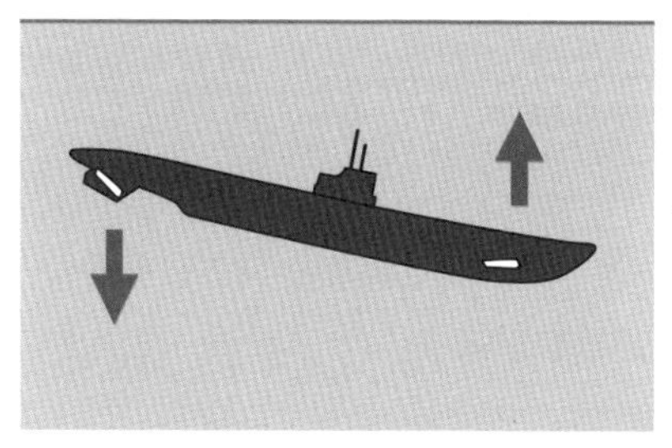

**잠항중**

밸러스트탱크에는 해수가 가득차있다. 횡타와 잠타를 움직여 함을 수평으로 만든다.

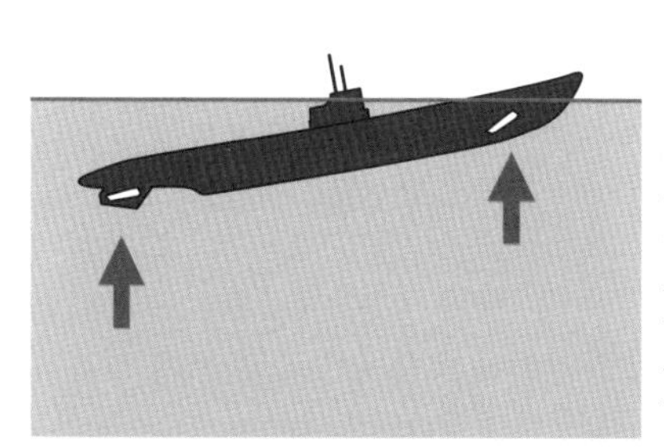

**부상개시**

벤트밸브를 닫고 공기밸브를 열어 기축기의 압축공기를 밸러스트 탱크로 보낸다. 해수를 주배수밸브에서 배출한다. 횡타와 잠타를 움직여 함을 위로 향하게 한다.

관련항목
● 원자력함이란 무엇인가? → No.012
● 잠수함은 어떻게 적을 찾는가? → No.074
● 잠수함의 동력은 특별한 것인가? → No.067
● 어뢰는 어떠한 병기인가? → No.038

No.067

# 잠수함의 동력은 특별한 것인가?

수중활동을 위해 잠수함에는 특수한 동력이 채용되어 있다. 해상자위대의 최신 잠수함 소류형도 스타링 기관을 탑재하고 있다.

## ● 현대는 원자력과 디젤이 주류

최초의 잠수함은 수상항행시에는 가솔린기관을 이용하고 수중에서는 축전지로 전동모터를 사용했다. 그러나 잠수함이 대형화되면서 가솔린기관은 출력부족이 되고 연료도 인화되기 쉬웠기 때문에 그 대신 디젤기관이 사용되게 되었다. 저연비의 **디젤기관**은 외양을 단독으로 방랑하며 적함을 쫓아가는 것을 목표로 하는 잠수함에는 적합하였다.

문제는 수중용 모터로 출력이 낮았다. 수중에서의 속도는 9노트가 한계로 그 속도라면 전지도 한시간밖에 버티지 못했다(최소출력이라면 30시간정도 버틸 수 있었다).

이러한 약점을 보충하기 위한 것이 스노켈이었다. 선체를 바다속에 잠수시키고 흡배기관만을 바다위로 뻗어 디젤기관을 작동시키는 것이다. 이것으로 얕은 심도에서라면 축전지를 충전시키면서 잠항할 수 있었다.

공기를 사용하지 않는 내연기관의 시작은 「발터 터빈」으로 공기를 대신해서 80%의 과산화수소를 사용, 디젤유를 연소시켜 터빈을 돌렸다. 독일은 제2차 세계대전 말기에 이것을 탑재한 U보트 XXi형을 건조했지만, 실전에서 사용하지는 못하였다. 전후 각국도 과산화수소기관을 연구했지만 취급이 어려워서 주류가 되지는 못했다.

**원자력기관**은 핵병기보유국에서 채용되었다. 미국과 소련의 많은 잠수함은 원자력 잠수함이다. 다만 원자로의 냉각수와 터빈음은 전동모터와 비교해서 크고 원자로는 중소국해군에게 있어서는 고가이며 환경에 대한 영향이나 안전성의 문제도 있다. 그래서 대다수의 국가에서는 디젤기관을 채용하고 있다.

최근에는 축전지대신 연료전지를 사용하거나 「스타링 기관」등의 외부대기를 흡수할 필요가 없는 비외기의존 기관을 채용한 잠수함이 등장하기 시작했다.

## 잠수함의 동력은 특별한 것인가?

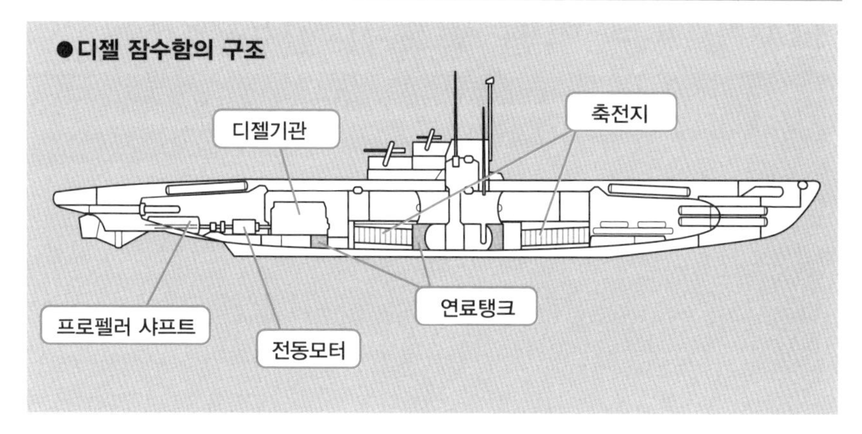


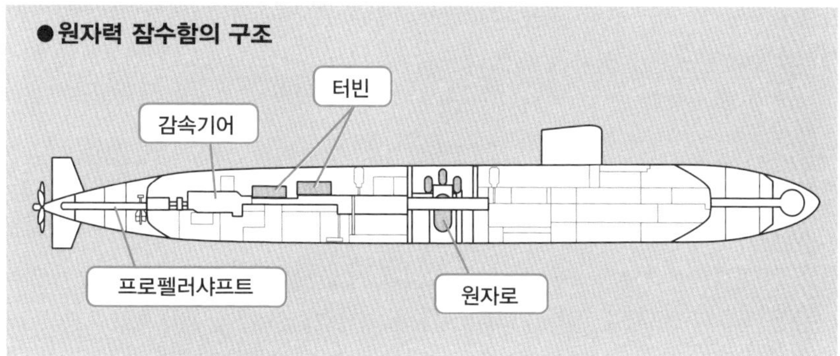


### 스탈링기관

스탈링기관은 온도차를 이용하여 운동에너지를 얻는 기관이다. 피스톤내의 가스를 냉각 압축시킨 다음 가열하여 팽창시키는 것을 반복한다. 냉각에는 해수를, 가열에는 액체 산소를 연소시키는 방법을 취하고 있다.
내열기관과 같이 폭발을 동반하는 것이 아니며 터빈과 같은 기계음도 나오지 않기 때문에 앞으로의 잠수함용 기관으로서 주목받고 있다.

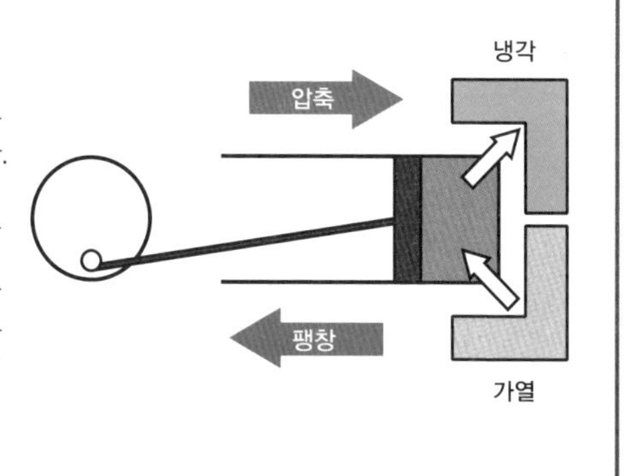


관련항목

●군함의 동력은? → No.011
●원자력함이란 무엇인가? → No.012

No.068

# 잠수함에는 어떤 종류가 있는가?

잠수함은 크기에 따른 분류와 동력에 따른 분류, 임무에 따른 분류가 가능하다. 제2차 세계대전시의 독일과 일본은 여러가지 잠수함을 사용하였다.

## ● 적의 눈을 피하기 위해

현대의 잠수함은 임무에 의해 분류하면 알기 쉽다.

어뢰와 대함미사일을 주병장으로 하는 적의 잠수함이나 수상함을 공격하는 것이 「공격형 잠수함」이다. 다음으로 탄도미사일을 탑재하여 핵전쟁에 대비하는 「**전략형 잠수함**」. 이것이 주요 분류로 「미사일형 잠수함」(순항미사일형 잠수함)은 대함미사일을 중시한 함이고 공격형 잠수함의 파생형이다. 대부분의 잠수함은 이러한 임무에 종사하고 있다. 이 이외라면 특수부대를 태우고 작전을 지원하는 「코만도형 잠수함」, 연안의 방위나 특수임무를 실행하는 「**미제트 잠수함**」(**소형 잠수함**) 등이 있다.

동력으로 분류할 경우는 디젤 등의 통상동력형 잠수함과 원자력이지만 통상동력함은 그 특성에서 공격형 잠수함 임무에 임하는 경우가 많다.

등장에서 제2차 세계대전까지의 잠수함은 기본적으로 (수상함을 목표로 하는)공격형 잠수함이었다. 그러나 대전 중 제해권을 연합군에 빼앗긴 일본과 독일에서는 여러가지 종류의 잠수함이 건조되었다. 연료를 다른 잠수함에 보급하는 「중유보급잠수함」, 어뢰를 보급하는 「어뢰보급잠수함」, 물자를 수송하는 「수송잠수함」 등으로 그것들은 적의 눈을 피하기 위해 잠수함으로 건조되었던 것이었다.

그 외에 기뢰부설을 전문으로 하는 「**기뢰부설잠수함**」이 건조되었지만 어뢰발사관에서 부설할 수 있는 기뢰가 개발되자 폐지되고 말았다.

대전말기부터 전후에 걸쳐 함대전방에 진출한 적을 조기에 탐지하도록 하는 「**레이더 피켓잠수함**」도 연합국측에서 건조되었다.

크기로 분류하는 방법도 있다. 대형이 「원양 항행형 잠수함」, 그 아래가 「연안형 잠수함」, 그리고 가장 작은 것이 「미제트 잠수함」이다. 일본의 구식 대형함은 대양에서 활동가능하다는 의미로 「해대형海大型」이라는 이름이 붙어 있었다.

## 잠수함에는 어떤 종류가 있는가?

### 용도에 따른 분류

|  |  |
|---|---|
| 공격형 잠수함(SS, SSK) | 어뢰를 주요 병기로 하며 적의 함선을 공격한다.<br>예 : 로스엔젤레스급(미국), 해상자위대의 잠수함 |
| 미사일형 잠수함(SSG) | 대함미사일을 주 병기로 하여 적의 함선을 공격한다.<br>예 : 오스카급(러시아) |
| 전략형 잠수함(SSB) | 장거리탄도미사일을 탑재하여 외양에서 전개한다.<br>예 : 오하이오급(미국), 타이푼급(러시아) |
| 레이더 피켓 잠수함(SSR) | 레이더를 탑재하고 적기를 조기에 발견한다.<br>예 : 「로크」(미국) |
| 연안형 잠수함(SSC) | 수중배수량은 약 500t이하로 한정된 능력밖에 갖지 못하고<br>연안해역의 방위및 특수임무를 수행한다. |
| 미제트 잠수함(SSM) | 수중배수량이 약 150t이하의 소형 잠수함. 특수임무를 수행한다. |
| 보조잠수함(SSA) | 시험, 훈련, 표적 등의 전투 이외의 목적으로 건조된 잠수함. |
| 코만도잠수함 | 특수부대와 그 장비를 수용하는 설비를 가진 잠수함. |

### 추진기관에 의한 분류

|  |  |
|---|---|
| 통상동력형 잠수함 | 디젤기관과 전동모터를 조합하여 사용하는 잠수함. |
| 원자력 잠수함 | 원자력기관을 사용하는 잠수함. 원자력추진함은<br>함종기호의 끝에 N(Nuclear)을 붙여 표시한다. (예 : SSBN) |

### 외양항행능력에 의한 분류

|  |  |
|---|---|
| 원양항행형 잠수함(순양형) | 태평양과 같은 대양에서 활동가능한 잠수함. |
| 연안형 잠수함 | 근해나 연안에서만 활동가능한 잠수함. |
| 미제트 잠수함 | 소형으로 한정적인 능력밖에 없는 잠수함. |

관련항목
●전략원잠이란 무엇인가? → No.072
●소형 잠수함이란? → No.071
●기뢰부설함과 소해정이란? → No.086
●군함의 천적은 하늘에서 오는가? → No.039

No.069

# 잠수함이 수행하는 역할이란 무엇인가?

잠수함은 전술레벨부터 전략레벨까지 여러가지 역할을 맡고 있다. 어느 분야에서도 중시되는 것은 은밀성과 기동성이다.

## ● 심해에 숨어있을 가능성

제1차 세계대전과 제2차 세계대전에 걸쳐 잠수함의 역할은 대략 3종류였다. 전술적으로는 수상함을 어뢰 혹은 포로 공격하는 것. 그리고 작전적으로는 해역의 초계임무 혹은 항만의 봉쇄를 담당하는 것, 그리고 전략적으로는 통상로를 파괴하여 적의 경제와 유통에 타격을 주는 것이었다.

또한 **기뢰를 부설**하여 함선의 항행을 방해하는 역할도 있었다.

미국과 독일은 잠수함을 **통상파괴전**에 투입하였고 일본은 적함의 축차소멸에 사용했다. 전자가 정답이긴하지만 수에서 밀리던 일본은 어떻게 하더라도 적전력을 깎아내지 않으면 안되었던 것이다.

전후의 잠수함은 더욱 강력해져서 수상함은 항상 잠수함을 경계할 필요가 생겼다. 현대잠수함 중에는 **대함미사일**을 수십발 싣고 있는 것도 있다. 방심하면 침몰하고 말기 때문에 한척이라도 당하게 되면 피해확대를 막기 위해 함부로 움직여서는 안 된다. 전력자체보다 잠수함이라고 하는 「존재의 가능성」이 위협이 되는 것이다.

현대잠수함은 전쟁이 일어나게 되면 제2차 세계대전시까지와 같은 개별적인 임무를 수행하는 것도 가능하지만 평상시에는 억지력이나 방위력으로서 역할을 수행하고 있다. 해군전력으로서는 항공기나 항모와 달리 사전에 상대에게 위압감이나 경계심을 주지 않고 전개할 수 있다.

**전략원잠**은 전쟁의 억제력으로서 중요한 역할을 담당하고 있다. 언제라도 적 수뇌부나 사령부를 공격할 가능성이 있어 소재지도 최중요기밀로 취급되고 있다.

원잠이 불가능한 방위임무를 수행하는 것이 디젤기관을 싣고 있는 공격형 잠수함이다. 그 축전지에 의한 항행은 정숙성이 뛰어나 얕은해역에서 기관을 정지시키고 있다면 탐지는 굉장히 곤란해진다. 그리하여 자국근해에 배치되어 침공해오는 적에 대비하게 된다.

## 잠수함이 수행하는 역할이란 무엇인가?

일본주변의 상황이나 정세를 예로 들어본다면 잠수함은 여러가지 역할을 담당하는 것이 가능하다는 것을 알 수 있다.

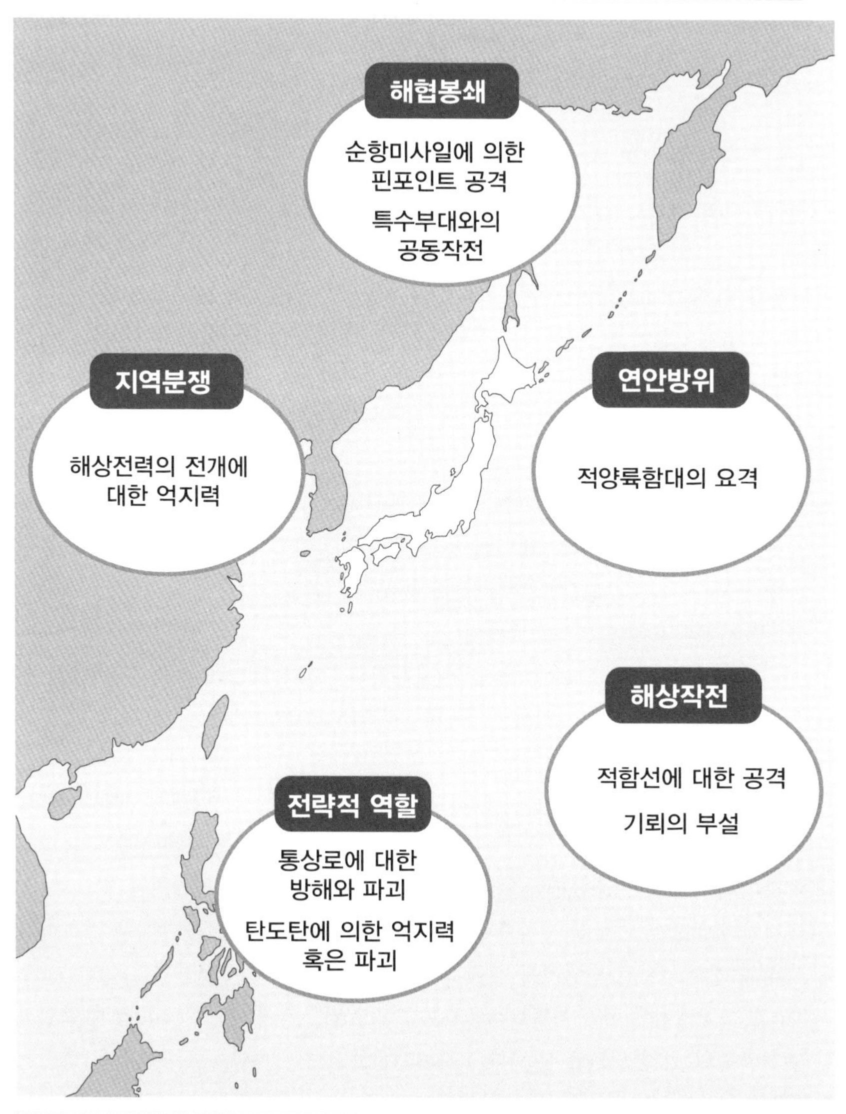


관련항목
● 기뢰부설함과 소해정이란? →No.086
● 어째서 군함이 필요한가? →No.002
● 대함미사일에는 어떠한 종류가 있는가? →No.048
● 전략원잠이란 무엇인가? →No.072

No.070

# U보트란 무엇인가?

UᄇᄂXX보트는 작은 보트를 말하는 것이 아니라 독일이 건조한 잠수함의 총칭으로 일반적으로 큰전과를 올린 중형 잠수함의 이름으로 알려져있다.

## ●역사상 좀처럼 볼 수 없던 큰 소모전

독일의 잠수함은 독일어로 잠수함을 의미하는 「Unterseeboot」에서「U보트」라고 불리고 있다. 함의 고유이름이나 급명을 표시하는 단어는 없고 애초에 통칭이 아니지만 독일 중형 잠수함의 통칭으로서 사용되고 있다.

제1차 세계대전에 있어 독일의 대부분의 수상함정은 적대하는 영국해군에 의해 본국에 갇혀있었다. 그래서 독일은 잠수함을 사용해 봉쇄를 돌파하여 거꾸로 영국의 **통상로를 파괴**하려고 했다.

국제법에는 적국의 비무장상선에 대해서는 경고를 하고 승무원을 퇴선시킨 다음 격침하는 것만이 허가되어있다. 그러나 경고를 하기 위해 부상하는 것을 기다리는 것은 잠수함에 있어서 위험하기 때문에 독일은 지정해역내에 있는 모든 선박을 경고없이 침몰시키는 「무제한 잠수함전」을 수행하게 되었다.

제2차 세계대전에 있어서도 독일은 잠수함에 의한 통상파괴작전을 수행하여 개전 다음해에는 무제한 잠수함작전을 개시하였다. 초기 독일의 전법은 야간에 선단을 다수의 잠수함으로 습격하는 「늑대무리작전」으로 불리는 것으로 많은 전과를 올렸다.

선단정보는 무선으로 잠수함끼리 전달되었지만 영국은 암호통신을 해독하여 선단은 공격을 받기 전에 알수 있게 되었다. 또한 항공기, **레이더**, **대잠전술**의 발달로 대전 중기이후의 독일의 전과는 감소했다.

대전말기 독일은 스노켈 장치를 실용화하여 부상할 필요없는 잠수함을 건조하거나 고속의 신형 U보트의 건조를 진행했지만 결국 호전되지는 못하였다.

제2차 세계대전을 통해 U보트는 1,000척이상 건조되어 손실은 700척에 달했지만 연합군측의 상선 2,800척, 합계 1,400만톤을 격침시켰다. 많은 희생을 냈지만 연합군측은 1,000만t분량의 상선을 건조하였고, 또한 **호위항모**를 대량투입시켜 물량으로 U보트를 압도했다.

## U보트란 무엇인가?

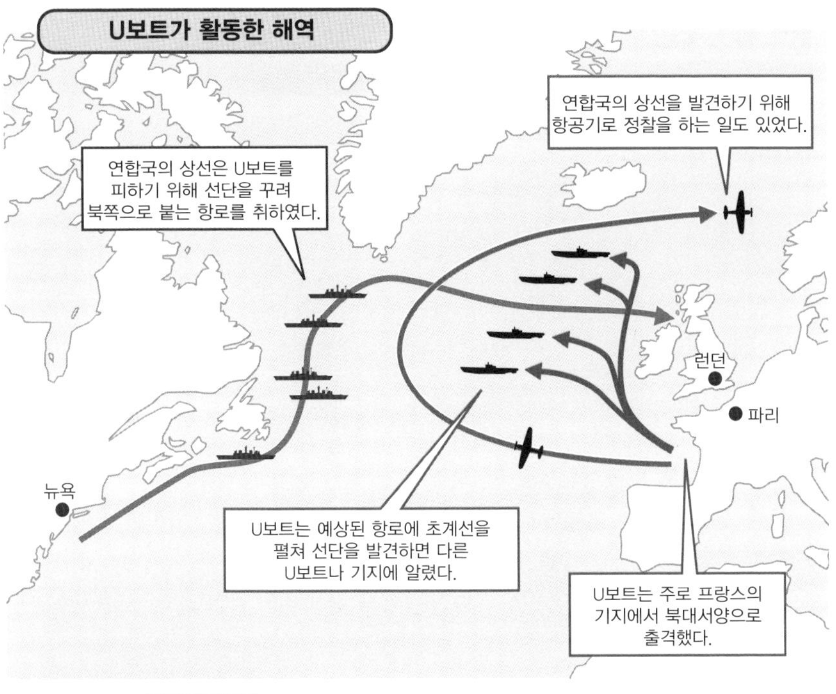


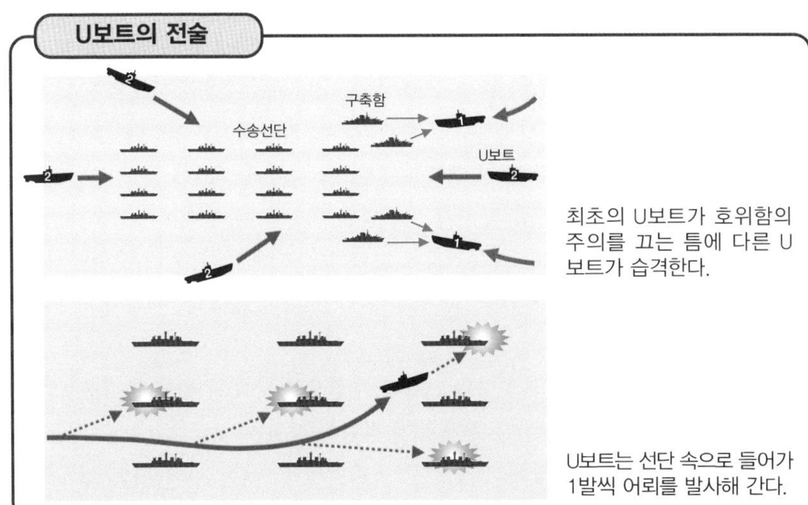


최초의 U보트가 호위함의 주의를 끄는 틈에 다른 U보트가 습격한다.

U보트는 선단 속으로 들어가 1발씩 어뢰를 발사해 간다.

관련항목


- 어째서 군함이 필요한가? → No.002
- 색적은 어떻게 하는가? → No.031
- 대잠작전은 확립되었는가? → No.075
- 항공모함에는 어떤 종류가 있는가? → No.052

No.071

# 소형 잠수함이란?

소형 잠수함은 적세력권내에 침입하여 함선을 공격하거나 그 외에 특수임무를 시행하는 것을 의도로 건조되었다.

## ●각국에서 사용되어 큰 손해를 입혔다

소형 잠수함(미제트 잠수함, 잠수정)은 좁은 수로나 얕은 수역에서 행동하기에 편리한 군함이다. **어뢰**를 싣고 다니며 항만에 정박중인 적성선박(군함 외에 상선 등)을 공격하거나 스파이나 공작원을 운반하는 임무를 수행하기도 한다. 일본에서는 자살공격병기의 이미지가 강하지만 기본적으로는 기지 혹은 모함으로 귀환하는 것을 전제로 하고 있다.

제2차 세계대전의 일본에서는 「**고표테키**」「고류」「가이류」「**가이텐**」, 영국에서는 「X정」, 독일에서는 「비벨」등이 건조되었다.

어뢰발사관이 있는 것은 적고 함의 바깥쪽에 어뢰를 매달거나, X정의 경우에는 고유 무장이 없기도 했다.

소형 잠수함에는 각각 실전기록도 남아있다. 진주만기습 시에 고표테키 5척은 イ급잠수함에서 발진하여 작전에 참가하였다. 그러나 모두 침몰 혹은 격침되고 말아 전과를 올리지는 못했다. X정은 노르웨이에 있던 독일 전함 「티르피츠」의 함저에 폭약을 장치하여 동함을 전투불능에 빠트리는데 성공했지만 참가한 X정 6척을 모두 잃고 말았다. 비벨은 프랑스나 네덜란드 연안, 나아가 하천에 출격하여 연합군의 보급로나 빼앗긴 다리를 공격했지만 이렇다할 전과를 올리지는 못했다.

소형 잠수함은 조함이 어렵고 목적지에 도착하기 전에 바다 위에서 침몰하거나 항만에 펼쳐진 어뢰방어용 그물에 제지당하고 마는 적이 많았다. 현대에는 보유하고 있는 나라는 극히 일부이다.

북한의 유고급은 전장 20m정도의 소형 잠수함으로 승무원 외에 공작원 여러명을 운반할 수 있다. 1998년 한국 동해안에 침입을 꾀한 유고급 1척이 고기잡이용 그물에 걸려있는 것이 발견당해 자침했다. 베트남이나 이란도 보유하고 있지만 현재도 취역 중인지는 불명이다.

## 소형 잠수함이란?

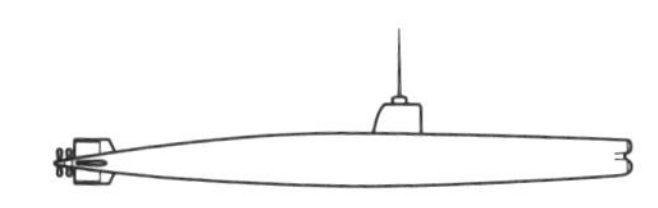

일본의 「고표테키」. 전장 23.9m, 수중배수량 45.3t, 승무원 2명, 45cm어뢰X2. 진주만 외에 마다가스카르와 오스트레일리아 항만공격에도 사용되었다.

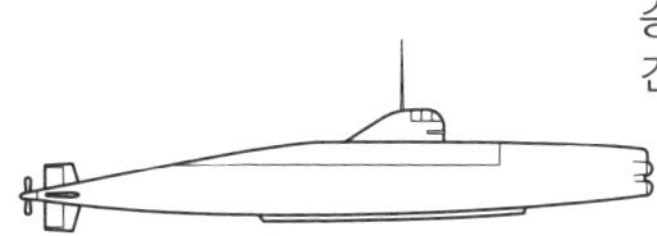

일본의 「고류」. 전장 26.25m, 수중배수량 58.4t, 승무원 5명, 45cm어뢰X2. 결전병기로서 115척이 건조되었다.

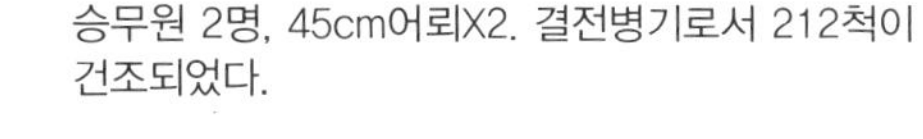

일본의 「가이류」. 전장 17.28m, 수중배수량 18.97t, 승무원 2명, 45cm어뢰X2. 결전병기로서 212척이 건조되었다.

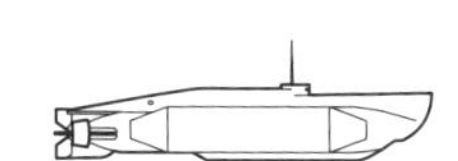

영국의 「X정」. 전장 15.74m, 수중배수량 29.7t, 승무원 4명. 티르비츠 공격 시에는 2톤폭탄을 2개 현측에 붙이고 노르웨이만까지 잠수함에 예인되었다.

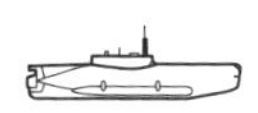

독일의 「비벨」. 전장 9m, 수중배수량 6.25t, 승무원 1명, 53.3cm어뢰X2. 파생형도 포함하여 900척이상이 건조되었다.

**같은 축척의 U보트 VIIC형. U보트는 잠수함 중에서도 소형이지만(전장67.1m) 그에 비해서도 소형 잠수함은 작다는 것을 알 수 있다.**

관련항목

● 어뢰는 어떠한 병기인가? → No.038
● 수상기모함이란 무엇인가? → No.064
● 칼럼/가이텐이란 → p.108

No.072

# 전략원잠이란 무엇인가?

생존성을 높인 잠수함은 핵전쟁에서도 살아남기 쉽다. 그리고 탑재한 미사일로 틀림없이 보복공격을 수행하는 것이 전략원잠이다.

## ● 바닷속에 숨어있는 미사일기지

**전략형 잠수함(탄도미사일잠수함)**은 핵탄도탄을 탑재하고 핵전쟁이 촉발되는 것에 대비한 잠수함으로 1959년에 진수한 미국의 「조지 워싱턴」(수중6,888t)이 최초이다. 잠수함은 지상의 미사일기지에 비해서, 핵공격에서 생존할 가능성이 높기 때문에 미 · 영 · 러 · 불 · 중 등 핵보유국은 그 개발과 배치를 진행하였다. 생존성확보를 위해서도 동력은 원자력인 편이 좋았기 때문에 조속히 **원자력함**으로 개편되었다. 그로 인해 전략원잠이라고 하는 명칭으로 불리기도 한다. 미국의 현역 전략원잠은 오하이오급(수중 18,750t) 14척으로 「트라이던트 D5」잠수함발사 탄도미사일(SLBM) 24기(24발)를 탑재하고 있다. 트라이던트는 사정거리 10,000km이상으로 미국 연안이나 인도양 등 적군의 위협이 없는 해역에서 러시아 본토로 공격을 할 수 있는 능력을 갖추고 있다. 영국도 마찬가지로 미사일을 16발 탑재한 뱅가드급(수중15,850t)을 4척 보유하고 있다.

러시아는 델핀(NATO코드 : 델타IV)급(수중15,500t)을 6척, 아쿨라(NATO코드 : 타이푼)급(수중23,200t)을 2척, 프랑스는 루 트리옹팡급(수중 14,335t) 3척, 중국은 시아급(수중 7,000t)을 1척 보유하고 있다. 이들 함은 병장으로서 SLBM외에 자함방어용의 어뢰나 순항미사일을 장비하고 있지만 기본적으로 **공격형 잠수함**에게 호위를 받는다.

통상, 전략원잠은 탐지를 피하기 위해 5노트 이하로 잠항한다. 현재 지구상의 병기는 군사위성에서 탐지할 수 있지만 일정심도이하까지 잠항하고 있다면 발견할 수 없다. 잠항 중인 함은 ELF[극초장파]로 통신하는 것이 가능하지만, ELF는 주파수가 짧기 때문에 많은 정보를 보내기는 어렵다. 통신내용은 코드화된 간단한 지시뿐이다. 미사일 발사의 지시를 받으면 몇 명의 사관이 발사수순을 실시한다. 미사일은 압축공기로 잠수함에서 사출되어 수면을 이탈할 때 로켓이 점화된다.

## 전략원잠이란 무엇인가?

### 오하이오급 전략원잠

전장 170.69m 수중배수량 18,750t

탑재된 핵탄두의 합계는 40메가톤에 달한다.
이것은 히로시마에 투하된 원폭의 2000배에 달하는 양이다.

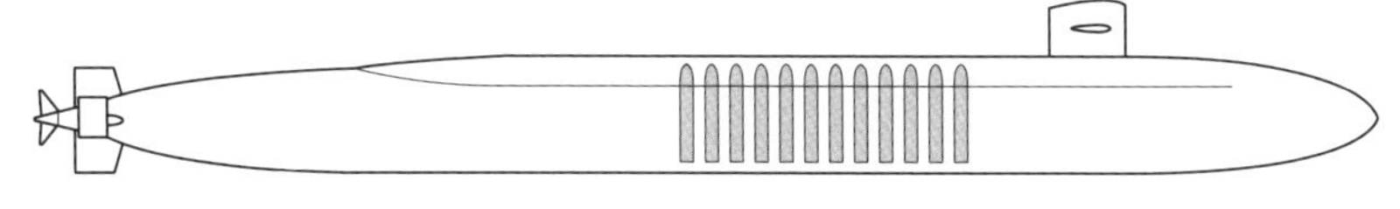

### 로스엔젤레스급 공격원잠(동일 축척)

전장 109.73m 수중배수량 7,147t

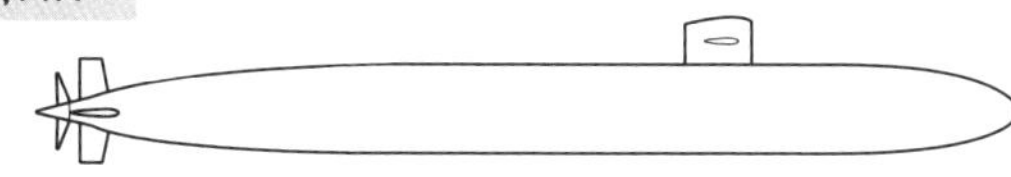

### ●핵미사일의 발사순서

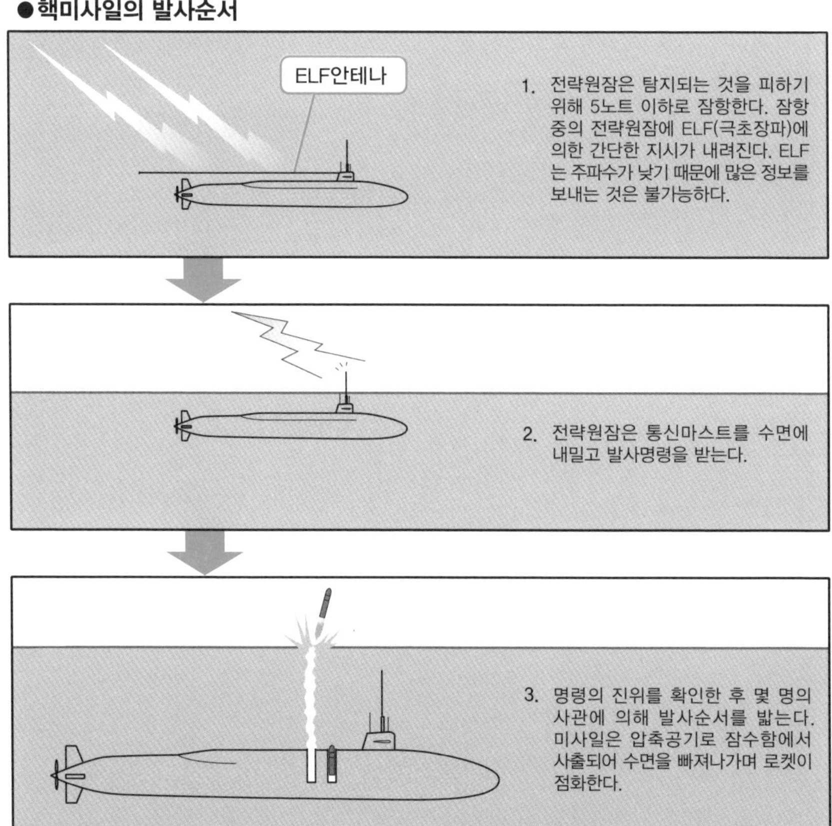


관련항목
●잠수함에는 어떤 종류가 있는가? → No.068
●원자력함이란 무엇인가? → No.012

No.073

# 군용 잠수함은 어디까지 잠수할 수 있는가?

심해라면 적의 공격을 받을 걱정은 없지만 안전한 깊이까지 잠수할 수 있게 된 것은 전후가 된 뒤의 이야기이다.

## ● 알파급의 기록은 1,000m

물속에서는 심도가 10m늘어날 때마다 함의 표면 1제곱cm당 1kg의 수압이 더해진다. 이것은 거의 1기압과 동일하며 100m잠항하게 되면 11기압의 힘이 선체에 더해진다. 잠수함은 그 고압에 견딜 수 없다. 내압에 가장 뛰어난 형태는 공모양이지만 병기나 **소나**를 적재하는 잠수함에 공모양은 적합하지 않기 때문에 원추형의 내압부가 만들어졌다. 이 내압부의 외부를 비내압부로 감싼 것이 현재의 잠수함의 구조로서 일반적으로 쓰이는 「복각구조」이다. 복각구조에 있어 내압부와 비내압부의 사이에 수압이 관여하여 비내압부의 측면과 바깥쪽의 압력이 상쇄되기 때문에 잘 부서지지 않는다.

잠수함을 구성하는 재질도 내압과 관계가 있다. 현재는 「조질고장력강」이 사용된다. 강재를 롤러로 펴서 높은 장력에 견딜 수 있게 만든 강이다. 그러나 1,000m 이상의 잠항을 달성한 것으로 알려져 있는 구 소련의 리라(NATO코드 : 알파)급(수중 3,100t)은 구조재에 티타늄 합금을 사용하고 있다.

**잠항심도**에 대하여 서술하자면 제2차 세계대전시의 잠수함의 안전잠항심도는 50~60m정도였고 짧은 시간이라면 그 3배의 심도까지 잠항할 수 있었다. 실전에서는 폭뢰를 피하기 위해 200m를 넘는 심도까지 잠항하는 일도 있었다고 한다.

전후에 기술이 향상되자 잠행가능심도도 증대하여 미국의 로스엔젤레스급은 450m, 시울프급은 594m에 달하였다. 동구권의 잠수함으로는 러시아의 오스카급이 500m전후, 빅터급이 600m라고 알려져있다. 해상자위대의 잠수함은 1980년대에 취역한 유우시오형이 450m로 가장 깊다.

**전략원잠**은 더욱 심해까지 잠수할 수 있다는 이미지가 있지만 실은 그다지 깊게 잠수할 수 없다. 선체가 크고 탄도미사일 해치 같은 것도 있어서 구조적강도가 낮기 때문이다.

## 군용 잠수함은 어디까지 잠수할 수 있는가?

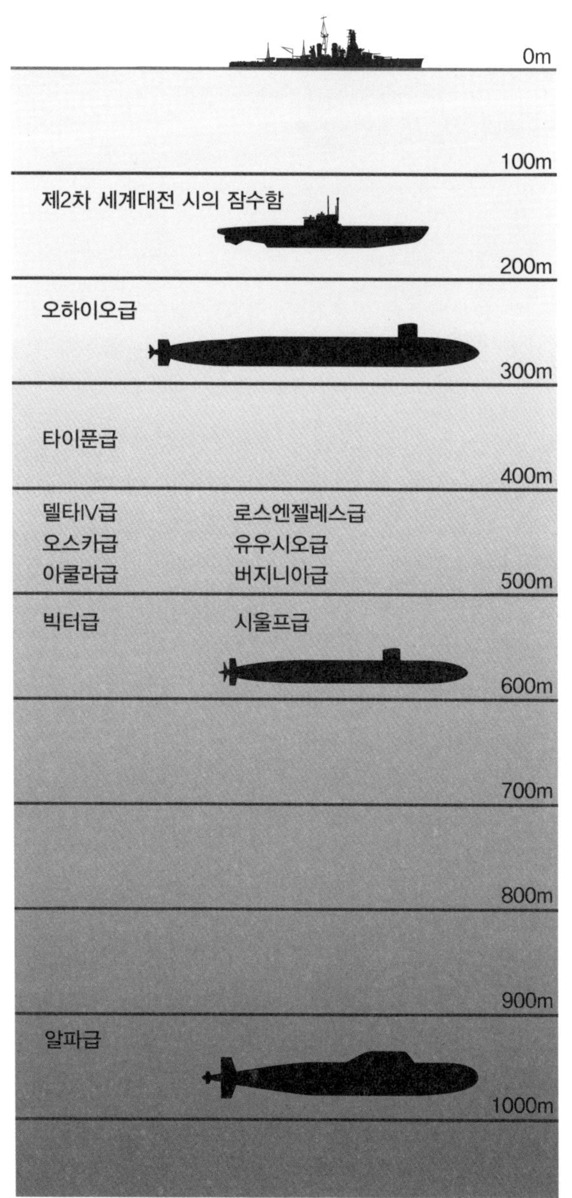


심도가 10m 증가할 때 함의 면적 1제곱센티미터당 1kg(1제곱미터당 10t)의 수압이 가해진다. 수심 10m에서는 2기압, 수심 100m에서 11기압, 수심 1000m에서는 101기압이나 되는 수압이 가해지게 된다. 밀폐구조인 잠수함은 이 수압을 그대로 받게 된다.

공격형 잠수함에 비해 오하이 오급, 타이푼급, 델타IV급 같은 미사일해치를 가진 대형 전략형 잠수함의 잠항가능 심도는 얕다.

알파급은 비교적 소형 잠수함으로 티타늄합금제의 내각을 지니고 있으며 용융금속을 냉각재로서 사용하는 원자로를 탑재하여 40노트의 속도에 심도 1000m의 잠항심도를 자랑한다.

관련항목


- 잠수함은 어떻게 적을 찾는가? → No.074
- 침몰하게 되면 어떻게 되는가? → No.020
- 승무원은 어떻게 구조되는가? → No.021
- 전략원잠이란 무엇인가? → No.072

No.074

# 잠수함은 어떻게 적을 찾는가?

물속에 있는 잠수함이 외부의 상황을 알기는 어렵다. 그래서 음파를 이용하거나 잠망경으로 살피는 방법을 채택하고 있다.

## ● 물속에서는 소리만을 의지해서

잠망경은 잠수함만이 아니라 육상에서도 이용된다. 참호에서 주위를 살피거나 전차의 해치에도 동일한 원리의 페리스코프가 붙어있다. 잠수함의 잠망경은 목표를 확실하게 포착하는 수단으로서 사용되지만 의외로 발견되기 쉽기 때문에 오랫동안 물위에 내놓을 수는 없다.

초음파를 발생시켜 퍼진 소리로 물체의 유무를 판단하는 장치가 소나이다. 민간에서 항행장치로서 이미 완성된 것을 제1차 세계대전 중에 영국이 군용으로 개량하여 사용하였다. 또한 동시기에는 수중마이크로 적함의 **스크류음**의 방향과 거리를 측정하는 수중청음기도 있었다. 함이 정지하고 있으면 10,000m정도 거리까지 항행하는 적함을 탐지할 수 있었다.

실은 소나와 수중청음기는 같은 원리의 기계로 소나가 음파를 내지 않고 적을 찾으려고 한다면 그것이 수중청음기이다. 소리를 내서 탐색하게 되면 「액티브 소나」, 그저 듣고만 있다면 「패시브 소나」인 것이다. 잠수함이 병기화된 시대에 이미 소나는 각국의 군함에 장착되어 있었다. 대잠용은 액티브를, 은밀행동하는 잠수함은 패시브를 주로 사용하고 있었다.

현대의 잠수함은 복수의 소나를 장비하고 있지만 내는 음파는 지향성이 높고 목표 이외의 적에게 들키기 어렵게 되어있다. 또한 선체의 소나와는 별개로 예인소나를 수백m나 늘어트리는 것도 가능하다. 예인하게 되면 자함의 소음에 방해받지 않고 음파의 직진을 방해하는 「**수온약층**」을 넘어 늘어트리는 것도 가능하다.

잠수함이 자함의 위치를 확인하거나 정확히 항행하기 위해서 예전에는 시계와 속도계를 이용했었다. 현대에는 자이로에 의한 관성항법장치가 사용된다.

통신방법도 특수하여 안테나를 달고 있는 예인 부이를 해수면에 띄워서 통신한다. 바닷속에서의 통신에는 **ELF**극초장파가 사용가능하다.

## 잠수함은 어떻게 적을 찾는가?

### 잠망경이란

잠망경은 위와 아래에 붙어있는 프리즘이나 거울로 빛을 반사시켜 물위의 상황을 보는 것이 가능하다. 실제로는 복수의 렌즈가 몇 개들어가 있어 배율을 올리거나 조준에 사용 되기도 한다. 긴 시간 잠망경을 수면에 올리고 있으면 적에게 발견당할 위험도 증가하기 때문에 잠망경을 올리게 되면 재빨리 주위를 관찰하고 다시 잠망경을 내린다.
잠망경 외에 통신용 마스트, 레이더 마스트도 마찬가지로 위아래로 움직일 수 있다.

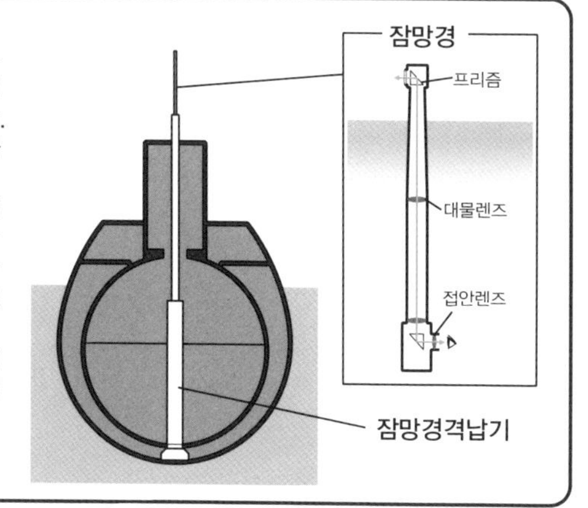


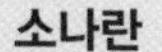


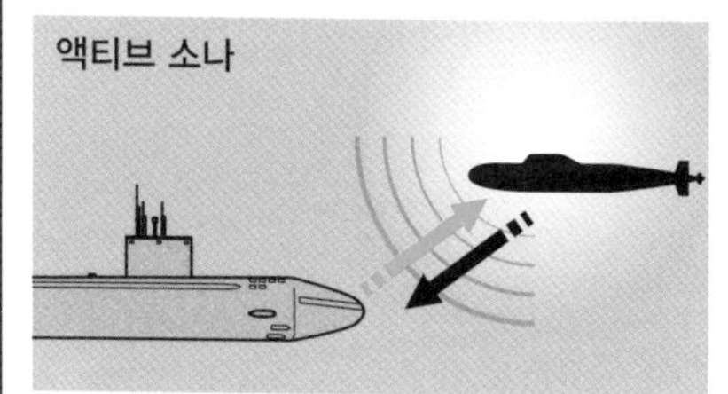


스스로 음파를 내서 그것이 되돌아오는 소리를 탐지한다. 정확하지만 상대에게 자신의 존재를 알리게 된다.

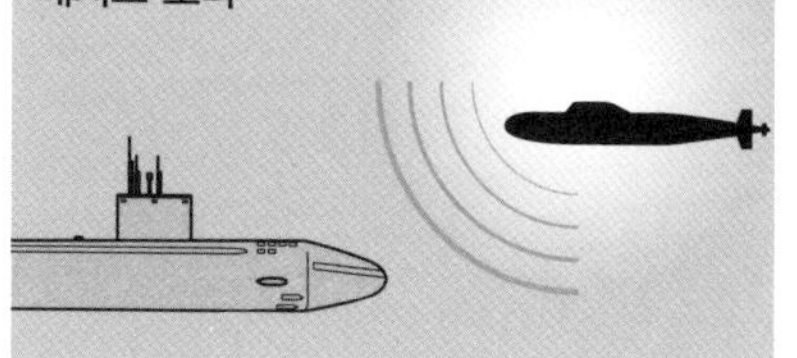


음파를 내지 않고 적이 내는 소리만을 탐지한다. 정확한 정보를 얻기에는 시간이 걸리지만 자신의 존재를 들키지 않는다.

### ●최신형 잠수함의 소나배치

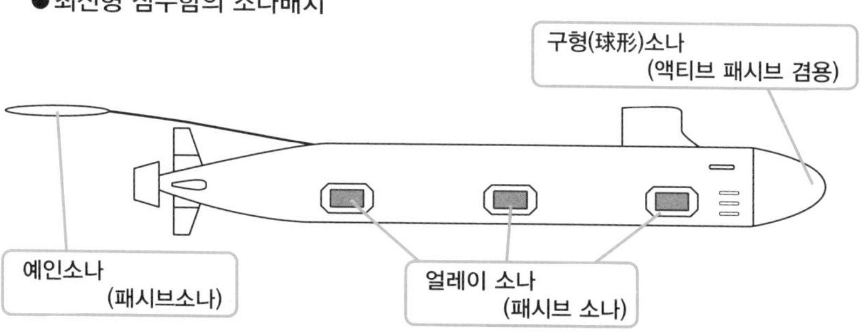


관련항목

●군함은 어떻게 앞으로 나아가는가? → No.013
●잠수함끼리는 어떻게 싸우는가? → No.076
●전략원잠이란 무엇인가? → No.072

No.075

# 대잠작전은 확립되었는가?

해상통상로의 파괴나 군함에 대한 기습을 꾀하는 적 잠수함에 대한 효과적인 작전은 몇가지 있다. 그 전문적인 대책을 세우지 않으면 굉장히 대항하기 어렵다.

## ●진화를 거듭하는 잠수함과 그 대항수단

물속의 적을 발견하는 수단이 없던 무렵, 잠수함은 무적이었다. 잠수함의 약점은 속도가 느리다는 것이지만 위치를 알 수 없다면 어떻게 할 수도 없다.

제2차 세계대전 당시 독일의 「**U보트**」가 경고없이 적상선을 공격하게 되자 영국은 위기에 몰렸다. 대항수단으로서 선단을 꾸려 폭뢰를 탑재한 군함으로 호위하게 하였지만 얼마 지나지 않아 초음파로 잠수함을 탐지하는 **소나**의 이용이 시작되었다. 잠수함의 잠망경과 같은 작은 물체를 탐지하는 「**센티파 레이더**」는 제2차 세계대전에서 실용화된 것으로 이것을 초계기에 탑재하자 잠수함은 더욱 발견되기 쉽게 되었다.

대전 후기의 태평양에 있어 미해군은 상대측의 통신을 방수하여 암호를 해독하고 호위항모를 다수 내보내는 것으로 적 잠수함을 사냥하였다.

이후 잠수함과 그것을 사냥하는 측의 싸움은 격렬함을 더해갔다.

전후에 등장한 원자력 잠수함은 거의 부상하지 않는 함이라 발견이 어렵다. 더욱이 대함순항미사일을 장비하여 어뢰보다도 훨씬 먼 거리에서 공격할 수 있게 되었다. 세계대전기의 잠수함보다 더 두려운 적이다.

그렇기 때문에 현대 잠수함에 대한 대처법은 더욱 다듬어지게 되었다. 영미에서는 대륙붕과 같은 곳에 설치되는 고정 소나 「SOSUS」에 의해 물속의 잠수함을 수색한다. 그 이외에는 잠수함의 자력을 검출하는 「MAD」자기변화탐지기가 있지만 유효범위가 좁기 때문에 사용은 한정적이다.

대잠초계기는 견인식 소나나 「소노부이」로 적을 찾아 경어뢰로 처리하려 한다. 함선용으로 개발된 **대잠미사일**도 경어뢰를 탑재하고 있지만 이쪽은 초계기보다 광범위한 적을 공격하는 것이 가능하다. 공격잠수함은 적 잠수함을 처리하기 위한 병기로 전략잠수함을 언제나 따라다니고 있다. 이렇게 적 잠수함에 대항하기 위해서는 공중, 수상, 수중전력의 연계가 불가결한 것이었다.

## 대잠작전은 확립되었는가?

### ●현대의 대잠수함작전

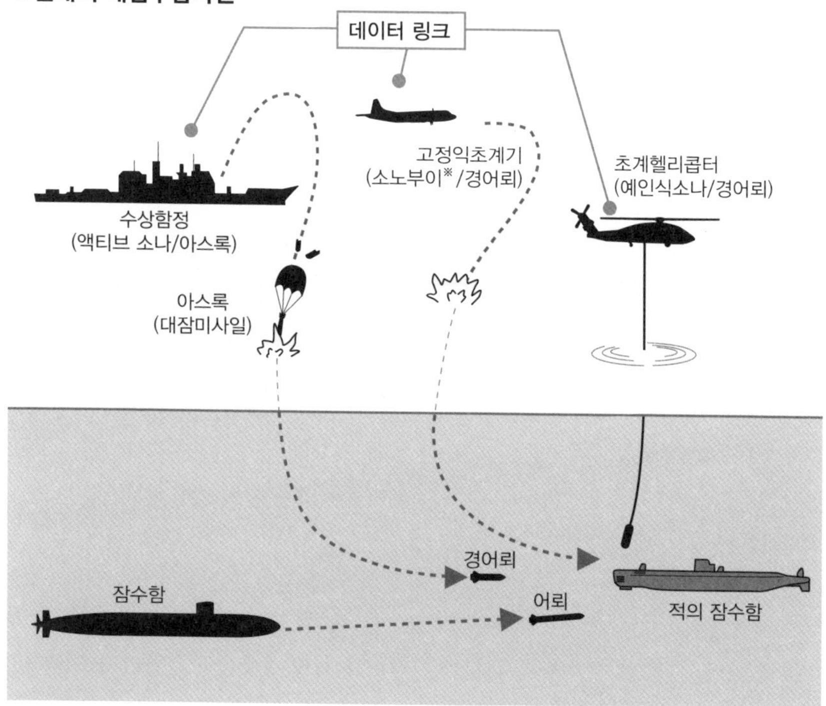


※소노부이=투하된 부이(부표)에서 아래로 내려보내는 소나.

### ●SOSUS

관련항목

●U보트란 무엇인가? → No.070
●잠수함은 어떻게 적을 찾는가? → No.074
●색적은 어떻게 하는가? → No.031
●대잠병기에는 어떠한 것이 있는가? → No.040

No.076

# 잠수함끼리는 어떻게 싸우는가?

픽션작품 중에 바닷속에서 싸우는 것은 리얼하게 묘사되어 있지만 실은 잠수함끼리의 교전기록은 거의 없는 것이나 다름없다.

## ● 서치 앤드 디스트로이

전후의 **공격형 잠수함**은 잠수함 킬러로 이용되고 있다. 그러나 바닷속에 있는 잠수함끼리 싸운 기록은 단 한가지밖에 없다. 잠수함끼리의 싸움이 가능해진 현대가 아니라 제2차 세계대전 중의 이야기이다.

1945년 2월 9일 영국잠수함 「벤처러」는 독일의 「U864」를 격침시켰다. 양자 모두 잠망경심도(얕은심도)였고 벤처러는 **잠망경**으로 상대의 스노켈을 발견 어뢰를 발사했다고 한다. 당시의 잠수함에도 **액티브 소나**가 장비되어 있었지만 사용되지 않았다.

본래 제2차 세계대전 시의 잠수함은 잠수함과 싸우기 위한 것이 아니었다. **어뢰**에도 추적능력이 거의 없었고 3차원적으로 이동할 수 있는 잠수함을 쫓아가기는 무리가 있었다. 다만 적 잠수함이 해상에 나타나게 되면 수상함과 마찬가지로 공격할 수 있었고 이러한 예라면 몇가지 기록이 남아있는 모양이다.

한편 현대의 잠수함은 정밀한 소나로 바닷속의 소리를 채취하여 컴퓨터에 의해 해석한다. 색적하는 경우는 속도를 늦추고 소나로 주위의 상황을 확인하여 다시 속도를 올린다. 이 동작을 반복해간다.

그런데 바닷속 상황은 일정하지 않다. 심해에서는 수온이 낮아지지만 급격히 온도가 변화하는 층이 만들어질때가 있다. 이 층에서는 소리가 전달되는 방법이 변하거나 얕은 각도로 음파가 닿는다거나 튕겨나가 층을 넘어서 전달되지 않게 된다. 이 층을 온도경계층(수온약층)이라고 부른다. 함에서 심해로 발신된 음파가 서서히 굴절되어 수면을 향하게 되는 경우도 있는데 이것을 음향수속대[CZ]라고 부른다. 이러한 현상을 이용하면 적 잠수함을 기만하는 것이 가능할지도 모른다.

적의 속도와 방향데이터를 얻으면 유도어뢰를 발사하는 것이 좋다.

어뢰의 회피수단은 급속한 진로변경이나 소리를 내서 적을 속이는 디코이 어뢰나 기포를 발생시켜 소리를 차단하는 마스커를 사용하는 방법 등이 있다.

## 잠수함끼리는 어떻게 싸우는가?

### 소리의 전달방법의 영향

**수온약층**

잠수함A는 소나의 탐지범위내에 있는 B와 C의 소리를 직접 들을 수 있다. 소나의 탐지범위를 벗어난 D의 소리를 들을 수는 없다. 잠수함 E는 소나의 탐지범위내에 있지만 수온약층이 방해하고 있어 그 소리를 들을 수 없다.
E와 같은 존재에는 예인소나를 수온약층 아래로 늘어트려 대응할 수 있다.

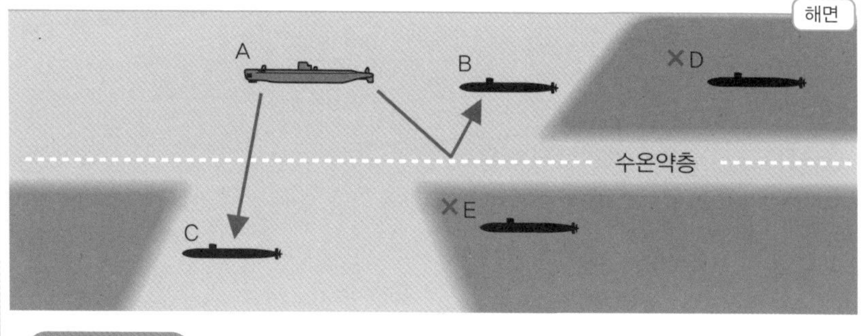


**음향수속대**

음향수속대는 소리가 굴절되어 만들어지는 좁은 띠로 여기에 어쩌다 들어간 잠수함의 소리는 탐지가 불가능하다.

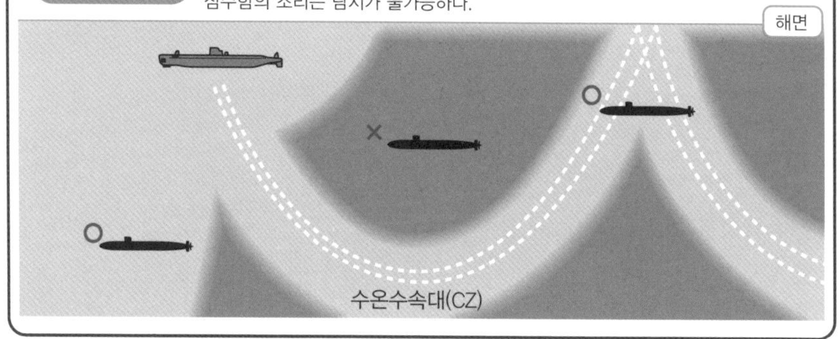


### ●탐지에서 공격까지의 프로세스

1. 컨택트. 적이라고 생각되는 소리를 탐지.
2. 위치추정·추적 프로세스. 소리의 크기, 방향의변화, 도플러 효과에 의한 주파수의 변화 등을 산정한다.
3. 목표의 진로, 속력, 거리를 계산.
4. 어뢰에 데이터를 입력.
5. 어뢰발사.
6. 목표에 충분히 가까운 거리에서 어뢰의 유도장치가 작동.
7. 어뢰의 진로수정.
8. 목표에 명중.

관련항목


●잠수함에는 어떠한 종류가 있는가? → No.068
●잠수함은 어떻게 적을 찾는가? → No.074
●어뢰는 어떤 병기인가? → No.038

No.077

# 서브마리너 근무는 가혹한가?

밀폐공간인 잠수함에서의 근무는 한때는 가혹했다. 잠수함 승무원의 항해는 장기간이고 따분한 임무가 많았다.

## ●잠수함 승무원의 과거와 현재

**잠수함에서의 생활**은 쾌적하지 않았다. 일본잠수함에서의 생활을 예로 들어보자.

함내는 좁고 후덥지근하며 선풍기로 더운 공기를 돌리는 수밖에 없었다. 남쪽에서는 함내의 온도는 34°C에 달했고 기관실에서는 40~43°C나 되었다. 항해 중에는 목욕도 불가능, 배급되는 물의 여유분으로 몸을 닦는 정도였기에 승무원의 체취가 함내에 찌들었다. 안전한 해역에서만 갑판에서 목욕이 허가되었다.

식사는 병사대기실내의 좁고 긴 탁자앞에서 함께 앉아 같이 먹었다. 생고기나 야채과일 등의 신선식품은 오래가지 못했고 나중에는 건조야채, 건빵과 같은 보존식이나 통조림에 의지할 수밖에 없었다. 다행히도 통조림은 섞어지은 밥*, 팥밥, 유부초밥, 카레라이스 등 여러가지로 풍부했다고 한다.

근무는 3교대로 하루를 6등분하여 한사람이 4시간씩 2회 근무하는 것이었지만 임무가 끝나면 과로로 쓰러지는 자가 많았다.

적어도 1940년 전후로 건조된 각국 잠수함 중에는 공기청정기, 냉방, 샤워, 냉장고, 담수증류시설 등을 갖춘 것도 있었지만 전기와 물은 늘 절약해야만 했기에 있더라도 사용하지 못하는 상태가 많았다. 게다가 일본의 경우, 기재의 소음이 심해서 전투해역에서의 설비사용을 제한하였다.

현대의 잠수함 중 특히 **원자력 잠수함**은 2개월 잠항한채로 있는 것도 드물지 않다. 원자로에서 발전한 전기는 풍부해서 승조원의 건강관리에 주의를 쏟을 수 있다. 냉방과 공기조절은 완벽하고 식당에는 주스나 아이스크림제조기까지 있다. 제한되긴 하지만 샤워나 세탁기를 사용할 수도 있다. 근무는 미해군의 경우 18시간주기의 3교대를 취하고 있다. 6시간근무로 12시간이 근무외가 된다.

다만 가족과의 통신이 제한되는 것은 예나 지금이나 변함없다. 그리고 운동부족 문제도 남아있다. 공간을 어떻게 하더라도 제한될 수밖에 없기 때문이다.

*역주: 생선 야채 고기등의 여러가지 재료를 넣고 섞어서 지은 밥을 말함.

## 서브마리너 근무는 가혹한가?

| | 여명기의 잠수함 | 현대의 원자력 잠수함 |
|---|---|---|
| 거주성 | 좁고 후덥지근하고 공기는 나쁘다. 냉방은 없고 선풍기로 더운 공기를 다시 돌리는 수밖에 없었다.  | 에어컨으로 온도를 조절하며 공기청정기도 있다.  |
| 식사 | 통조림이나 건조식량 등 보존식량에 의지.  | 부엌과 커다란 냉장고가 있다. 맨 첫번째 1주일은 신선한 야채도 먹을 수 있다.  |
| 물 | 마실 물로 약간의 물이 배급된다. 적이 없는 해역에서만 드럼통 목욕을 할 수 있다.  | 풍부한 물이 제조되어 샤워도 할 수 있다. 세탁도 OK  |



관련항목

●함내에는 어떤 생활을 하고 있는가? → No.019
●전략원잠이란 무엇인가? → No.072

No.078

# 잠수항모는 초병기였는가?

수상기를 실은 잠수함은 제1차 세계대전 이후 각국에서 건조되었다. 탑재기를 공격에 사용하는 잠수항모는 거기서 진화한 것이다.

## ●적본토 공습의 비원

「잠수함에 항공기를 탑재해서 정찰한다」고 하는 아이디어는 20세기전반에 실용화되어 「잠수함이 적지에 잠입해서 항공기로 공격한다」고 하는 구상도 오래전부터 존재했다.

1925년 영국잠수함 「M2」(수중 1,946t)에 공기압으로 움직이는 캐터펄트와 소형 수상기가 탑재되었다. 1930년에 완성된 프랑스의 「수르쿠프」 (수중4,300t)는 당시 최대급의 잠수함으로 마르셀 벤슨 MB411수상기를 1기 탑재하여 20cm포 2문을 장비하고 있었다. 1932년 일본도 91식 수상정찰기를 1기 탑재한 「イ-5」(수중 2,921t)를 완성시켰다.

이후에도 일본은 「항공기탑재 잠수함」을 다수 건조했다. 탑재기도 복엽기인 96식 소형 수상정찰기, 단엽기 0식 소형 수상정찰기를 개발하였다. 제2차 세계대전이 시작되자 잠수함에 탑재된 수상정찰기는 정찰임무로 활약했다. 예를 들면 개전직후 진주만을 정찰한 것은 「イ-7」에서 발진한 정찰기였다.

1942년 일본 해군은 「イ-25」탑재의 정찰기로 미국 본토를 폭격했다. イ-25는 잠수항모는 아니지만 잠수함탑재의 항공기에 의한 공격이 성공했던 것이 세계최초, 미국 본토가 공습을 받은 것도 사상 최초였다.

그리고 1944년, 항공기탑재 잠수함을 대형화한 「イ-400」(수중 6,560t)이 건조되었다. 당시 최대의 잠수함으로 지구를 한바퀴 반 돌 수 있는 엄청난 항속력을 갖추고 있었다. 대전 중에 「잠수항모」라 불린 것은 이 함이 유일하다. 접히는 식 수상공격기인 세이란을 3기 탑재한 イ-400급이야 말로 미국 본토 기습을 위해 설계된 함이었지만 적기지공격 직전에 종전을 맞이하였다.

잠수항모가 탄생한 시점에서 **레이더**는 실용화되어 있었고 기습은 성공하지 못했을지도 모른다. 그러나 적지를 직접 타격하려고 했던 구상은 이후 순항미사일로 이어지게 된다.

## 잠수항모는 초병기였는가?

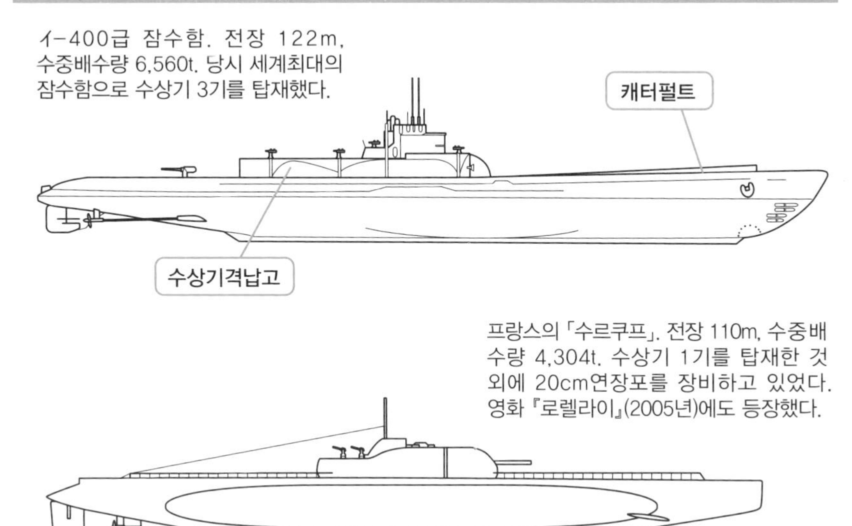


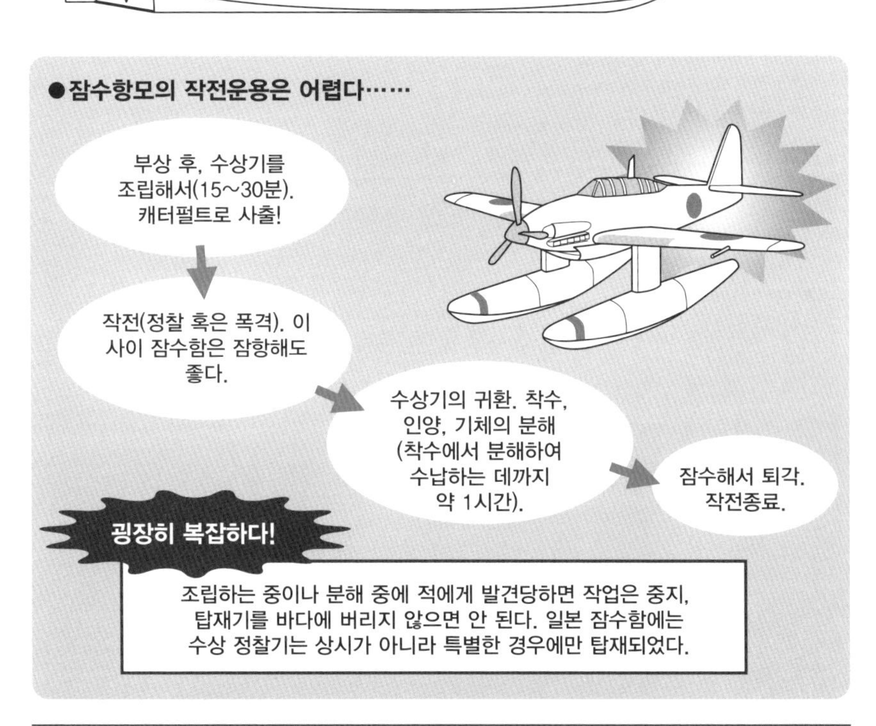


관련항목

● 색적은 어떻게 하는가? → No.031

No.079

# イ-19의 기적이란?

단 한번의 어뢰 사격으로 항모를 격침시키고 전함에 타격을 준 잠수함이 있다. 행운이 쌓인 결과로 좀처럼 없는 일이었다.

## ●전후에 알게 된 경이의 뇌격

제2차 세계대전 중인 1942년 9월 15일 오후 2시 45분, 남태평양 솔로몬제도의 남동쪽을 항행하는 **미함대**가 일본 잠수함의 어뢰공격을 받았다. 함대의 중심에 있었던 항모 「와스프」(14,700t)에는 3발의 **어뢰**가 명중하여 화염과 연기에 휩싸였다.

7분후, 이번에는 이 함대의 약 10km북동쪽에 있던 항모 「호넷」을 중심으로 한 함대를 향하는 어뢰군이 발견되었다. 그것은 전함 「노스 캐롤라이나」(35,000t)와 구축함 「오 브라이언」(1,575t)을 명중시켰다.

와스프는 3시경 탄약고에 불이 붙어 폭발한 후 침몰했다. 노스 캐롤라이나와 오브라이언도 수리를 위해 전장을 떠났지만 오브라이언은 귀환하지 못하고 침몰했다. 두 함대는 자신들을 공격한 「두척의?」잠수함을 추적하였지만 결국 발견하지 못했다.

전후 일본해군의 기록을 조사하던 미군은 경악할만한 사실을 발견했다. 이날 같은 해역에 있던 일본 잠수함은 「イ-19」단 한척이었으며 단 1회의 어뢰사격만을 실시했던 것이었다.

이날 イ-19는 **수중청음기**로 수상함을 탐지하여 오후 1시 45분에 **잠망경**으로 15km밖의 와스프함대를 발견했다. 와스프함대는 イ-19에서 멀어지고 있었지만 우연히도 방향을 돌려 イ-19쪽으로 접근하게 되었던 것이다. イ-19는 900m거리에서 항모 와스프를 표적으로 6발의 95식 산소어뢰를 발사하여 그중 3발이 와스프에 명중했다.

빗나간 3발의 어뢰는 그대로 직진하여 10km에 달하는 최대사정거리에도 아슬아슬한 거리에서 또 하나의 함대와 조우한 것이었다. イ-19의 전투일지에는 와스프밖에 기록되어 있지 않고 두번째의 함대에 대한 어뢰명중은 완전히 우연이었던 것이다. 이것은 물론 해전사에서도 극히 드문 일이다.

## イ-19의 기적이란?

**●6발의 어뢰의 진로**

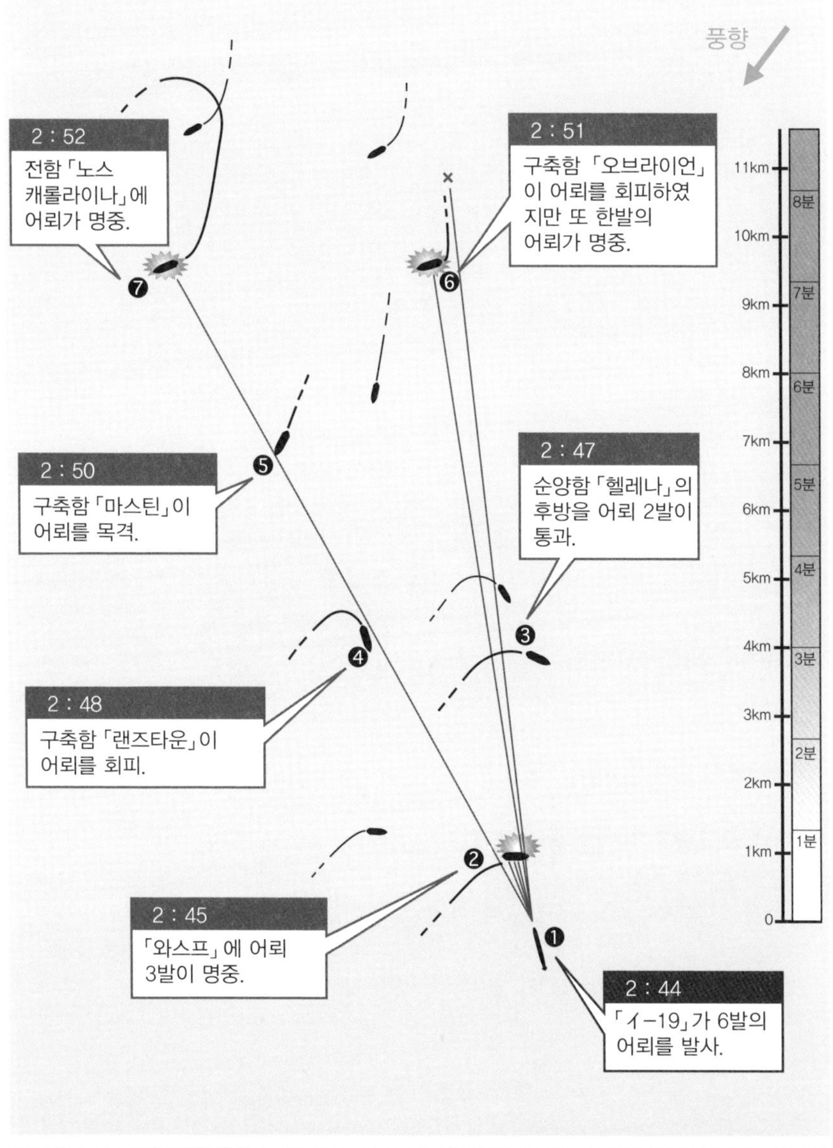


관련항목

●함대란 무엇인가? → No.023
●어뢰란 어떤 병기인가? → No.038
●잠수함은 어떻게 적을 찾는가? → No.074

## 쿠르스크 침몰의 실태

지금까지 사고로 잃어버린 잠수함은 수없이 많으며 원자력 잠수함도 예외는 아니다. 잠수함은 심해에 가라앉아버리고 군사기밀덩어리라는 것도 재난이다. 상세한 것은 밝혀지지 않는 경우가 대부분이다. 그러나 쿠르스크의 경우, 각국 해군이 연습에 주시하는 중에 사고가 벌어져, 그것도 외국의 구난함이 구조활동에 참가하였기 때문에 정보가 뉴스로서 일반에 널리 흘러나왔다.

러시아의 원자력함 「쿠르스크」(수중배수량 19,400t)는 오스카-II급의 순항미사일형 잠수함으로 북해함대에 소속되어 있었다. 2000년 8월 12일, 전날부터 바렌츠해에서 이루어지던 함대연습에 참가하고 있던 쿠르스크는 연습용 「다이브 65-76A」어뢰를 발사하려고 했다.

러시아 해군은 예산부족에 괴로워하고 있어 이 어뢰는 목표까지 안전하게 나아간 후 회수해서 재사용하는 것으로 되어 있었다. 그러나 쿠르스크가 발사하려고 했던 어뢰는 10년 이상에 걸쳐 몇번이나 사용되었던 것이고, 그것도 타입이 과산화수소를 연료로 사용하는, 취급이 어려운 것이었다.

현지시간 11시 28분경 발사준비를 명령받아 어뢰가 발사관에 장전되었다. 그때 비극이 일어났다. 발사관에 들어가기 전에 어뢰가 폭발하고 만 것이었다. 어뢰내부에서 과산화수소가 흘러나왔기 때문이었다. 어뢰발사실에 있던 승무원은 전원 즉사했고 해치가 완전히 밀폐되지 않았기 때문에 화염은 주통제소에 침입하여 함장이하 상급사관을 집어삼켰다.

지휘관을 잃은 승무원들이 최초의 충격에서 겨우 일어서는 그 순간, 최초의 폭발의 100배나 되는 대폭발이 어뢰발사관실에서 일어났다. 다른 어뢰가 유폭된 것이다. 함수에 큰 구멍이 뚫려 쿠르스크는 순식간에 수면아래 108m해저로 가라앉았다. 현측에 장비된 「그라니트」 순항미사일이 유폭하지 않았던 것은 행운이었다.

2번째의 폭발로 전체에 9개 있는 구획중 4개가 완전히 파괴되었다. 제5구획은 원자로로 충분한 강도를 확보하고 있었다. 승무원 118명중 2회의 폭발을 버텨낸 승무원은 40명도 되지 않았고 그중 원자로 구획에 갇혀있던 15명은 원자로를 정지시켰지만 다른 구획으로 이동할 수 없었다. 후부에 남겨진 23명은 구조를 기다렸다.

그 주 초에는 러시아의 잠수함구난반이 활동을 개시했지만 쿠르스크와의 도킹에 실패하였고 영국과 노르웨이에 구조를 의뢰했다. 16일에 각각의 국가를 출발한 구조팀은 현장의 악조건이나 정치와 군사상 제약에 골머리를 썩이면서도 사고에서 10일이 경과한 21일에 쿠르스크의 후부탈출해치에서 내부로 들어갔다. 그러나 함내에는 이미 해수가 충만해있었다.

쿠르스크에 남겨진 승무원들은 사고에서 4~5일째에는 저체온증, 이산화탄소 중독, 질소 중독으로 전원 사망했다고 생각된다. 사고는 인적원인으로 일어난 것이지만 이산화탄소를 흡수하여야 할 이산화 칼륨이 물에 녹아버려 발화되는 바람에 함내에 산소를 급격히 감소시킨 것도 문제로 지적되었다.

# 제 5 장

# 그 외의 함정과 작전

No.080

# 하천포함이란 무엇인가?

하천포함은 큰 강을 순찰하기 위한 목적으로 건조된 군함이다. 제2차 세계대전 전의 중국에서 각지에 투입되었던 것으로 유명하다.

## ● 중국오지에서 활약한 군함

우리나라에서는 하천에 **군함**이 있는 풍경은 잘 떠올리기 어렵지만 대륙을 흐르는 큰 강이라면 꽤나 상류까지 배가 항행가능하다. 상류 즉 내륙부까지 선박이 들어간다면 육군을 지원할 수 있고 국토가 넓으면 긴 해안선을 커버할 함도 필요해진다.

이것도 일본과는 상황이 다르지만 육상의 인프라가 잘 되어 있지 않은 식민지 등에서는 하천이나 연안에 떠있는 군함은 쓸만하게 운용가능했다. 유역주변부의 초계는 군함으로 하는 편이 좋다는 것이다.

하천포함이란 이러한 수역에서 쓰이는 소형 군함을 말한다.

제2차 세계대전 전의 중국에서는 양쯔강이나 연안지역을 중심으로 각국이 포함을 투입했다. 이러한 함들은 강에서 운용되었기 때문에 흘수가 얕고 선체용적이 작지만 장기단독행동을 상정하여 상부구조물은 크게 되어 있다.

그런만큼 병장은 최소한으로 실려있어 전투보다도 시위활동이나 치안유지를 주임무로 하여 지휘소나 통신거점으로서 위치를 점하고 있었던 것을 알 수 있었다.

하천포함은 흘수가 얕고 높이는 높기 때문에 외양항해는 위험하다. 그렇기 때문에 본국에서 완성한 함을 일단 해체해서 현지에 가져와 거기서 다시 조립하는 일이 행해졌다.

일본과 연합국이 개전한 후에는 외양으로 이탈하지 못하고 중국각지에서 일본군에 나포당한 연합국측의 함이 많이 있었다.

현대에는 국토에 큰 강이 흐르는 남미의 국가 등에 하천초계정이라고 하는 함종이 존재한다. 이것들은 하천포함의 자손이다.

한편, 베트남전쟁에 있어 미군은 하천에서 육상의 게릴라를 토벌하기 위해 중무장한 리버보트를 운용하였다. 그러나 이것은 확실히 전투에 주안을 둔 군함이며 하천포함과는 성격이 다르다.

## 하천포함이란 무엇인가?

### ●하천포함의 활동수역

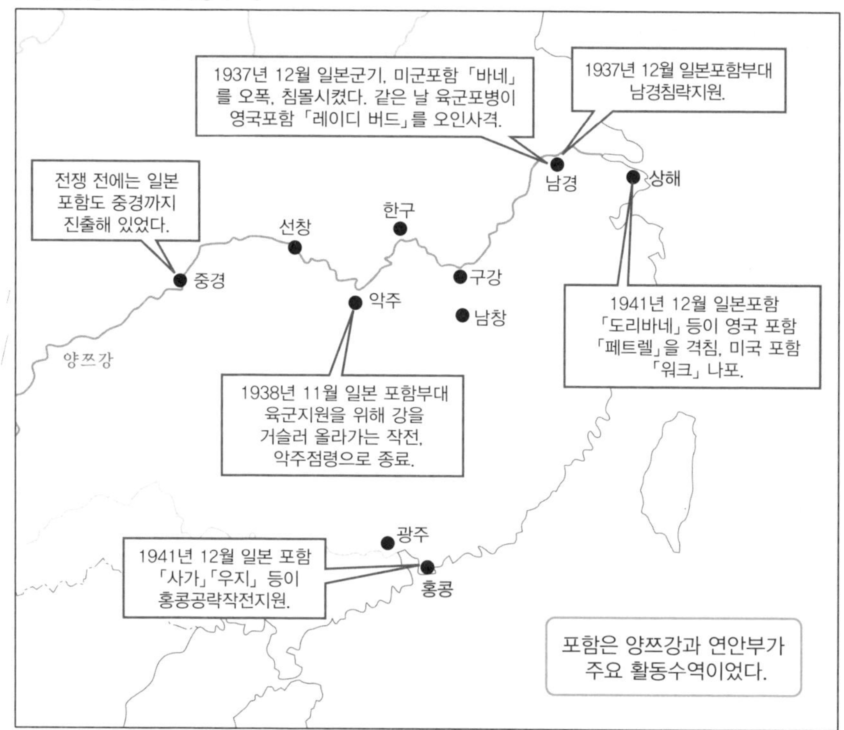


### 포함 「세타」

**배수량 : 330t　　속도 16노트**
**병장 : 8cm단장포x2, 7.7mm기관총x6**

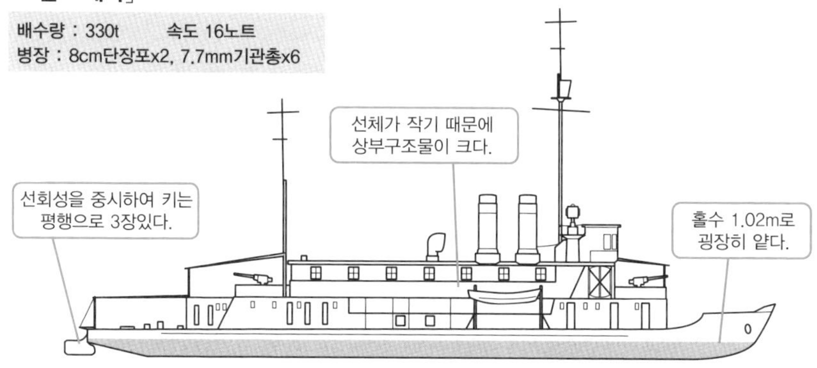


관련항목

●수상전투함은 어떻게 분류되는가? → No.025

No.081

# 프리깃이란 무엇인가?

프리깃이라는 함종은 범선시대부터 존재했었지만, 한때 사용되지 않게 되었고 그 후 소형 호위함의 명칭으로 부활했다.

## ● 대잠 • 대공임무를 주로 하는 호위함

「프리깃」이라고 하는 함종은 시대 혹은 국가에 따라 정의가 다르다.

범선시대에는 소형 · 쾌속으로 외양항행가능한 함이 프리깃이라고 불렸지만 그러한 함은 후에 **순양함**으로 불리게 되어 프리깃이라는 명칭은 차례로 사용되지 않게 되었다.

프리깃의 명칭이 부활한 것은 제2차 세계대전 시의 연합국측이 독일 잠수함에 대항하기 위해 호위함으로서 「패트롤 프리깃」을 도입한 때이다. 배수량 약 1,500t, 속력 약 20노트로 대잠임무를 주로 한다. 여기서 새로운 관례가 생긴 것이 대전이 끝난 현대에 이르기까지 영국에서는 미사일 구축함 이외의 구축함클래스의 함을 프리깃이라고 부르고 있다. 또한 프랑스에서는 구축함이라고 하는 단어를 사용하지 않기 때문에 구축함에 해당하는 함정을 모두 프리깃이라고 부르고 있다. 아무래도 유럽에 있어 프리깃은 「소형 외양항행함」이라고 하는 뉘앙스에서 온 것으로 생각된다.

한편 미국에서는 전시급조로 만든 프리깃을 축차처분하여 구축함의 정비를 진행함과 동시에 지휘 · 통신기능을 강화한 대형 선도구축함 레이히급(5,912t)을 건조하여 이것을 프리깃이라고 불렀다. 이후의 미국 프리깃은 **장거리 대공미사일**을 장비하고 대형화된 원자력기관을 탑재한 함도 취역하였다. 1970년대, 호위함 올리버 해저드 페리급(3,101)의 양산이 시작되어 종래의 호위구축함을 포함하여 이 함종이 프리깃으로 불리게 되었으며, 그때까지의 대형 선도구축함은 순양함으로 재분류되었다. 현재의 미국에서는 순양함보다 작은 군함, 대공 · 대잠임무를 수행하는 **소형 구축함**이라는 뉘앙스로 프리깃이라는 명칭을 사용하고 있는 듯 하다.

해상자위대에서는 프리깃이라고 하는 명칭은 사용하지 않지만, 세계수준에서는 유우기리형 등의 소형 호위함이 프리깃에 해당한다.*

*역주:한국에서는 울산급 호위함에 프리깃이라는 명칭이 붙는다. 일반적으로 FF로 표시한다.

## 프리깃이란 무엇인가?

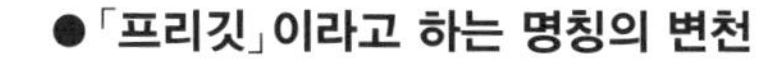

### ●「프리깃」이라고 하는 명칭의 변천

**프리깃(범선)**

한때 프리깃이라고 하면
소형·쾌속 범선을 가리키는
것이었다.

「바운티」
(18세기·영국)

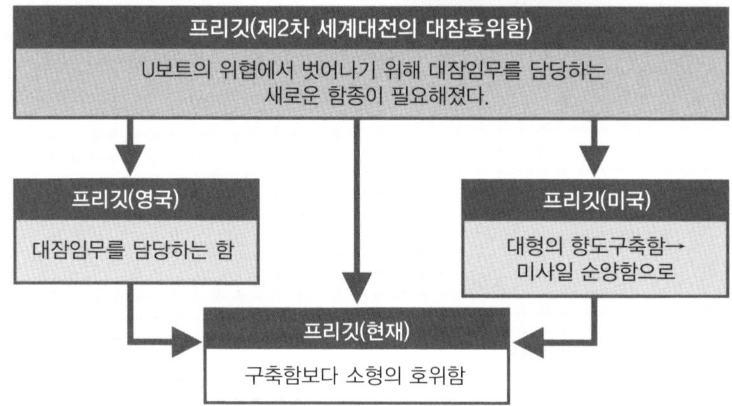


### ●현대의 프리깃

네덜란드의 데 제벤 급.
높은 대공능력을 지니고 있다.
기준배수량 4,400t.

전장 144m

해상자위대의 유우기리형.
대잠임무를 주로하는 호위함.
기준배수량 1,470t.

전장 91m

**국가에 따라 1,500t에서 4,500t정도까지로 기준이 명확하지 않다.**

관련항목

●순양함이란 무엇인가? → No.026
●방공용 미사일이란? → No.049
●수상전투함은 어떻게 분류되는가? → No.025

No.082

# 코르벳이란 무엇인가?

코르벳이라고 하는 함종도 프리깃과 마찬가지로 범선시대부터 존재해왔다. 현재는 주로 초계용함정을 부르는데 쓰인다.

## ●장래에는 중소해군의 주역으로?

범선시대, 코르벳은 **소형 군함**을 가리키는 단어였다. 크기순으로 전열함, 프리깃, 코르벳으로 불렸던 것이다.

근대에는 코르벳이라고 하는 함종은 모습을 감추었지만 제2차 세계대전 중에 영국에서 속력 16.5노트의 기주함 프라우급(1,000t)이 건조되어 코르벳이라고 불렸다. 이 시대의 코르벳은 프리깃 다음 사이즈의 호위함이라는 의미였던 것이었다.

이것은 대전 중에 200척이상 건조되어 **폭뢰나 해지호그**소형폭뢰투발 병기등을 싣고 대잠임무에 임했지만, 전시급조함의 성격이 강했다. 외양에서의 활동에는 너무 작아서 맞지 않아 점차 향상되어 가는 잠수함의 성능에 따라가지 못하고 모습을 감추고 말았다.

1950년대가 되자 배수량 1,000t미만으로 속력 20노트 전후의 함이 코르벳으로서, 프랑스, 소련, 서독이나 중소해군국에서 건조되었다. 이쪽은 연안경비나 어업보호, 소규모 분쟁이나 동란의 진압에 사용되었다.

그리하여 50년대 후반, 프리깃이 대형고속화 · 고성능화됨에따라 배수량 1,000t 이상, 속력 20~30노트의 대잠코르벳이 각국에서 나타나기 시작했다. 최근에는 대잠미사일이나 소형에 고성능 포를 장비한 함이 늘어나고 있다. 외양을 항행하기에는 미덥지 않지만 수상공격력이나 방어력은 문제없어 소형범용함으로서 쓰이고 있다.

스웨덴의 최신형 코르벳인 비스비 급(600t)은 다용도 미사일초계함이라고도 말할 수 있는 것으로 **워터제트 추진**을 채용하고 있다. 병장을 함내에 수납하고 있어 **스텔스성**은 꽤나 높고 설득력이 있는 외견을 하고 있는데다가 소형 헬리콥터를 탑재할 수 있기까지 하다. 이 함급의 등장으로 코르벳과 대형미사일함의 구별은 애매해지고 있다.

## 코르벳이란 무엇인가?

### ●제2차 세계대전 당시의 코르벳

영국의 캐슬급 코르벳. 전장 76m, 기준배수량 1,060t. 3단팽창식 증기기관, 속력 16.5노트. 동급을 포함하여 대량의 코르벳이 건조되어 선단호위임무를 맡았다.

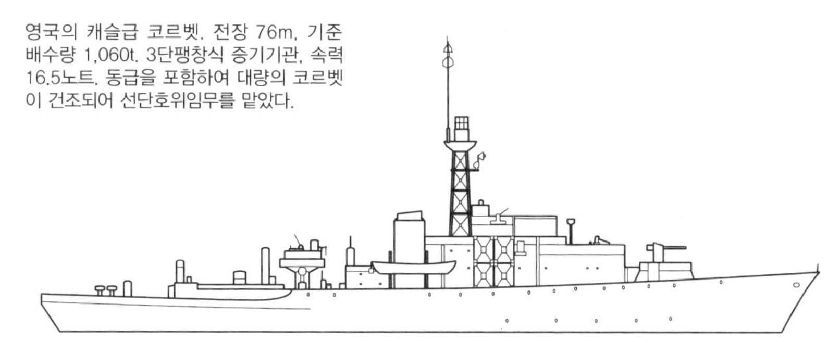

### ●최신형 코르벳

스웨덴의 비스비급 코르벳. 전장 72.8m, 기준배수량 600t. 가스터빈/디젤, 속력 40노트. 미사일발사기, 포신, 헬리콥터 등이 모두 격납되어 있어 높은 스텔스성을 실현하고 있다.

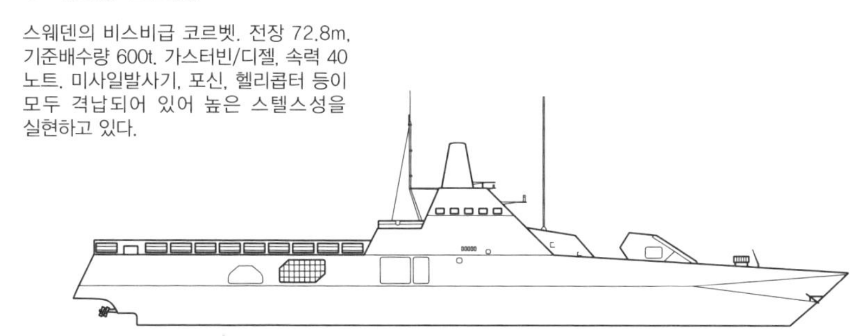

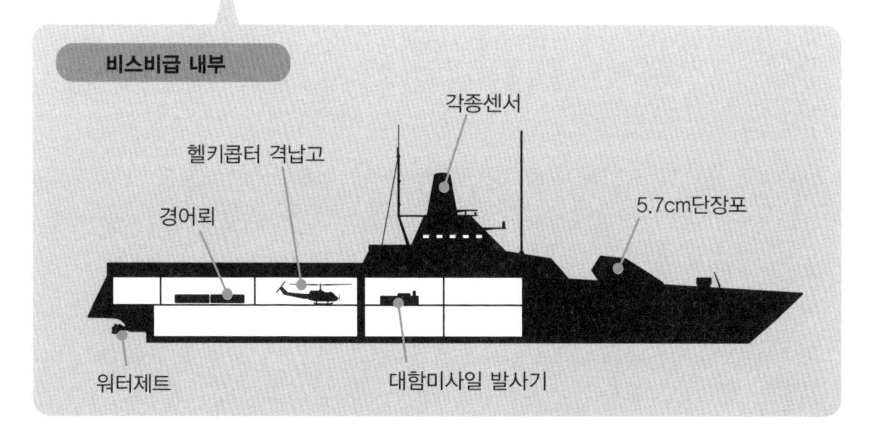


관련항목
●수상전투함은 어떻게 분류되는가? → No.025
●대잠병기에는 어떠한 것이 있는가? → No.040
●군함은 어떻게 앞으로 나아가는가? → No.013
●미래의 군함은 어떠한 장비가 되는가? → No.100

No.083

# 가장 순양함이란 무엇인가?

상선개조의 군함이 가장순양함이다. 정규 군함의 보조로서 어떻게 보면 교전법칙을 무시하고 상선에 의장을 씌운 해적선으로 활동했다.

## ● U보트 킬러인 Q쉽

전쟁에서 군함이 부족한 경우에 상선을 징용하여 가벼운 무장을 실시한 군함으로 하는 것이 본래의 「가장 순양함」이다.

제1차 세계대전 시 독일은 해군력을 이용하여 영국의 **해상통상로**를 위협했다. 독일해군의 주요 임무는 통상파괴전으로 영국측은 상선을 지키기 위해 더 많은 군함을 필요로 했다. 그래서 가장 순양함이 다용되었다.

영국의 가장 순양함에는 적함의 수색, 해상봉쇄, 선단호위의 3가지 역할이 부여되었다. 순항능력과 경제성이 뛰어났던 가장 순양함은 역할을 잘 수행했지만 적함과의 전투가 되면 경무장, 경장갑이었기 때문에 많은 희생을 내었다.

영국에서 유명한 가장 순양함은 소형 상선을 개조한 「Q쉽」으로 불리는 것으로 비무장으로 꾸며 부상해서 포격하려고 하는 **U보트**를 격침시키기 위한 군함이었다. 위험이 없을 것 같다면 잠수함은 고가의 **어뢰**를 절약하기 위해서 부상하여 부포로 공격하기 때문에 Q쉽은 많은 U보트를 무찌를 수 있었다. 한편, 독일은 가장 순양함을 적극적으로 공격에 이용하였다. Q쉽과 마찬가지로 타국선으로 보이게 하여 적국의 상선을 습격하였다. 무장은 격납고에 넣어두었고 충분히 접근한 다음 문을 열고 기습했다.

그중에는 창고에 정찰용 수상기를 격납하고 있는 함도 있었다. 제1차 세계대전에서 기범선 「제아들러」(1,500t) 등은, 대서양에서 태평양으로 세계각지에서 활약하며 16척의 상선을 격침하거나 나포했다.

독일은 제2차 세계대전에서도 가장 순양함을 이용했는데 그중 한척인 「코르모란」(19,900t)은 오스트레일리아의 순양함 「시드니」(7,000t)와 교전에 들어가 무승부를 내는 전과를 올렸다. 다른 가장 순양함은 **기뢰의 부설**, U보트에 대한 보급 등에도 이용되었지만 연합군이 초계기 등을 사용해서 해상감시를 강화하자 모두 제거당하고 말았다.

## 가장 순양함이란 무엇인가?

### ●가장 순양함의 한 예

독일의 통상파괴함 「코르모란」. 외견은 상선과 다름없다. 전장 167m, 기준배수량 19,900t, 디젤기관, 속력 18노트. 제2차 세계대전 초기에는 아직 중립국이었던 소련이나 일본의 상선으로 위장하여 남대서양에서 인도양에 걸쳐 통상파괴를 행하였다.

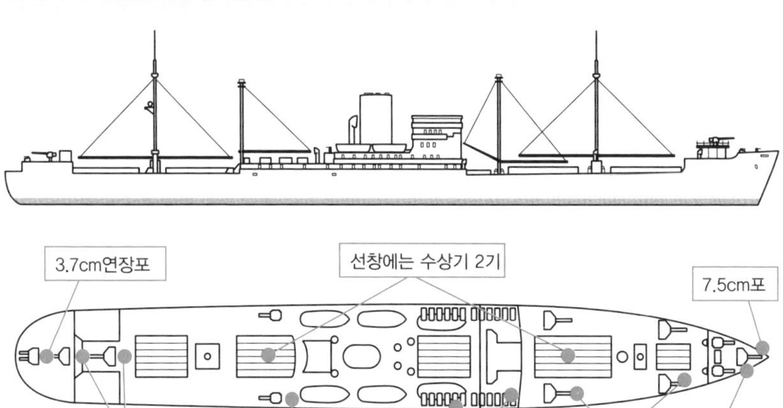

코르모란은 1940년 12월 3일에 독일을 출발하여 거의 1년간 통상파괴를 행하였다. 남대서양에서 인도양에 걸쳐 항해하며 11척의 상선을 침몰시키거나 나포하였다. 12번째 제물은 오스트레일리아의 순양함 「시드니」였다. 1941년 11월 11일 오스트레일리아 서안에서 교전, 적선을 대파(후에 침몰)시켰지만 자신도 침몰했다.

관련항목

●어째서 군함이 필요한가? → No.002
●U보트란 무엇인가? → No.070
●어뢰는 어떠한 병기인가? → No.038
●기뢰부설함과 소해정이란? → No.086

No.084

# 어뢰정이란 무엇인가?

일격필살의 어뢰와 작은배용의 고출력 기관이 개발됨에 따라 어뢰정은 실전에서 쓸만한 병기가 되었다고 할 수 있다.

## ● 바다의 갱

어뢰정의 선조는 수뢰정으로 그 최초의 것은 뱃머리에 폭탄을 붙이고 적선으로 돌진하는 물건이었다. 그러던 중 발명된 **어뢰**를 싣게 되었고 결국 가솔린기관이나 디젤기관이라고 하는 **고출력내연기관**이 발전함에따라 일명 고속어뢰정이 탄생하게 되었다.

어뢰를 주병장으로 삼는 수뢰정과 어뢰정은 비슷한 함종이며 양자를 가르는 기준은 미묘하다. 대강 말하자면 전자가 대형으로 외양항행가능(후에 구축함으로 발전하여 사라짐), 후자가 소형으로 고속이며 연안용이다. 혼동되는 경우도 많고 둘이 다른 것은 아니지만 관습적으로 일본해군에서는 명확하게 구별하고 있다.

어뢰정은 소형 고속을 살려 적함의 틈사이로 파고들어 일격이탈을 꾀하는 병기이다. 제2차 세계대전시기의 것들은 어뢰를 2~4발, 그 외에 기관총을 2~4기 장비하고 있다. 크기는 100t이하, 속도는 40노트전후였다.

전과를 올려 주목받은 것은 제1차 세계대전 무렵이었다. 이탈리아의 어뢰정 MAS(43t)는 오스트리아의 구식전함 「빈」과 「성 이슈트반」을 격침시켰다. 또한 영국의 CMB는 독일의 구축함이나 소련의 순양함 「올렉」 「드비너」를 격침시켰으며 전함에도 피해를 입혔다.

날카로운 공격력을 자랑하는 반면, 어뢰정은 적함의 반격에 당하기 쉽고 연안이나 군도에서밖에 사용할 수 없다는 단점이 있었다. 그러나 제2차 세계대전에서도 국지전에서 큰 활약을 펼쳤다. 미국의 PT보트(38t)는 남태평양의 섬들에 전개하여 **스리가오 해협전**에서는 야간에 일본 함대를 습격하여 승리에 공헌하였다. 독일의 S보트(100t)는 영국 연안에 출몰하여 상선을 공격하였지만 그 사이 영국의 MTB(40t)가 요격에 나서 어뢰정끼리의 싸움도 일어났다.

전후에도 어뢰정은 각국에서 쓰이고 있지만 1970~80년대에 대함미사일이 발달하면서 어뢰정은 **미사일정**으로 그 역할을 넘겨주며 폐지되고 있다.

## 어뢰정이란 무엇인가?

### ●제2차 세계대전 시의 어뢰정

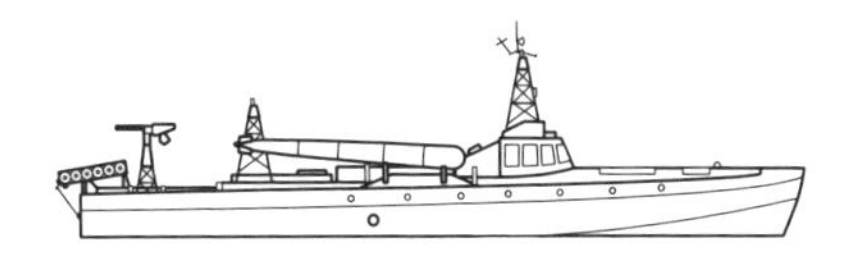

이탈리아의 MAS보트501형. 전장 17m, 기준배수량 21.5t. 속력 41노트. 45cm어뢰 4발을 탑재. 지중해 연안에서의 활동을 상정하고 있어 꽤나 소형이다.

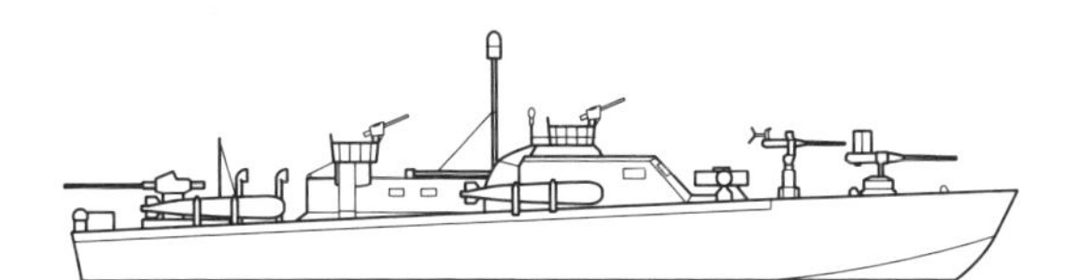

미국의 PT보트 ELCO형. 전장 24m, 기준배수량 38t. 속력 39노트. 53.3mm어뢰를 4기 탑재. 태평양 섬들에서 활동했다.

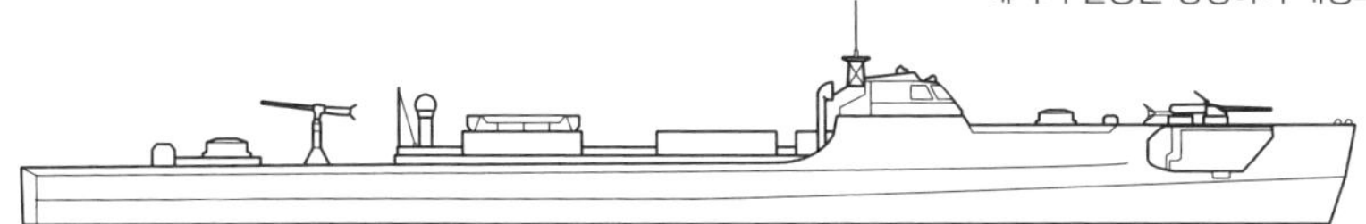

독일의 S보트 S26형. 전장 35m, 기준배수량 95.5t. 속력 39.5노트. 53.3cm어뢰 2기를 탑재. 거친 북해에서의 활동을 상정하여 대형화 되었다.

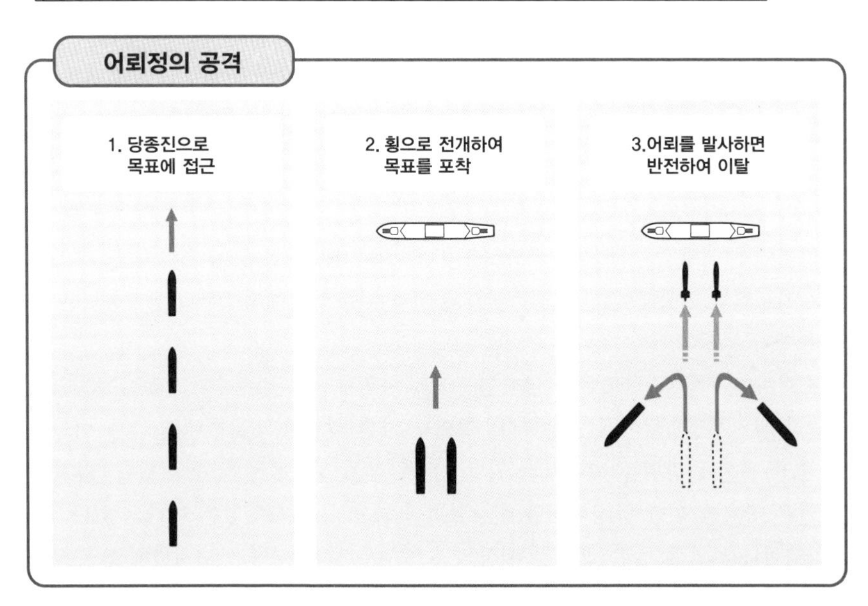


관련항목
●어뢰는 어떠한 병기인가? → No.038
●군함의 동력은? → No.011
●함대결전으로 전쟁을 끝낼 수 있는가? → No.024
●미사일정이란 무엇인가? → No.085

No.085

# 미사일정이란 무엇인가?

현대에 있어 대함미사일은 여러가지 의미로 우위성 · 효과성이 굉장히 높다. 그로 인해 미사일정은 세계 각지에서 대부분의 해군이 보유하고 있다.

## ●간단한 구조로 강력한 미사일을 탑재

미사일정은 어뢰정의 흐름을 잇는 함종으로 **대함미사일**이 개발된 후인 1960년대에 등장했다. 오래전부터 있던 어뢰정의 어뢰를 대신하여 미사일을 탑재한 것이다. 1967년에 이스라엘의 구축함 「에이라트」가 이집트의 미사일정에 침몰당한 사건은 너무나도 충격적이어서 미사일정의 배치는 이후 세계각지에서 가속화되었다.

그 후, 포와 고도의 사격관제장치도 갖추어 다른 배나 항공기와 연계할 수 있는 통신장치도 장비한데다가 미사일탑재수도 증가된 대형 미사일정이 등장하였다. 배를 대형화하게되어 더욱 고속을 낼 수 있게된 것과 함께 내파성도 좋아져 해상에서 장기간 운용하는 것도 가능해졌다.

현대의 미사일정은 전장 35m정도로 배수량 150t정도의 소형이지만, 전장 50~60m에 배수량 3000~5000t정도의 대형도 있어 후자가 주류로 되어가고 있다 (후자는 **코르벳**이라고 불리는 것도 있다).

선체는 강제 혹은 알루미늄합금제, 속력은 30~40노트로 주기관은 **디젤엔진**이 많지만, **가스터빈기관**을 채용한 함도 있다.

기관에 대해서 최근에는 하이드로포일수중익이나 **워터제트** 등이 채용되게 되어 더더욱 기동력이 향상되었다. 스텔스정도 등장하는 등 연안해역에서의 잠재능력은 점점 높아지고 있다.

소형정이기에 이 함종은 외양항행능력과 자위병장이 부족하다. 고속으로 일격이탈하는 전투방법밖에 불가능하다. 그러나 다른 함종과 비교하여 가격대 성능비가 좋기 때문에 방위를 위해서는 일단 미사일정을 생각하는 국가도 있다. 유복하지 않은 국가를 위한 함정이지만 미사일정에 가능성을 보고 있는 나라도 있다. 이스라엘이나 스웨덴 등은 프리깃 이상의 군함은 모두 폐지하고 미사일정을 주력으로 삼고 있다.

# 미사일정이란 무엇인가?

## ●미사일정의 구조

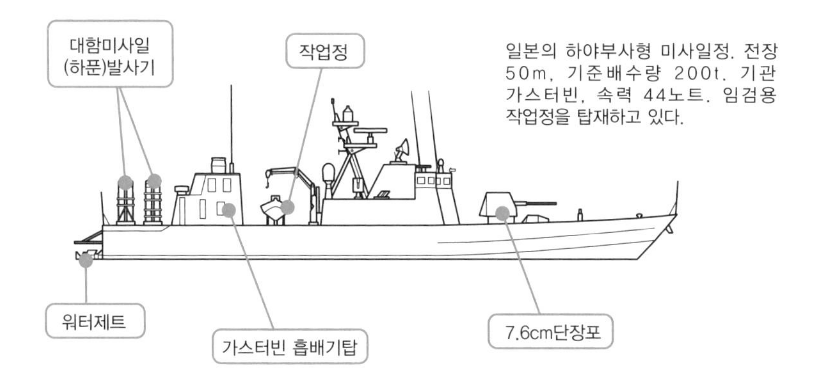


일본의 하야부사형 미사일정. 전장 50m, 기준배수량 200t, 기관 가스터빈, 속력 44노트. 임검용 작업정을 탑재하고 있다.

러시아의 나누체카급 미사일정. 전장 60m, 기준배수량 780t, 디젤기관, 속력 34노트. 대형의 대함미사일을 6발탑재하고 있는 것이 특징.

## ●장래의 미사일정

노르웨이에서 개발 중인 쉘급 미사일정. 전장 46.8m, 만재배수량 260t. 에어쿠션정으로 속력 57노트. 스텔스성을 중시한 함형이 특징.

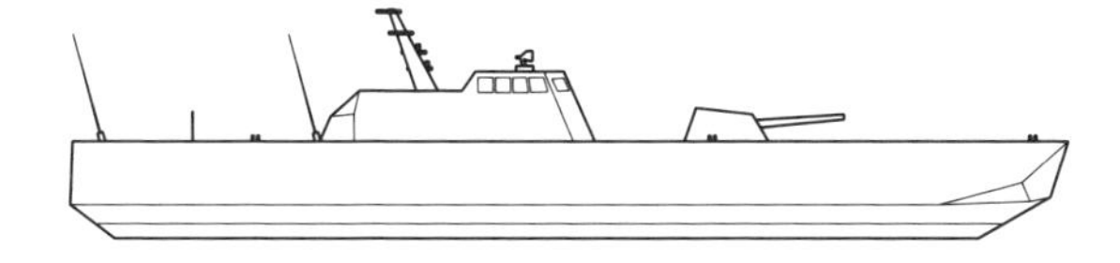

관련항목

●대함미사일에는 어떤 종류가 있는가? → No.048
●코르벳이란 무엇인가? → No.082
●군함의 동력은? → No.011
●군함은 어떻게 앞으로 나아가는가? → No.013

No.086

# 기뢰부설함과 소해정이란?

기뢰를 부설하는 것이 기뢰부설함이지만, 현대에는 항공기나 잠수함으로 그 역할이 옮겨가고 있다. 기뢰를 제거 무력화하는 것이 소해정이다.

## ● 기뢰에 의한 공방

기뢰는 함정에 접근이나 접촉하여 폭발하는 「바다의 지뢰」이다. 적군의 항로방해 혹은 항만의 봉쇄에 이용하는 공격적인 사용방법과 아군진지연안에 부설하면 적의 접근이나 해상작전을 저지하는 방어적인 사용법이 있다.

러일전쟁이 최초의 근대기뢰전으로 이때 일본 전함 2척, 러시아 전함 1척이 기뢰에 접촉하여 칠몰했다. 이후 각국에서 기뢰부설함이나 **소해정**의 정비가 진행되었다.

기뢰부설함에 대해서는 제2차 세계대전까지는 적진에 침입하여 요소에 기뢰를 뿌리고 돌아온다고 하는 전술이었다. 그를 위해 선체는 비교적 대형으로 그 나름의 무장을 갖추고 있었다. 이탈리아에서는 순양함에 기뢰를 탑재하였을 정도였다. 그러나 전쟁이 격렬해지면서 적세력권에서의 활동이 곤란해졌다.

기뢰부설이라고 하는 전술은 현대에도 유효하지만 기뢰부설함은 없어졌고 그 대신 항공기나 **잠수함**이 그 역할을 대신하고 있다. 아군진영연안이나 항만 등에 방어적인 목적으로 기뢰를 부설하기 위해서는 범용의 소형보트가 이용되고 있다.

지뢰를 제거하는 것이 귀찮은 것과 마찬가지로 뿌려진 기뢰의 처리도 간단하지 않다. 그래서 등장한 것이 소해정이다. 제2차 세계대전시기까지는 소해함이 그 역할을 맡았었다. 적세력권에서의 활동을 상정하고 구축함급의 함체와 무장을 갖추고 있었지만 이쪽도 현대에 와서 모습을 감추었다. 선체가 크게되면 아무래도 기뢰에 당하기 쉽기 때문이다.

지금은 흘수가 얕은 소형선박이 이용되고 있지만 이것은 접촉식 기뢰나 수압감음식 기뢰에 대응하기 때문이다. 또한 강철제 선체에 반응하는 자기감응식 기뢰에 대한 대책으로서 선체는 나무나 FRP로 만들어진다.

기뢰는 무차별공격을 하지만 값이 싸고 쉽게 부설할 수 있기 때문에 **시렌**sea lane **전략상**으로는 커다란 위협이 된다. 섬나라인 일본에 있어 기뢰의 제거는 굉장히 중요해지며 해상자위대에서도 큰 임무로 자리를 잡고 있다.

## 기뢰부설함과 소해정이란?

### ●기뢰의 종류

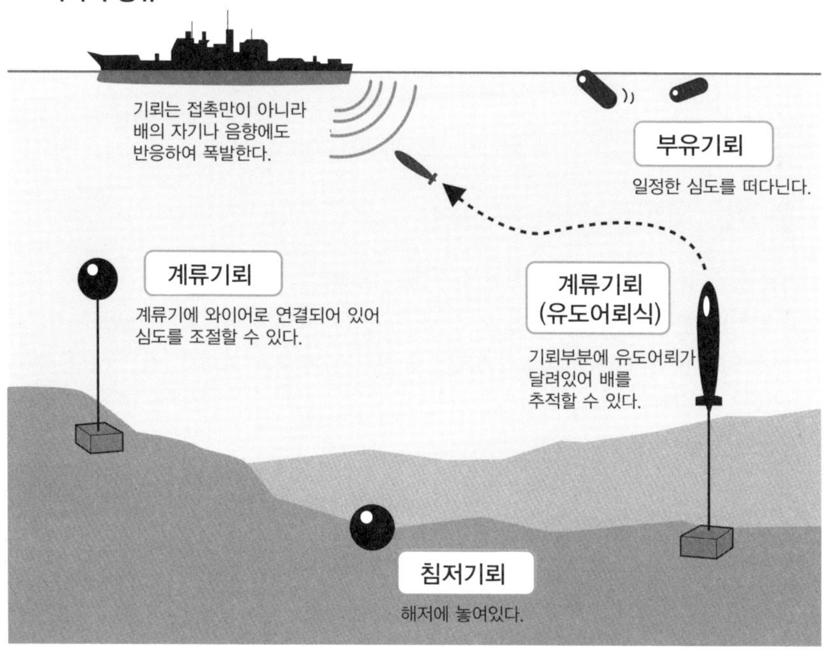


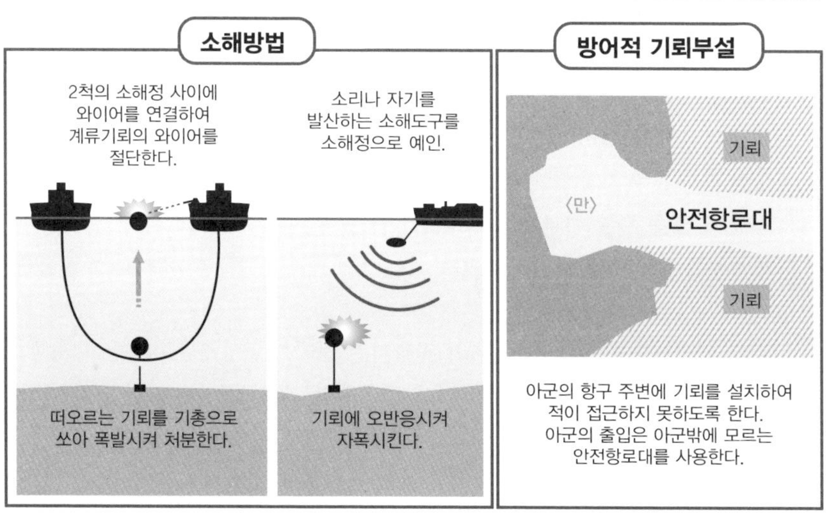


관련항목

●군함에는 어떠한 종류가 있는가? → No.003
●잠수함에는 어떠한 종류가 있는가? → No.068
●어째서 군함이 필요한가? → No.002

No.087

# 공작함이란 무엇인가?

항만설비가 갖추어지지 않은 전진기지에 있어 군함의 정비 · 수리를 행하는 함이 공작함이다. 넓은의미로는 떠있는 도크도 포함된다.

## ● 전국을 가르는 이동수리공장

공작함은 군함의 정비와 수리를 실행하는 움직이는 수리공장이다.

제2차 세계대전에 있어 일본 미국 양 해군은, **모항**에서 멀고 광대한 태평양을 주 전장으로 하였기 때문에 전진기지에서 정비와 수리를 시행하는 공작함은 중요한 위치에 있었다.

일본은 구식전함을 개장한 「아사히」(11,441t)와 신예공작함 「아카시」(10,500t)를 보유하고 있었다. 특히 아카시는 본토에도 없는 최신공작기계, 거기에 군속이나 민간인의 전문가를 다수 탑승시키고 있어 연합함대의 평시 연간공수의 40%를 단함으로 시행할 수 있을 정도였다.

이것을 본 미군은 아카시를 최우선목표로 삼고 공격하여 1944년 3월에 대파착저시켰다. 이미 아사히도 상실하였기 때문에 일본해군은 전선에서 수리능력을 상실했다.

한편, 미군은 「메두사」(8,125t) 등의 공작함을 보유하고 있었지만 그 외에도 다수의 떠있는 도크(부양선거)를 운용했다.

떠있는 도크란 직사각형의 상자모양에 중간이 움푹들어간 모양의 시설이다. 들어간 부분에 물을 채워 수리할 배의 바로 아래로 들어간 뒤, 떠오른다. 그러면 군함은 홀수아래가 노출되어 **건식 도크**가 없는 장소에서도 동등한 정비나 수리를 받을 수 있게 된다.

일본에서는 능력적으로도 열세여서 적극적인 전개는 없었지만 미군은 대형함도 입거가 가능한 떠있는 도크를 전선후방에 배치했다. 이것에 의해 거점인 하와이까지 회항할 필요없이 정비 · 수리가 가능해졌다. 떠있는 대형 도크는 분할하여 예인하는 것이 가능하여 전황에 따라 설치장소를 이동할 수 있었다.

전후, 전쟁형태의 변화와 세계각지의 항만설비가 수리에 사용될 정도로 충실해졌기 때문에 공작함은 폐지되었다. 미국에서는 구축함모함 등에 수리기능이 붙어있다. 떠있는 도크는 현재도 군대뿐 아니라 민간에서도 널리 사용되고 있다.

## 공작함이란 무엇인가?

**공작함 「아카시」**

배수량 : 10,500t
준공 : 1939년

전부연돌은 함내의 공장용이다. 기계공장, 조립공장, 담금질공장, 주조공장, 제련광물공장, 제련공장, 강공장, 용접공장, 목공공장, 병기공장, 전기공장, 공구실, 청사진실 같은 것이 있어 각종공작기계 114대, 평면적 2,236m², 공작부원 433명이라고 하는 강력한 공작능력을 자랑하였다.

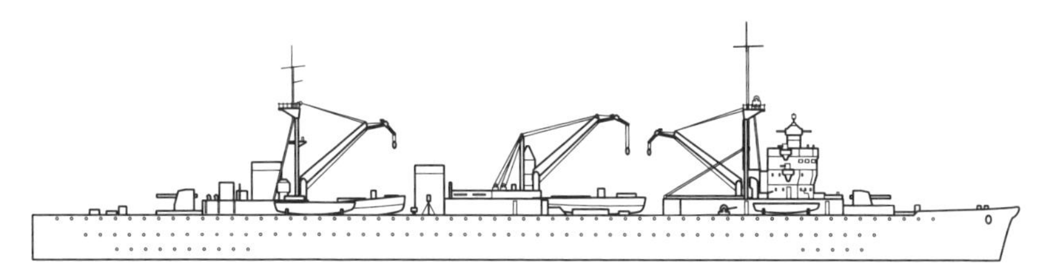

떠있는 도크를 가라앉혀 파인 부분에 배를 밀어넣는다.

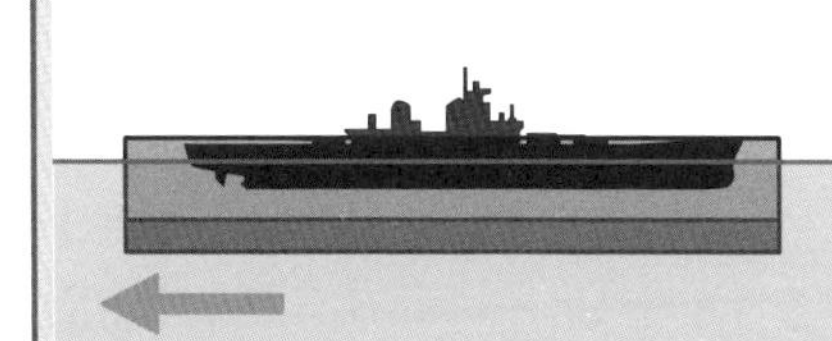

떠있는 도크를 부상시켜 함을 태우고 수면위로 나온다.

●떠있는 도크에서 수리중인 미국 전함 「캘리포니아」

1944년 9월 에스피리투산토(바누아투)에서. 미군은 대형함도 수리할 수 있는 떠있는 도크를 남태평양에 배치하여 하와이나 본토까지 귀환하지 않고도 수리할 수 있도록 하였다.

관련항목
●해군기지에는 무엇이 있는가? → No.022
●의장이나 공식이란? → No.008

No.088

# 보급함은 어째서 필요한가?

군함은 본래 근거지인 모항에서 떨어져서 작전행동을 할때가 많다. 작전을 유지하기 위해 보급함은 없어서는 안될 존재이다.

## ● 든든한 보급함

다른 함정에 보급물자를 보급하기 위한 군함이 **보급함**이다. 여기서는 단순한 물자수송함이 아니라 고도의 설비를 갖춘 보급함을 말한다. 이것이 있다면 조잡한 장비밖에 없는 항구는 물론 단순히 정박지(닻을 내리고 임시로 정박하는 장소)나 대양에서도 보급을 할 수 있다.

군함이 파견될 때나 함대가 원정을 떠날 경우 우선 문제가 되는 것이 각함의 항속거리이다. 도중에 연료나 물자가 끊이지 않도록 보급할 필요가 있다. 도중에 입항을 허가해주는 나라에 항구가 있어 다시한번 보급물자를 집적할 수 있다면 보급함은 필요없지만, 현실은 그렇게 잘 되지 않는 법이다.

보급함이 존재하게 되면 함대는 원하는 타이밍과 장소에 보급을 받을 수 있게 되어 원활한 작전수행이 가능해진다. 기항이 불필요해지는 것으로 적의 눈을 속이는 것이 가능해 질지도 모른다.

실례로서 1941년의 진주만공격에서 일본의 기동부대는 에토로프섬에서 하와이까지 편도 6,500km를 진격했지만, 이 함대에는 7척의 유조선(탱커)이 수반되어 **해상에서 급유**를 실시하였기 때문에 기습이 실현될 수 있었다.

또한 교전횟수 역시 한번만이 아닐 수 있다. 전선에 보급함이 있다면 연료나 탄약, 식량을 소비하는 함정은 보급가능한 항구까지 후퇴하지 않아도 된다. 이러한 경우 보급함을 수행시키는 쪽이 당연히 유리해진다.

**시렌**Sea lane**확보나 해상저지활동(해양에서 출입검사)**을 할 때 등, 장기간에 걸쳐 해역을 감시할 필요가 있는 경우, 보급함의 중요성은 더욱 커진다.

하나의 실례를 들어보자면, 인도양의 국제공동부대에서의 보급을 위해 해상자위대는 2001년부터 보급함을 파견하고 있는데, 그것은 전투함을 파견한 것보다 중요한 것으로, 각국에서 높은 평가를 받고 있다.

보급함이 없는 외양형 해군은 성립하지 않는다고 해도 과언이 아니다.

## 보급함은 어째서 필요한가?

### ●보급함의 종류

**급유함 · 유조함(AO)**

연료를 보급하는 함.
탱커.

**급병함(AE)**

무기·탄약을 보급하는 함.

**급량함(AFS)**

식량을
보급하는 함.

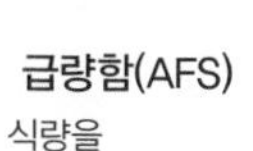

**화물탄약보급함(AKE)**

드라이카고를 중심으로
연료 등을 보급.

**종합보급함(AOE)**

종합적인 보급이 가능한 함.
최근의 대형 보급함의 주류.

인원합리화를 진행하는 미해군에서는
해군의 보급함 중 일부를 민간(군속)에
의탁하여 운행하고 있다.

### 보급함의 의의

해상보급을 시행하는 것으로 보급에 걸리는 시간을 크게 단축할 수 있다.
이것에 의해 전선의 전력감소를 피할 수 있다.
해상보급은 설비의 문제에서 민간선으로는 어렵다. 그렇기 때문에 전임보급함의 존재의의는 굉장히 크다.

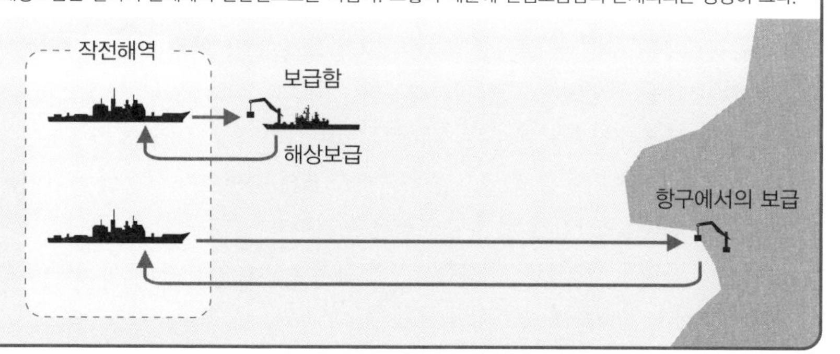


관련항목
●군함에는 어떤 종류가 있는가? → No.003
●보급은 어떻게 이루어지는가? → No.089
●어째서 군함이 필요한가? → No.002

No.089

# 보급은 어떻게 이루어지는가?

전투가 있다면 군함은 대량으로 물자를 소비한다. 그러나 돌아오는 시간이 아깝다면 바다위에서 보급을 받는 일도 있다.

## ●늘어나는 소모와 바다위에서의 보급

거대한 군함은 엄청난 양의 물자를 싣고있다.

예를 들면 전함 「**야마토**」(기준배수량65,000t)는 6,300t의 연료(중유)가 적재가능하며 만재시에는 항속거리가 약 13,000km나 된다.

탄약은 주포탄을 900발, 부포탄을 540발 실을 수 있다. 소비도 증가하여 레이테 해전에서는 전함 「**콘고**」(기준배수량 31,720t)는 주포탄 309발, 부포탄 347발, 고사포탄 2,128발, 기관총탄 50,230발을 소모했다고 한다.

식량에 대해서 항모 「미드웨이」(만재배수량 53,400t)는 육류 110t, 채소류 100t, 건조식품 700t, 유제품 30t을 탑재가능하지만 이것이 1개월반정도만에 소비되고 만다.

원자력함이라면 연료보급은 불필요하지만 **니미츠급 원자력항모**는 20년에 한번, 여러해에 걸쳐 연료봉교환을 받을 필요가 있다(최신예 포드급 원자력항모는 취역기간 중에 연료봉교환을 받을 필요가 없다고 한다). 그러나 원자력함이라고 하더라도 식량이나 탄약은 소모한 만큼을 보급받지 않으면 항해나 전투를 계속할 수 없다.

항구에 들어가게 되면 보급은 용이하지만 작전행동 시에는 이동하면서 해상에서 보급을 받는 일도 있다. **보급함**과 수급함(보급을 받는 쪽의 함을 가리킴)의 사이에 와이어를 연결하여 거기에 물자를 걸어서 넘겨 보급한다. 연료는 급유관을 연결하여 펌프로 수급함의 탱크에 직접 밀어넣는다.

보급함의 뒤에 수급함을 붙이는 「종인식」으로 하는 경우, 사고의 가능성은 낮아진다. 반면 속도는 낼 수 없게 되고 함끼리의 거리가 멀어지기 때문에 보급에도 시간이 걸리고 만다. 보급함의 옆에 수급함을 위치시키는 「횡인식」은 종인식보다 속도가 나오고 시간도 절약되지만 접촉사고의 위험성이 높아진다. 다만 현대에는 안전성이 우선시되기 때문에 종인식이 주류이다.

## 보급은 어떻게 이루어지는가?

### ●해상보급 방법

**연료보급**

※이 외에도 여러가지 방법이 있다.

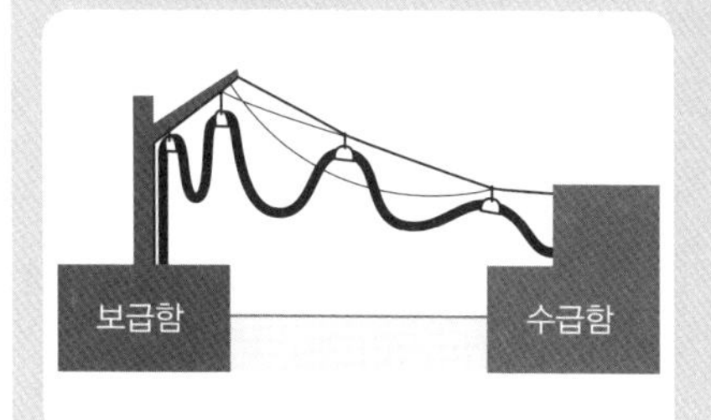


와이어를 함 사이에 걸고 거기에
연료파이프를 매달아 수급함으로 넘긴다.

**물자보급**

※현대에는 헬리콥터에 매달아 물자를
수송하는 경우도 있다.

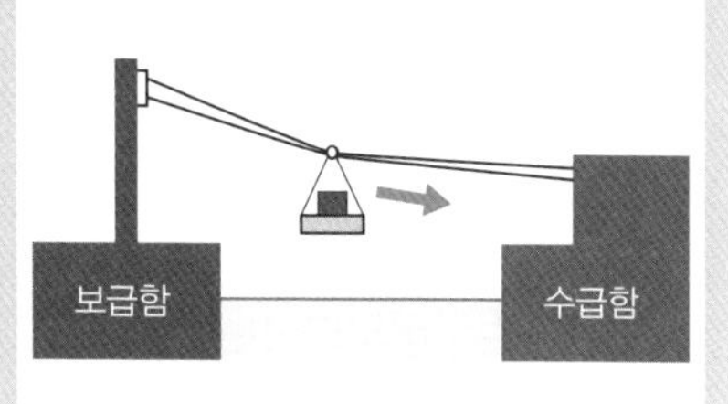


와이어를 함 사이에 걸고 케이블카를 설치.
짐을 실어 보낸다.

**종인식 급유**

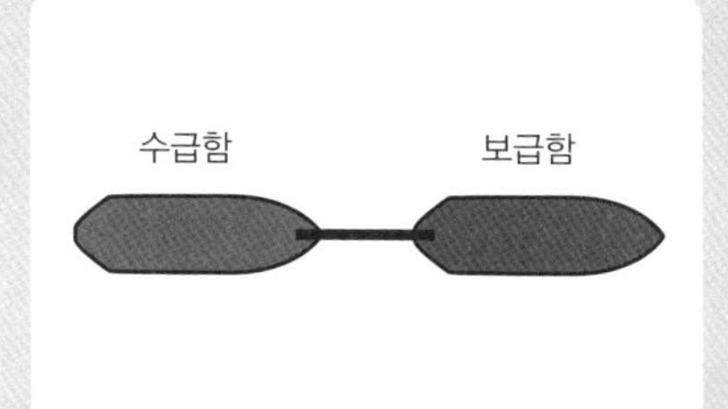


비교적 안전하지만
속력이 늦어질 수밖에 없다.
보급작전에 시간이 걸린다.
수급함에 해상보급설비가
없는 경우에 이용된다.

**횡인식 보급**

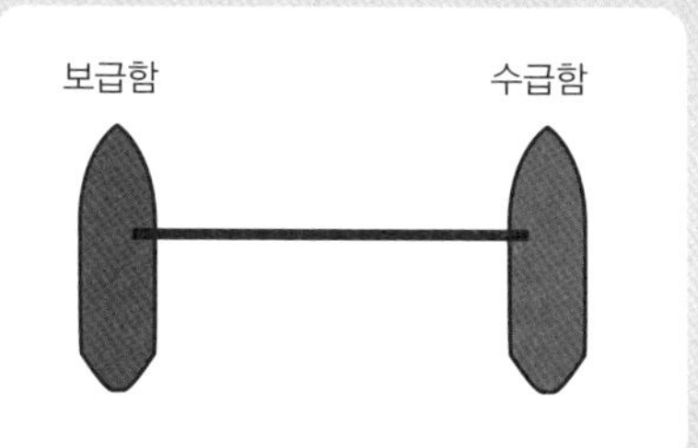


속도를 유지하기 쉽고
보급이 빨리 끝난다.
보급함의 양현에 수급함을 늘어세우게
되면 2함을 동시에
보급하는 것도 가능하다.
그럴경우 진로와 속도를 맞춰야만
하기 때문에 어렵다.

관련항목

●전함이란 무엇인가? → No.027
●군함의 스펙이란? → No.004
●대형항모는 어떤 능력을 지니고 있는가? → No.059
●보급함은 어째서 필요한가? → No.088

No.090

# 강습양륙함이란 무엇인가?

해안에 침공하여 적지에 아군지상부대를 수송하는 군함을 강습양륙함이라고 한다. 수송헬기나 양륙정을 이용하여 기갑부대를 상륙시키는 것도 가능하다.

## ● 제공 • 지상지원 • 상륙까지 수행하는 함

제2차 세계대전에서는 **전차양륙함**이라고 하는 함종이 존재했다. 선저가 평평하게 되어 있어 모래밭에 올라타 보병이나 전차를 내려놓는 것이 가능했다. **강습양륙함**은 그것보다 훨씬 더 거대한 함정으로 항모에서 발전한 것이다.

미국이 **카사블랑카급 호위항모**「세티스 베이」(7,800t)를 개장하여 이용한 것이 시초가 된다. 계속해서 에섹스급 항모를 개조하여 시험운용한 것을 거쳐 신설계의 이오지마급(만재 18,300t)이 1961년부터 취역했다.

1975년 취역한 타라와급(38,900t), 1989년 취역한 와스프급(만재 40,650t) 등에는 수송헬기 외에 **양륙정**이 배치되어 있다. 전차양륙함의 자손인 양륙정에는 주력전차도 탑재할 수 있어 사실상, 모든 육전병기를 양륙하는 것이 가능하다. 강습양륙함에는 거기에 V/STOL[수직/단거리 이착륙]기나 전투헬기까지 배치되어 있는 경우가 있어 제공 · 항공지원능력을 함께 갖추고 있다. 그중에도 미국의 신예강습양륙함은 대형항모급의 크기여서 V/STOL기의 해리어도 최대 20기 탑재가능하다. **외국의 경항모** 이상의 실력을 갖추고 있는 함인 것이다.

강습양륙함에는 본래 복수의 함종이 담당하고 있던 기능이 통합된 것이여서 만능함적인 성격을 갖고 있다. 단함으로 행동하여 상륙작전의 준비는 크게 간략화되었고, 작전실행시의 제부대연계도 원활해졌다.

미국 이외에는 영국, 프랑스, 이탈리아, 스페인이나 한국도 강습양륙함을 보유하고 있어 그 외의 국가에서도 채용을 예정하고 있지만 강습양륙함이라 이름붙어 있더라도 사이즈나 기능은 제각각이다. 적어도 미국의 와스프급의 실력과는 비교할 수 없다.

참고로 강습양륙함의 선구자로는 일본육군이 1934년에 준공한「신슈마루」(7,100t)의 이름을 들 수 있다. 이것은 항공기운용능력을 갖추었으며 선내에서 상륙용 주정을 발진시킬 수 있는 함이었다.

## 강습양륙함이란 무엇인가?

**강습양륙함「와스프」**

배수량 : 만재 40,532t
속력 : 23노트

함미에 해치가 있어
함내의 양륙정을 발진시킬 수 있다.

비행갑판에서 헬기, V/STOL기를 운용.

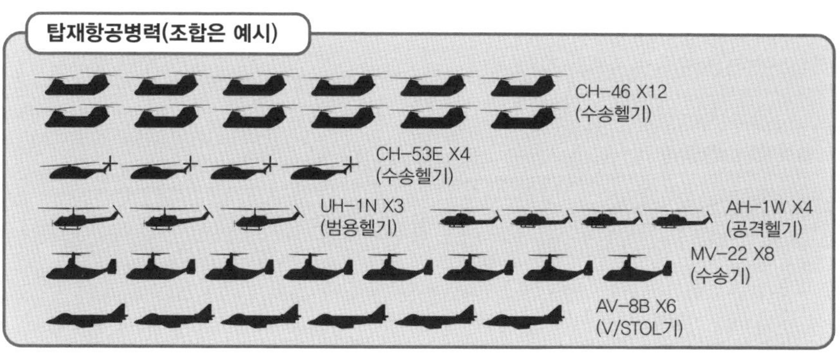


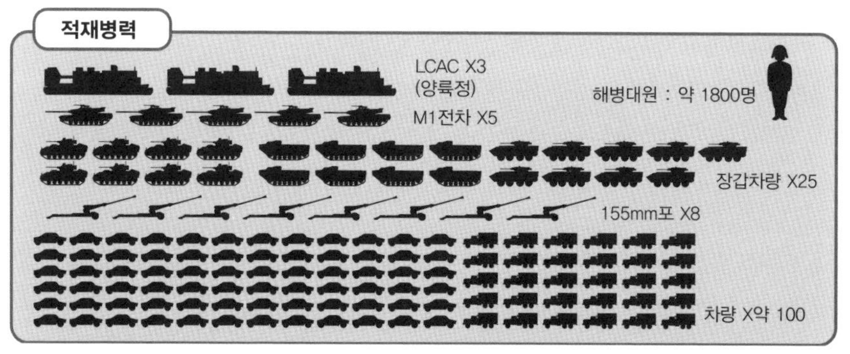


### 관련항목

●군함에는 어떤 종류가 있는가? → No.033
●제2차 세계대전 시의 터무니없는 항모란? → No.062
●호버크래프트는 군함의 동료인가? → No.091
●미국 이외에 항모를 보유하고 있는 국가는 있는가? → No.060

No.091

# 호버크래프트는 군함의 동료인가?

고속으로 물위와 땅위를 달리는 호버크래프트는 전후에 실용화되었다. 해군에서는 그 특성을 살려 주로 양륙정으로서 사용하고 있다.

## ● 양륙정으로서의 활약

호버크래프트는 공중에 떠있기 때문에 기계적으로는 항공기의 동료이다. 그러나 운용상으로도 방법적으로도 함정으로 취급받는 경우가 많아 **에어쿠션정**이라고 불리기도 한다.

가장 초기의 호버크래프트군함은 초계정으로 미해군이 베트남전쟁에 투입했지만 소음이 심하고 약했기 때문에 일부에서밖에 사용되지 못했다.

그 후 본격적으로 채용된 것은 양륙정으로서이다. 양륙모함이 해안에 가까이 가게 되면 지상에서 미사일공격을 받게 되는 경우가 있지만 고속의 호버크래프트라면 더 먼거리에서 발진할 수 있다.

더욱이 종래의 양륙정이 상륙지점에 올라가면 멈춰버리는 것에 비해 호버크래프트는 지상도 활주할 수 있어 **내륙까지 고속진공**할 수 있다. 또한 장해물(높이차이)도 극복할 수 있기 때문에 진공가능해안도 늘어난다.

미국은 LCAC-1급 에어쿠션양륙정(100t)을 1984년부터 취역시켜 **강습양륙함** 등에 탑재하고 있다.

소련은 미국보다 빠른 70년대 후반부터 몇종류의 에어쿠션양륙정을 실용화시켰다. 양륙함에서 발진하는 타입도 있지만 모함을 이용하지 않고 단독으로 사용하는 대형양륙정도 운용되고 있다. 군용으로 최대급 호버크래프트라고 할 수 있는 즈불(NATO코드 : 포모르니크)급 에어쿠션 소형 양륙함(415t)은 병력 360명 혹은 주력전차 3량 혹은 장갑차 8량을 탑재할 수 있으며 미사일이나 로켓탄으로 상륙부대 원호도 가능하다고 한다.

호버크래프트는 악천후에 약하고 항속거리가 짧기 때문에 외양항해에는 맞지 않는다. 굳이 말하자면 바다보다 육전에 맞는 병기인 것이다. 소련 그리고 현재의 러시아에서는 흑해나 카스피해 등 내해에서 사용을 상정하고 있으며 지근거리에서 기습적으로 사용하는 것을 전제로 하고 있기 때문에 외양성능이 그다지 문제시되고 있지는 않다.

## 호버크래프트는 군함의 동료인가?

### 호버크래프트 양륙정의 이점

종래의 양륙정은 모래밭에 멈춰서게된다.

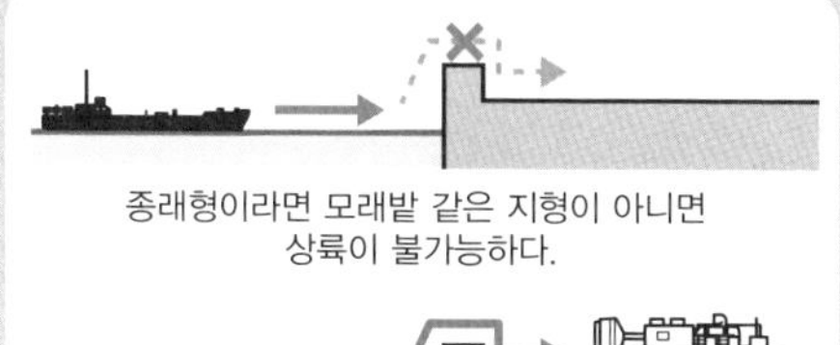
종래형이라면 모래밭 같은 지형이 아니면 상륙이 불가능하다.

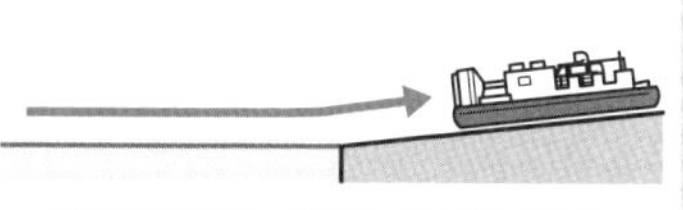
호버크래프트는 그대로 상륙가능하다.

호버크래프트라면 상륙할 수 있는 지형이 많다.

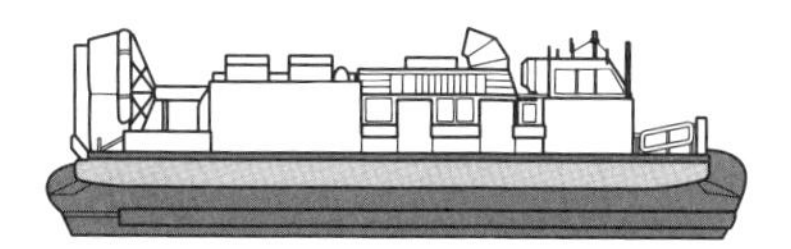

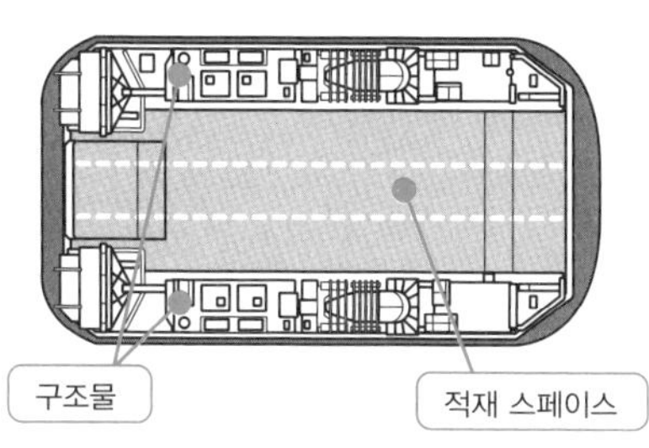


### 에어쿠션양륙정「LCAC-1」

**배수량 : 약 100t　최대속도 : 40노트이상**
**전장 : 24.7m　전폭 : 13.3m**

구조물은 함의 좌우에 나뉘어 있어 중앙부는 평평한 적재공간이 되어 있다. 전차 1량 혹은 장갑차 4량을 탑재가능.
양륙함에 탑재되어, 거기서 발진하는 것을 전제로 하고 있다. 미해군 외에 해상자위대에서도 채용하고 있다.

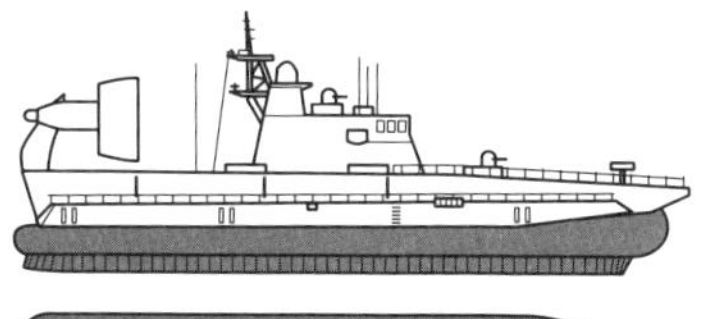

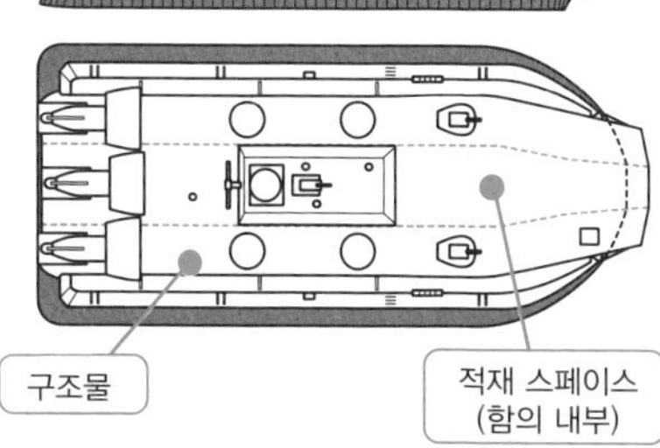


### 에어쿠션 양륙함「즈불」

(NATO 코드 : 포모르니쿠)

**배수량 : 415t　최대속도 : 63노트**
**전장 : 57.3m　전폭 : 25.6m**
**무장 : 4연장 대공 미사일 발사기X4**
**30mm CIWS X2**
**22연장대지 로켓발사기X2**

함의 중앙내부가 적재 스페이스로 되어 있다.
전차 3량 혹은 장갑차 8량을 탑재가능.
해상에서 자력항행하여 상륙지점까지 가는 것을 상정하고 있기 때문에 LCAC와 비교하여 4배나 되는 크기를 지닌다. 세계 최대의 에어쿠션 양륙함이며 상륙부대를 지원하기 위한 강력한 무장을 보유하고 있다.

관련항목

●군함은 어떻게 앞으로 나아가는가? → No.013
●강습양륙함이란 무엇인가? → No.090
●해병대는 해군과 다른가? → No.093

No.092

# 반잠수정이란 무엇인가?

선체의 대부분을 잠수시킨 채 항행하는 것이 반잠수정이다. 잠수함과 수상함의 중간적인 위치에 있는 대용병기로 기습이나 잠입임무에 이용된다.

## ● 공작원이 애용하는 특수함

반잠수정은 일부 구조물만 물위에 나오고 선체의 대부분은 수면아래에 잠겨있는 채 활동하는 선박을 말한다.

넓은 의미로는 처음부터 물위 구조물을 적게 만든 함을 포함하는 것이지만 일반적으로 **잠수함**과 같은 의미로 심도조절장치를 장비하고 있는 것을 가리킨다. 관광용 배에 사용되는 반잠수정은 통상설계의 배의 흘수아래에 전망창을 설치하는 것으로, 여기서 말하는 반잠수정에는 포함되지 않는다.

반잠수정의 이점이란 동등한 기술레벨의 잠수함보다 빠르게 건조할 수 있고, 코스트도 낮으며 수상함에게 발견되기 어렵다는 점을 들 수 있다.

반면 능파성凌波性:파도를 가르는 능력이 나쁘고 잠수함보다 발견당하기 쉽다.

반잠수함은 군용으로서 어정쩡한 성능으로인해 역사적으로도 영국의 「웰프레이터」, 독일의 「네거」 등, 실용화된 함은 소수에 불과하다. 제2차 세계대전 말기에 일본육군은 「5식 반잠공격정하세정」(4t)을 건조했다. 이것은 자살공격병기였지만 종전에 의해 실전에 투입되지는 못했다.

현대에는 북한이 반잠수정을 적극적으로 채용하고 있다. 이쪽은 가상적국의 잠입공작에 잘 사용되는 것으로 프로그멘(수중공작원)을 운송하기 위해 개발된 웰프레이터와 같은 계열의 군함이다.

장기간의 항해가 가능한 구조는 아니기 때문에 한국으로 스파이를 내려보내거나 회수하기 위해 사용되는 것 같다. 더 먼나라, 예를들면 일본으로 잡입시킬 경우에는 어선으로 위장한 모함에 수납해서 내려온다.

이 반잠수함이 잠행하게 되면 물위에 노출되는 높이는 60~70cm정도가 된다. 선체에는 **스텔스도료**가 칠해져있어 **레이더**에 포착되기 어렵다.

북한은 반잠수정을 **어뢰정**으로서 운용하고 있는 것으로도 보여 어뢰 2발 탑재가 능한 반잠수정을 이란에 수출하였다고 한다.

## 반잠수정이란 무엇인가?

**이점 1**

반잠수정과 같은 사이즈의 일반선박과 비교해보면 반잠수정은 투영면적이 극단적으로 적기 때문에 레이더에도 눈으로도 발견하기 어렵다.

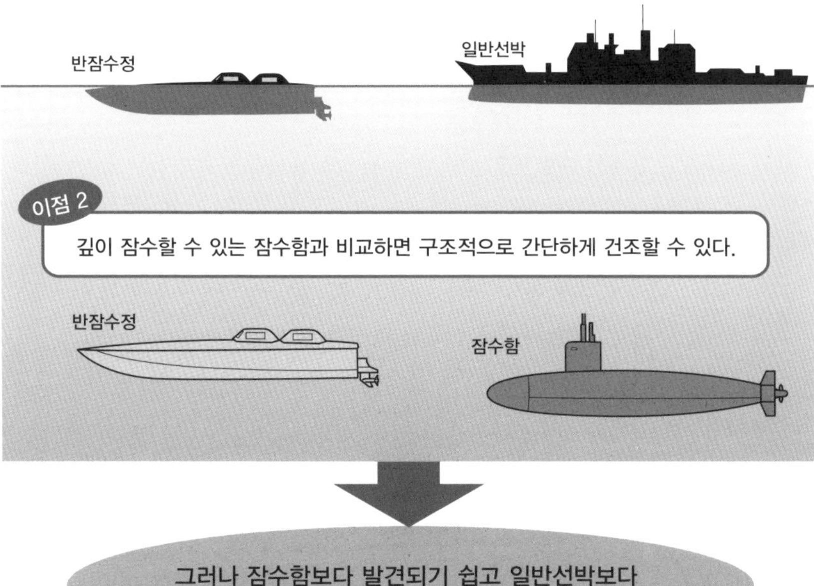


**그러나 잠수함보다 발견되기 쉽고 일반선박보다 능파성이 나쁘다는 결점도 있다.**

### 고속 반잠수정(북한)

배수량 : 11t
전장 : 12.5m　　전폭 : 2.9m
높이 : 1m　　중량 : 11.5t
속도 : 40노트이상
수송인원 : 8명

1998년에 한국에 발견 격침된 타입. 스텔스도료를 도포하였고, 간이잠수능력도 갖고 있다. 일제 GPS장치나 무전기도 탑재하고 있어 그 이전에 알려진 반잠수정보다 성능이 향상되어 있다. 또한 자폭용·자살공격용의 폭약도 준비되어 있다.

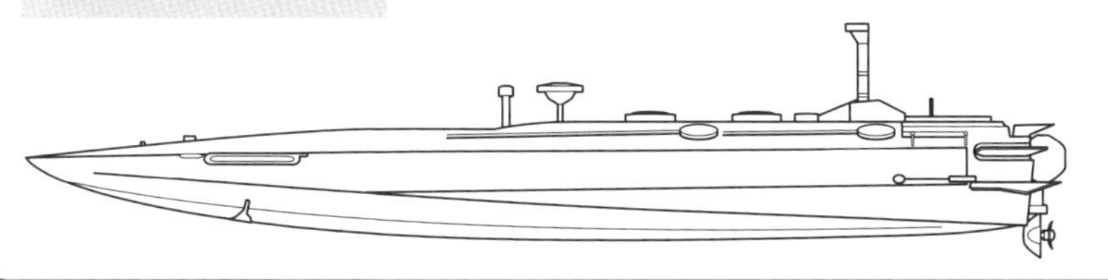

관련항목


- 잠수함이란 무엇인가? → No.065
- 미래의 군함은 어떤 장비가 되는가? → No.100
- 색적은 어떻게 하는가? → No.031
- 어뢰정이란 무엇인가? → No.084

No.093

# 해병대는 해군과 다른가?

본래의 해병대는 해군에 소속된 육전병력을 의미했지만 그 유명한 미해병대는 독립군으로서 다루어지고 있다.

## ●예나 지금이나 돌격부대

범선시대의 군함에는 육박해오는 적함에 사벨로 돌격하는 백병전부대가 있었다. 혹은 배의 승조원 중에 육전대를 임시편제한 것, 해군소속의 군인이 식민지 항구의 경비를 할 경우 해병이라고 불렸다.

1537년에 스페인의 카를로스V세가 편제한 해군보병은 함에서 독립된 항구부대였다. 부여된 임무도 **강습양륙**이라고 하는 현재의 해병대와 동일한 내용으로 이것이 근대적인 해병대의 뿌리이다. 그래서 스페인 해병대는 가장 오래된 역사를 지닌 해병대이다.

해병대는 **상륙작전**을 주목적으로 하는 수륙양용부대이다. 현장에 대한 작업은 육전이지만 육군측의 스킬이나 장비로 커버가능한 임무는 아니고 아군함정과의 연계도 불가결하기 때문에 해군주도로 편성되어 있는 경우가 많았다(제2차 세계대전시기의 일본에서는 육군이 대규모 양륙대를 편성하고 있었다).

상륙작전 외에 긴급전개, 해군시설이나 대사관의 경호, 임검 같은 임무를 수행한다. 상시 최전선에 배치되어 임무내용도 엄격하기 때문에 해병대는 최정예로 강력한 특수부대와 동격으로 다루어지는 경우도 적지 않다.

세계에서 가장 유명한 것은 **미해병대**로 병력도 실적도 뛰어나다. 육해공에 이은 제4군으로 취급되지만 조직상으로는 해군성에 소속되어 있고 예산도 해군의 일부로 계산된다. 제2차 세계대전 이후, 커다란 전과를 올려 긴급전개군으로서 미국의 전략을 담당하고 있다.

**러시아 해병대**는 해군에 소속되어 정식으로는 해군보병이라고 한다. 1960년대에 현재의 편제가 되어 정예부대로서 통상의 육전에도 종종 참가한다. 현재는 미국정도의 규모는 아니고 12,000명정도이다.

영국해병대는 한때 각국이 규범으로 삼았다. 3개의 여단을 중심으로 하는 상륙작전용 경보병부대이다. 이 세나라 이외의 국가의 해병대는 소규모이다.*

*역주 : 한국 해병대는 27,000명 이상에 2개사단 1개 여단으로 러시아를 압도하는 규모로 병력/장비상 세계2위의 해병대이다.

## 보병대는 해군과 다른가?

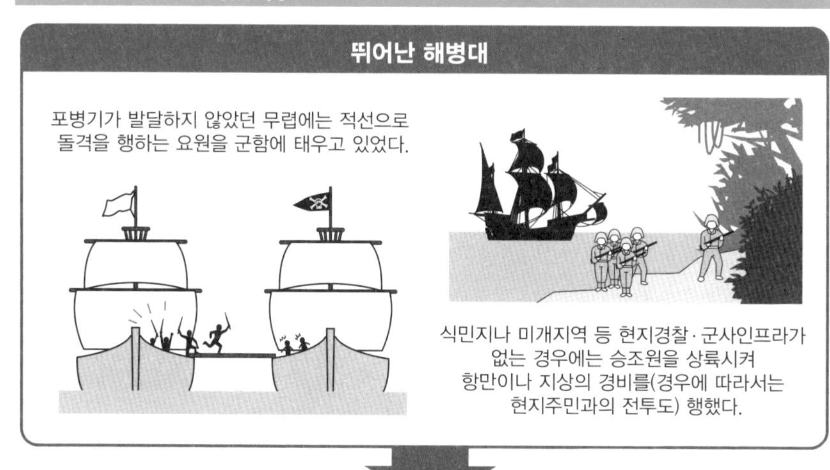


이것이 모체가 되어 육상전투를 주안으로 하면서도
해군과 긴밀한 연계가 필요한 상륙작전을 주임무로하는 보병부대가 편성되었다.

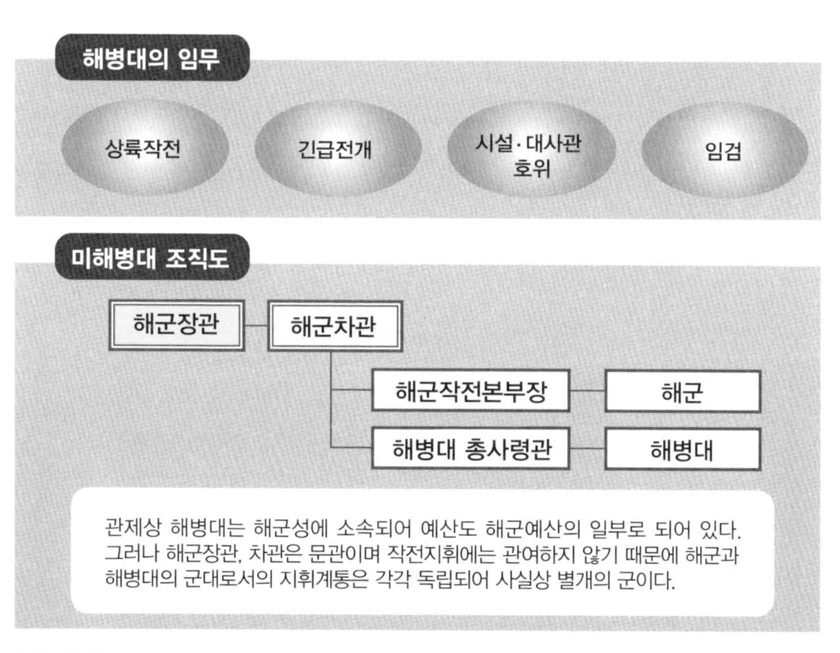


관련항목


- 강습양륙함이란 무엇인가? → No.090
- 상륙작전이란? → No.095
- 해병대는 엘리트인가? → No.094
- 호버크래프트는 군함의 동료인가? → No.091

No.094

# 해병대는 엘리트인가?

해병대의 주임무인 강습양륙은 기다리고 있는 적의 정면에 뛰어드는 위험한 작전이다. 따라서 해병대는 일반적으로 강력한 정예병력일 것이 요구된다.

## ●항상 최전선에 서는 병사들

**상륙작전**에 임하는 해병대는 교두보(적지에 만들어진 거점)를 확보하거나 제압지역을 확대해간다고 하는 가장 괴로운 시기의 전투를 담당하지 않으면 안 된다. 필연적으로 높은 숙련도가 요구되며 훈련도 엄격해진다.

또한 수륙양용작전에서는 육군과는 다른 독자적인 장비도 취급하는 일이 있다.

**해병대**의 대표격인 미해병대에서는 상륙 시의 항공지원을 원활하게 행하기 위해 독자적인 항공병력을 보유하여 수송기나 수송헬기는 물론 전투헬기나 V/STOL수직/단거리 이착륙기, 혹은 전투공격기를 운용하고 있다. 단 병기는 언제나 최신예를 갖추고 있는 것이 아니라 오히려 구식장비를 사용하는 등 신뢰성을 중시하는 것이 특징이다.

미해병대는 미해군의 기본전략인 바다에서 육지로의 전력투입에 의해 항모와 함께 하는 것을 요구받는다. **항모기동부대**와 해병대를 태운 **강습양륙함**의 조합에 의해 미국은 상륙에 적합한 해안이 있다면 세계 어디라도 상륙이 가능하다. 항공부대만으로는 불가능한 "점령"이 실현될 수 있는 것은 전쟁 이외의 외교전략에 있어서도 큰 의미가 있다.

## ●이오지마의 성조기

미해병대의 역사상 가장 특필할만한 것은 1944년의 이오지마 전투이다.

당시에는 3개 해병사단, 실제로 일본군의 3배이상의 전력이 투입되어 일본군을 상회하는 약 28,000명의 사상자가 나오며 점령에 성공한다.

이 시기에 촬영된 성조기를 세우는 해병대원의 사진은 세계적으로 유명하며 알링턴 국립묘지 부근의 해병대기념비의 모티브가 되었다.

그들의 이오지마에 대한 기억은 강렬하여 강습양륙함에는 2대에 걸쳐「이오지마」라는 함명이 붙여졌다.

## 해병대는 엘리트인가?

### ●미해병대의 장비

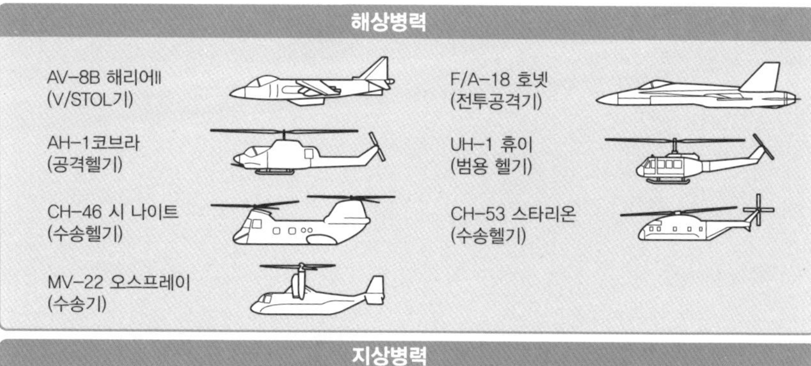

강습양륙함은 해군에 소속되어 있지만, 사실상 해병대전용함이라고 할 수 있다.
또한 긴급한 파견에 대응하기 위해 병기, 물자를 탑재한 사전집적선이 항상 대기하고 있다.

육해공에 대응할 수 있는 장비를 지니고 상륙작전을 즉시 실행할 수 있는 태세를 갖추고 있다. =수륙양용부대로서 특화되어 있는 정예.

### ●이오지마의 성조기

격전 중인 2월 23일에 조 로젠탈이 촬영. 1945년도 퓰리처상 수상. 해병대뿐 아니라 전쟁 그 자체의 상징적인 존재가 되었다.

**이오지마 공략전 (1945년 2월~3월)**

미군참가병력 (약 61,000명)
제3,4,5 해병사단

일본군 참가병력 (약 21,000명)
오가사와라 병단, 해군부대

미군 손해
사망 6,821명(그중 해병 5941명)
전상 21,865명(그중 해병 19,920명)

일본군 손해
전사 19,900명
전상 1,033명

관련항목
●상륙작전이란? → No.095
●해병대는 해군과 다른가? → No.093
●대형항모는 어떠한 능력을 지니고 있는가? → No.059
●강습양륙함이란 무엇인가? → No.090

No.095

# 상륙작전이란?

적 세력하의 해안부에 해상에서 침공하여 육군병력을 상륙시켜 교전하여 필요에 따라 요충지를 점령한다. 이것을 상륙작전이라 한다.

## ●중요하지만 난이도가 높은 작전

바다에서 한정된 전력을 상륙시켜 적의 영토를 빼앗는 것이 **상륙작전**으로 근대전에 있어 상륙작전의 첫번째 예로서 제1차 세계대전의 가리폴리 상륙작전을 들 수 있다. 그 후 제2차 세계대전의 태평양전쟁에서 노하우가 확립되었다.

적이 기다리고 있는 곳에 차폐물도 없는 바다에서 침공하기 때문에 침공측에 큰 손해가 나올 가능성이 있다. 그렇기 때문에 육해공군이 연계하여 충분한 지원을 행해야 할 필요가 있다.

우선 항모나 기지에서 항공부대로 항공우세를 확보하여 다음으로 지상공격과 함포사격으로 상륙지역에 사전공격을 행한다. 1944년의 **이오지마 전투**에서 미군은 일본군의 지하진지에 유효한 타격을 주지 못하여 상륙 후에 고전했다.

그 후에 상륙부대를 보내는데 **양륙함**이나 **양륙정**을 해안에 올려보내 병력이나 차량으로 공격해 들어간다. 당초에 양륙정은 양륙함에 실려서 크레인으로 수면에 내려지는 것이었다. 제2차 세계대전시기에 등장한 도크형 양륙함은 선체내의 도크에 주수하여 탑재한 양륙정을 그대로 발진시키는 것이 가능하게 되었다. 전후에는 이 형식이 주류가 되었다.

현대에 있어서는 에어쿠션 양륙정이 개발되어 주정보다 고속이면서도 육지 깊숙한 곳까지 상륙부대를 보낼 수 있게 되었다. 또한 양륙정뿐만 아니라 수송헬리콥터로 부대를 고속으로 운송하여 광대한 지역에 육상부대를 전개하는 것도 가능해졌다. 바다에서 해변, 한 발 나아가 내륙까지 자력으로 갈 수 있는 수륙양용전투차량도 존재하고 있다.

상륙한 부대는 자군의 거점인 교두보(적지 속에 만들어진 거점)를 확보한다. 여기에 후속 부대나 수송물자가 집적되게 된다. 이후 자군지배지역을 확대하기 위해 또다시 지상전을 반복하게 되는 것이다.

## 상륙작전이란?



**●강습양륙함을 중심으로 한 상륙작전(모식도)**

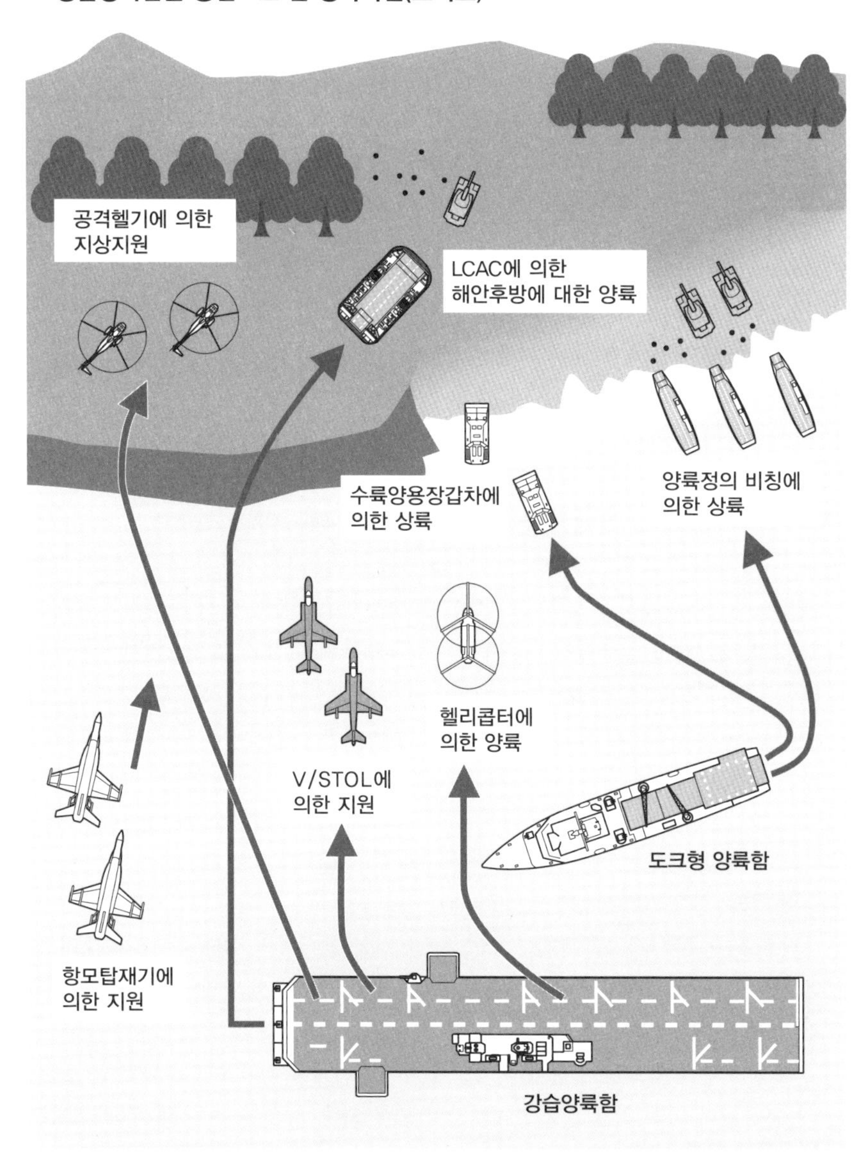


관련항목
●해병대는 해군과 다른가? → No.093
●해병대는 엘리트인가? → No.094
●강습양륙함이란 무엇인가? → No.090
●호버크래프트는 군함의 동료인가? → No.091

No.096

# 해전은 어떻게 변화해 왔는가?

근대적 함대끼리의 전투에 대해 제1차 세계대전 후와 제2차 세계대전시기에는 기술의 진보에 기인하여 그 양상은 크게 변하였다.

## ● 군함대 군함에서 입체전으로

해전이 일어나는 상황은 여러가지이지만, 적대하는 **함대**끼리가 우연히 만나 하는 조우전과 작전으로서 선단 · 기지 · 항만 · 해역 등을 둘러싼 공방전이 일어나는 케이스로 나뉠 수 있을 것이다.

해전 전에는 적의 의도, 전력, 위치를 정확하게 아는 것이 중요하여 그것이 승리의 열쇠가 된다. 제1차 세계대전까지는 경순양함이나 **가장 순양함**이 초계임무에 나서 적함을 발견하고 무전으로 아군에게 연락을 취했다. 근대군함의 특징이 아직 연구되기 전인 시대에는 함의 방향을 바꿔 화력을 집중하는 등의 연구로 압도적 승리를 얻은 케이스도 있다.

제2차 세계대전에서는 항공기나 잠수함이 초계임무를 맡게 되면서 기지에서 멀리 떨어진 해역에서 활동하게 되었다. 그렇기 때문에 전장은 세계각지의 해역으로 넓어지게 되었다고 할 수 있다.

그때까지 해상이라고 하는 2차원상에서 벌어졌던 해전은 제2차 세계대전을 경계로 공중과 물속이 더해져 3차원적으로 진행되게 되었다. 수상함대 잠수함, 수상함대 항공기라고 하는 다른 병종간의 전투가 되자 선제공격의 중요성이 더욱 증가했다. 레이더의 유무는 확실하게 승패를 결정짓는 요소가 되었다.

교전거리는 주포의 성능향상으로 5km에서 23km까지 확대되었지만 항공기가 공격력으로 사용된 제2차 세계대전의 교전거리는 최대 200~300km로 차원이 달라지고 말았다. 항공기의 발달로 군함은(일시적이라고는 하지만), 시대에 뒤쳐진 존재가 되어버렸던 것이다.

주요국 모두를 말려들게 한 과거 2회의 세계대전의 특징으로 「총력전」을 들 수 있다. 군함만이 아니라 상선도 공격대상이 되어 **시렌**sea lane : 해상통상로의 파괴 내지는 방어가 해전의 새로운 주요목표가 되었다. 적항만이나 연안에 부설된 **기뢰와 그 소해**도 해전의 한 양상으로 이것은 현대전에서도 중요하다.

## 해전은 어떻게 변화해왔는가?

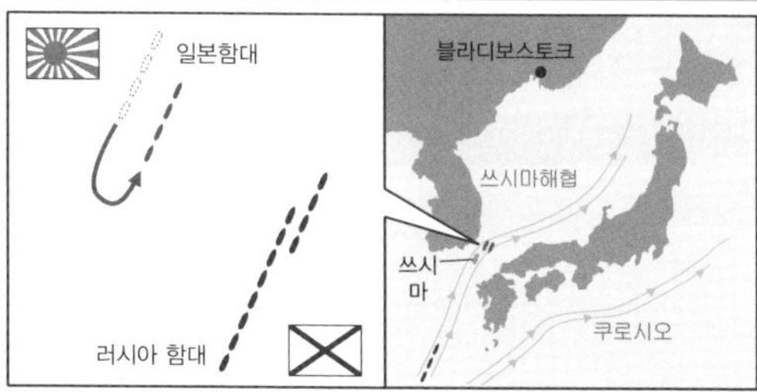


**●동해해전(1905년)**

유럽에서 항해해온 러시아, 발틱 함대를 일본연합함대가 쓰시마해협에서 요격했다. 양함대는 약 8,000m의 거리에서 포격을 개시. 일본함대는 적을 놓치지 않기 위해 U턴하여 적과 평행한 진로를 취했다.

**●비스마르크 추격전(1941년)**

순양함 1척과 함께 북대서양에 출격한 독일의 전함 「비스마르크」를 찾기위해 영국해군은 많은 함정과 항공기를 동원했다. 몇일간에 걸쳐 추격전은 2,000km사방의 해역이 무대가 되었다.

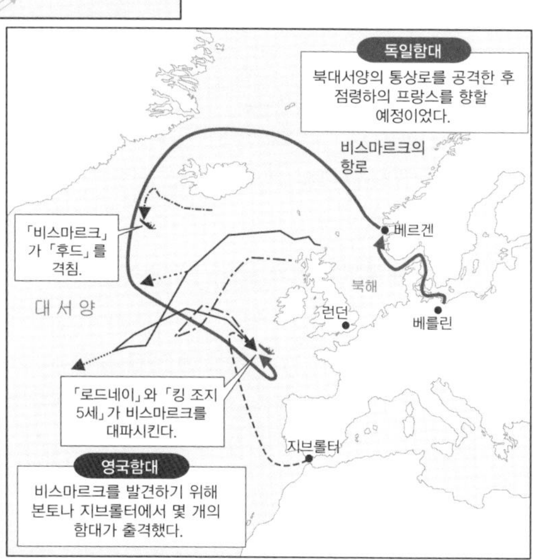


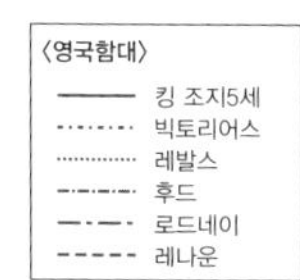


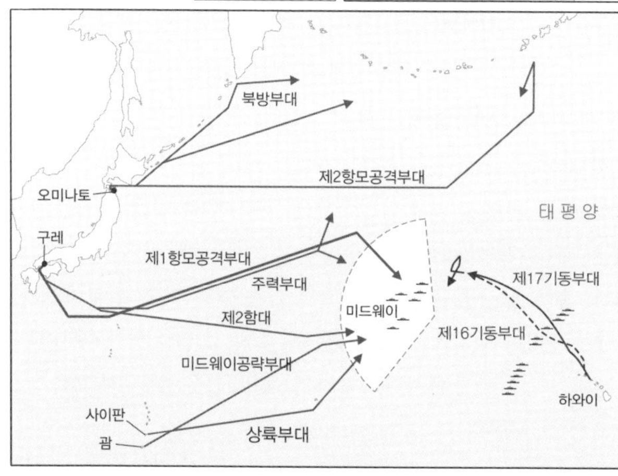


**●미드웨이 해전 (1942년)**

미드웨이 섬에 침공한 일본함대는 미국함대의 요격을 받았다. 200km이상 떨어진 항모끼리 항공기에 의해 서로 적함대를 공격하여 전함에 차례는 없었다. 일본함대는 4척, 미국함대는 1척의 항모를 잃었고 이후 전국은 일본에 불리하게 진행되었다.

관련항목

●함대결전으로 전쟁을 끝낼 수 있는가? → No.024
●가장 순양함이란 무엇인가? → No.083
●어째서 군함이 필요한가? → No.002
●기뢰부설함과 소해정이란? → No.086

No.097

# 대전 후의 해전은 어떻게 되었는가?

전후에 현저하게 발달을 거듭한 항공기와 잠수함은 해전의 양상을 일변시켰다. 더욱이 전자기술이 새로운 병기로 탄생하여 기존의 병기의 능력을 향상시켰다.

## ● 하이테크 전쟁의 실현

현대전의 주역은 항공전력이다. **항모**가 없어도 뛰어난 항공기나 **대함미사일**을 보유하고 있다면 일선급 해군력이 있다고 봐도 좋다(단 항속거리의 문제가 있기 때문에 항모가 없는 나라는 기본적으로 방위밖에 할 수 없다).

방위를 생각할 경우 중요한 것은 항공기나 미사일을 발사하여 맞추는 방공시스템, 그리고 대잠병기라고 할 수 있다.

**잠수함**은 대함미사일 외에, 국토를 직접공격하는 탄도미사일도 탑재할 수 있으며, 행동에 나설 때까지 오랫동안 바닷속에 잠수해 있기 때문에 대처는 어렵다.

또한 핵공격도 포함한 미사일 주체의 전략으로 변하였기 때문에 함대끼리의 교전은 의미가 없어져가고 있어 발생하기 어려워졌다.

예를 들면 한국전쟁(1950~1953년), 베트남전쟁(1960~1975년)에서는 미해군은 **함재기**에서 폭격을 시행하거나 전함에서 함포사격(육상에 대한 포격)을 수행하였지만 해전다운 해전은 없었다.

제3차 중동전쟁에서는 이집트의 조그만 미사일정이 약 30km떨어진 곳의 이스라엘 구축함을 공격하여 대함미사일의 위협을 세계에 알리게 되었다.

포클랜드 분쟁(1982년)에서는 아르헨티나 해군기가 「액조세」 대함미사일이나 통상폭탄으로 영국 함대에 많은 손해를 끼쳤다. 또한 이 분쟁에서 영국 원자력잠수함 「컨커러」(수중배수량 4,900t)가 아르헨티나 순양함 「헤네럴 벨그라노」(9,770t)를 격침시켰다. 아르헨티나측은 잠수함을 전혀 탐지하지 못하고 이후 항구에서 나오지 못했다. 최근의 예로는 2008년 8월 러시아 흑해함대와 그루지아의 미사일정 무리사이에 해전이 발생했다. 이때는 그루지아가 발사한 미사일을 모두 무력화시킨 러시아측이 포격으로 승리를 거두었다.

## 대전 후의 해전은 어떻게 되었는가?

### ●포클랜드 분쟁(1982년)

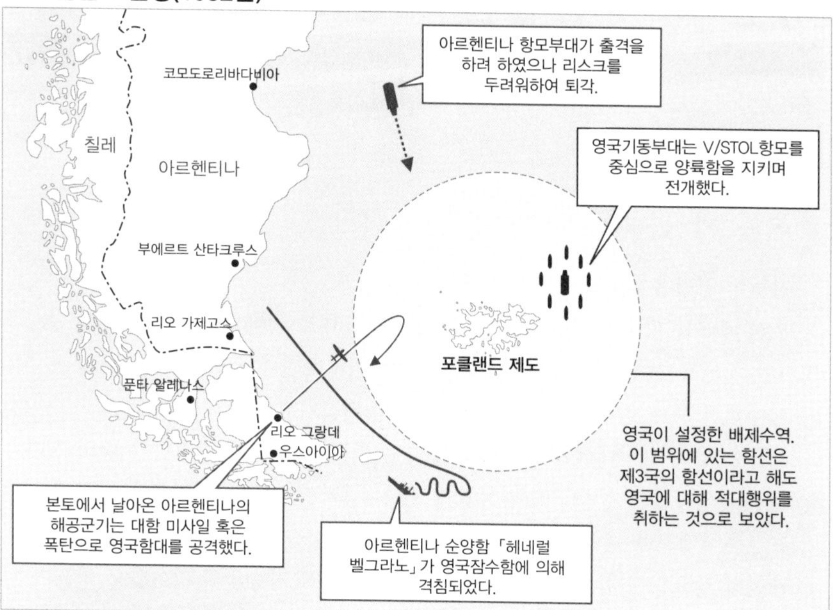


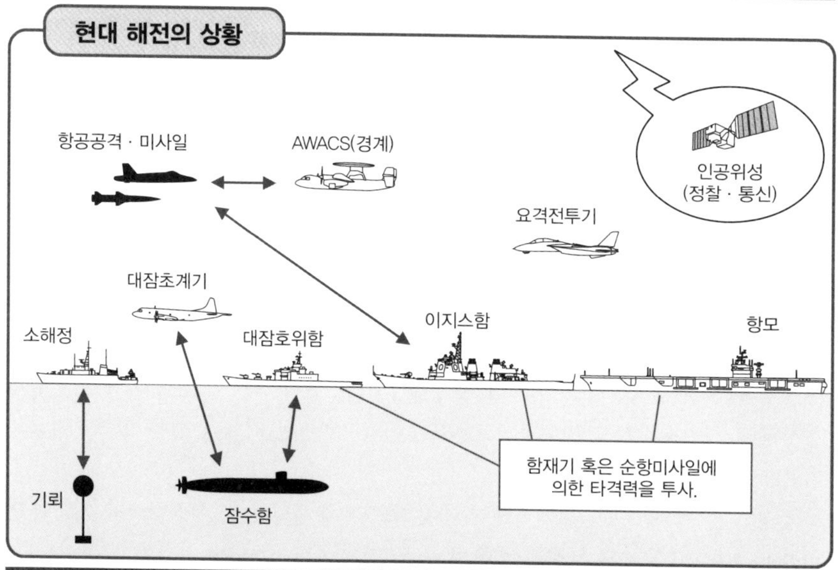


관련항목
●항공모함이란 무엇인가? → No.050
●대잠미사일에는 어떤 것이 있는가? → No.048
●잠수함이란 무엇인가? → No.065
●함재기에는 어떤 것이 쓰이는가? → No.055

No.098

# 종전 후의 군함은 어떻게 되는가?

전쟁이 끝나면 패전국의 주력함은 처분당하게 된다. 또한 전승국의 군함도 잉여전력으로서 정리당하게 되는 경우가 있다.

## ● 지든 이기든 해체되는 경우가 많다

전쟁이 끝났을 때, 군함은 어떻게 되는 것일까.

우선 패배한 경우. 승조원에 여력이 있다면 그대로 적에게 빼앗기게 되지 않도록 병기의 처분을 실행하는 경우가 있다. 제1차 세계대전에서 항복한 독일 해군, 제2차 세계대전 중에 항복한 프랑스 해군은 함의 **자침처분**을 실행했다.

다음으로 배상(상대에게서 보이면 접수). 자침할 여유가 없었던 군함의 대다수는 배상의 일부로서 전승국에 넘겨지게 된다. 넘겨진 후에 병기연구나 실험에 쓰이거나 전승국해군에 편입되는 경우도 있다.

완전히 필요없는 함은 해체, 즉 스크랩 처리된다. 전승국의 잉여함도 필요가 없어진다면 해체된다.

해체에 드는 노력을 아끼거나 조사연구나 훈련을 위해 표적함으로 쓰이는 경우도 있다. 최대규모로 이루어진 제2차 세계대전 후의 「비키니 환초 핵실험」에서 일본, 독일과 미국의 노후함 약 70척이 표적으로 사용되었다.

전승국에서 볼 때 선진적인 기술, 흥미로운 기술을 이용한 함은 조사하여 연구가 이루어진다. 거기서 신형함이나 신병기가 탄생하는 경우도 종종 있다.

**일본 잠수항모** 「イ-400」은 전략잠수함의 힌트가 되었고 장기잠항가능한 독일 U보트 「XXI형」은 전후형 잠수함 개발에 공헌했다.

복원선으로의 전용은 일본에서 보인 케이스이다. 제2차 세계대전 후 아시아나 태평양 각지의 병사들을 본토로 귀환시키기 위한 배가 부족했었다. 그래서 군함을 무장해제시켜 수송선으로 이용한 것이다. 복원선이 된 최대의 함은 항모 「가츠라기」(17,150t)였다.

한편, 전승국의 군함은 계속해서 사용되거나 해체되었다. **무공함**이나 **지방과 연이 있는 함명**을 갖는 등 특별한 이유가 있는 경우에는 「기념함」으로서 보존되는 경우도 있다. 잉여함 중에는 외국에 팔려나간 경우도 있다.

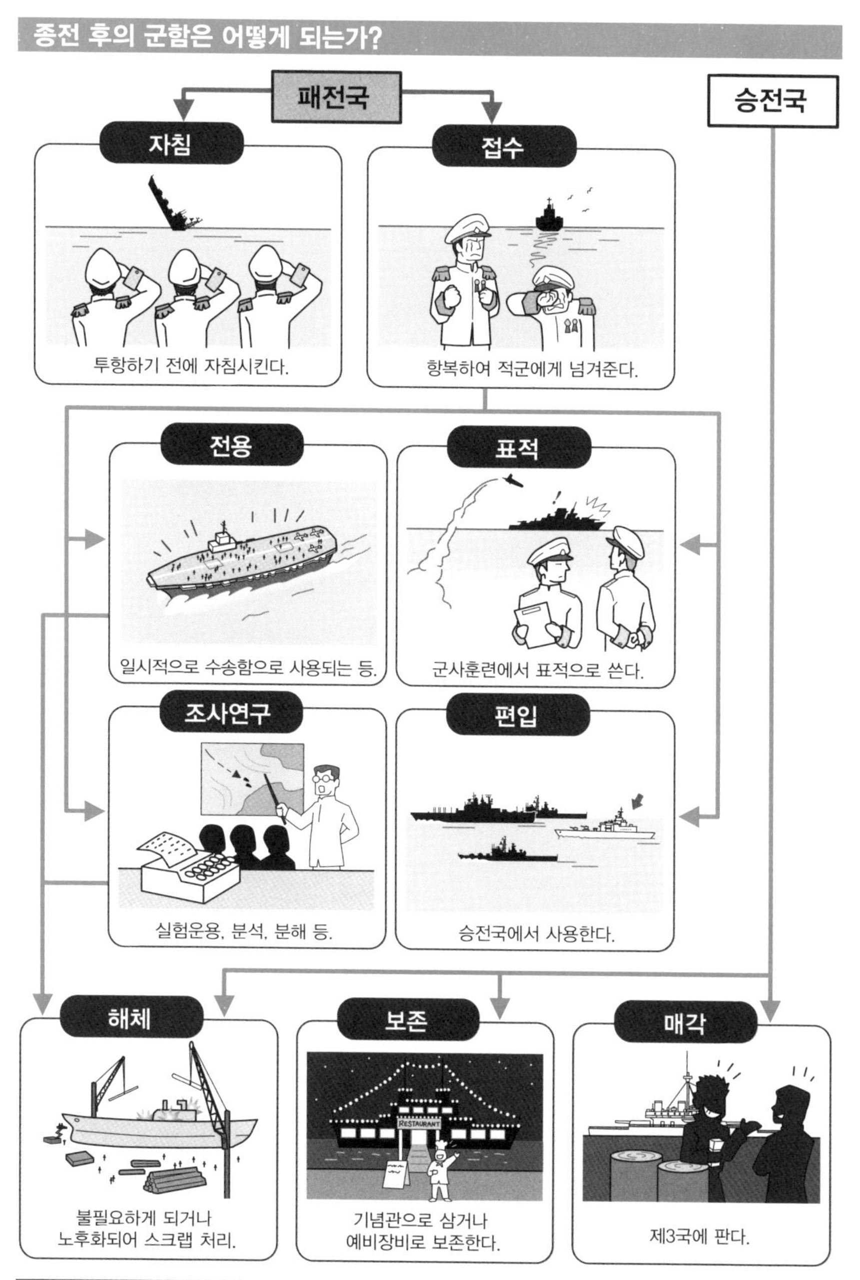


관련항목


- 전함이 가라앉는 원인은 무엇인가? → No.044
- 잠수항모는 초병기였는가? → No.078
- 제2차 세계대전의 무공함이란? → No.101
- 군함은 어떻게 이름이 붙여지는가? → No.009

No.099

# 환상의 군함이란?

동서고금 취역을 기대받았지만 구상이나 설계단계에서 건조가 중지된 군함은 많이 있다. 여기서는 4척의 함을 들어보겠다.

## ● 기대받았지만 사라져버린 미완성함

군함뿐 아니라 「환상의~」라고 하는 것은 병기개발을 하던 중에 자주 발생한다. 전국의 변화나 정치적 이유, 시작품의 실패 등이 데뷰가 실현되지 못한 이유가 되지만, 종종 군함의 경우 크기가 크고 단품으로 고유의 이름도 부여받기 때문에 인상적인 전설로서 이야기되기 쉽다.

일본의 「초야마토급 전함」(75,000t)은 혹시 완성되었다면 세계최강의 전함이 되었을 터였다. 주포 51cm연장 3기, 속력은 27노트를 예정. **야마토**급의 다음급으로서 건조가 예정되어 주포의 시험 제작도 진행되고 있었지만 전국의 악화에 의해 계획은 중단되었다.

독일의 항모 「그라프 제펠린」(23,200t)은 속력 33.8노트, 탑재기 42기. 1936년에 독일 해군 최초의 항모로서 기공되어 85%까지 완성되었음에도 불구하고 잠수함건조에 집중하기 위해 1940년 건조가 중지. 전후에는 소련에 넘겨져 표적으로 침몰해버렸다.

미국 전함 「몬타나」(60,500t)는 「야마토」에 대항하기 위해 만들어질 예정이었던 **거대전함**이다. 주포구경은 야마토에게 비해 열세이지만 포탑수가 1기 많고 방어력도 야마토를 능가하고 있다. 그러나 제2차 세계대전 중 전함보다 항공기쪽이 강하다는 것을 알았기 때문에 1943년에 계획중지가 되었다. 미국의 대부분의 군함은 파나마운하의 폭에 맞춰 설계되었지만 이 함은 그 제한을 어기고 파나마운하을 건널 수 없었을 터였다.

미국의 「아세날 쉽」은 1990년대에 구상되었던 함이다. 장비는 최저한으로 하는 대신 대량의 **미사일**을 탑재한다. 전자장비를 집중시킨 지휘함에서 데이터를 수신받아 공격을 수행할 예정이었다. 건조비나 운용비용이 경감될 수 있을 것으로 여겨졌지만 지휘함이나 통신에 장해가 있을 경우의 리스크, 범용성이 낮고 **데미지컨트롤** 능력이 낮았기 때문에 예산화되지 못하고 끝났다.

## 환상의 군함이란?



### 초 야마토급 전함

배수량 : 64,000t 무장 : 51cm 연장X3
속력 : 27노트 15.5cm 3연장X2

야마토급의 다음급으로 예정되어 있었다. 기본형은 야마토급이며 주포를 환장한 타입이라고도 말한다. 전국악화로 인해 계획중지.

### 그라프 제펠린

배수량 : 23,200t 탑재기 : 42기
속력 : 33.8노트

독일해군 최초의 항모로서 건조되었지만, 제2차 세계대전 개시에 의해 건조중지. 설계에는 동맹국·일본의 「아카기」가 참고되었다고 한다.

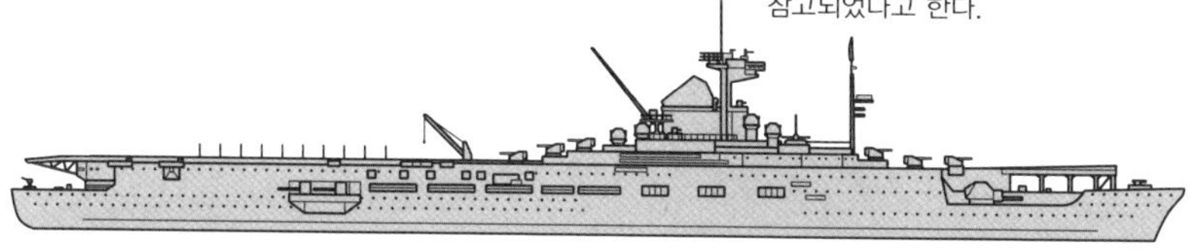

### 몬타나

배수량 : 60,500t 무장 : 40.6cm 3연장X4
속력 : 28노트

야마토급에 대항하기 위해 만들어질 예정이었지만 전함의 유효성에 대한 기대가 떨어지면서 계획중지.
주포구경은 야마토정도는 아니었지만 문수에서 앞서며 방어력도 높았기에 함대결전에서 유리했을지도 모른다.

### 아세날쉽

구상만으로 구체적요목은 불명. 전함급의 대형함이 되었을 것이라고도 한다.
90년대에 구상. 함의 대부분을 미사일 발사장치가 점하고 있어 이지스함 등에서 데이터를 받아 미사일 공격을 행한다. 디메리트가 너무 컸기 때문에 구상만으로 끝나고 말았다.

관련항목


- 전함이란 무엇인가? → No.027
- 각국의 최강전함을 비교한다면? → No.043
- 대함미사일에는 어떠한 것이 있는가? → No.048
- 데미지컨트롤이란 무엇인가? → No.014

No.100

# 미래의 군함은 어떠한 장비가 되는가?

군함은 시대별로 최신 테크놀로지를 집약시켜 건조된다. 가까운 장래에도 SF로 착각될 법한 군함이 등장할 것이다.

## ● 실용화가 가까운 신병기

가장먼저 **레이저 병기**라고 한다면 미국과 이스라엘이 공동연구하고 있는 THEL 레이저 시스템이 유망하다. 해상에서는 수증기로 레이저가 감쇠된다고 하는 약점이 있지만, 장래성으로 본다면 함재병기가 될 것이다. 실용화된다면 미사일뿐 아니라 폭탄이나 로켓탄, 포탄의 요격도 가능해진다.

두번째로 복동선. 함체를 횡으로 늘어세운 함선이다. 배수량에 비해 갑판을 크게 만들 수 있는 것으로 통상보다 많은 장비를 탑재할 수 있으며 안정성도 뛰어나다. 물의 저항을 받아 속도가 나오지 않는다는 결점이 있지만, 조함기술의 진보로 고속항행이 가능해졌다. 이미 미해군은 연안해역 전투함으로서 시험제작함을 완성시켰다.

세번째로 레일건을 들 수 있다. 포신과 탄환에 전류를 흘려보냄으로써 발생하는 로렌츠력으로 탄환을 발사하는 것으로 함포로서의 용도가 기대되고 있다. 현용의 화포보다 빠른 초구속도로 사정거리는 수배, 위력도 2배이상이 된다. 또한 화약이 불필요해져 탄약의 적재수도 늘어난다. 2008년, 시험제작포를 완성시킨 미해군은 실용예정의 1/3의 에너지로 시험사격에 성공했다.

네번째로 전자추진함. 로렌츠력을 물에 이용하여 전자력으로 물을 가속시켜 분사하여 **추진력**을 얻는 것이다. 1992년에 일본의 「YAMATO-1」이 해상주행실험에 성공했다. 스크류로는 불가능한 레벨의 가속이 실현되어 정숙성도 뛰어나다. 게다가 기계적으로 낭비가 없고 에너지효율도 좋다. 특히 잠수함의 추진기관으로서 기대되고 있다.

마지막으로 스텔스함에 대해서. 레이더에 적게 비춘다는 의미라면 신조함은 모두 스텔스성을 고려하고 있어 구식함보다 대함미사일의 표적이 되기 어렵다. 본격적인 스텔스함으로는 스텔스전투기와 같이 미래적인 실루엣을 가진 **비스비급**(600t)이 유명하다.

## 미래의 군함은 어떠한 장비가 되는가?

### 레이저병기

미국과 이스라엘이 공동개발 중인 대공레이저 병기 THEL. 2010년경에 실제운용개시가 목표였으나 지연되고 있는 실정이다.

### 복동선

미국이 건조중인 LCS-2. 삼동선을 채용하여 고속항행을 실현했다. 또한 선체형상은 스텔스성이 고려되어 있다.

### ●플레밍의 왼손법칙

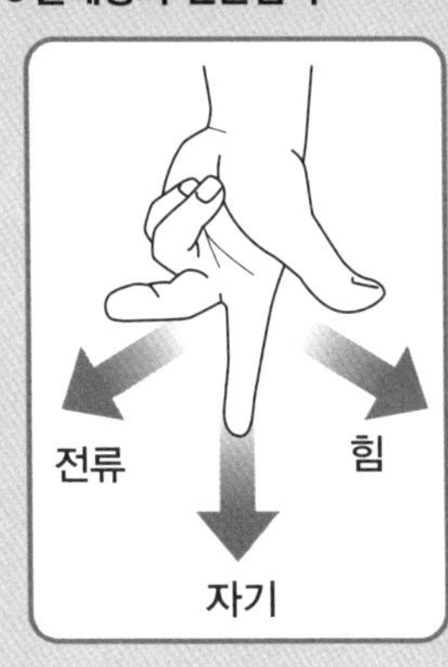


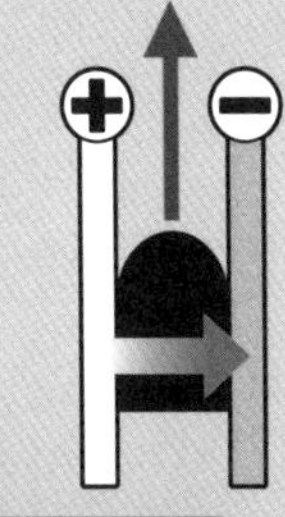

### 레일건

2개의 레일에 탄체의 탄환을 싣고 전류를 흘려보내는 것으로 로렌츠력을 이용해 탄환을 가속, 발사한다.

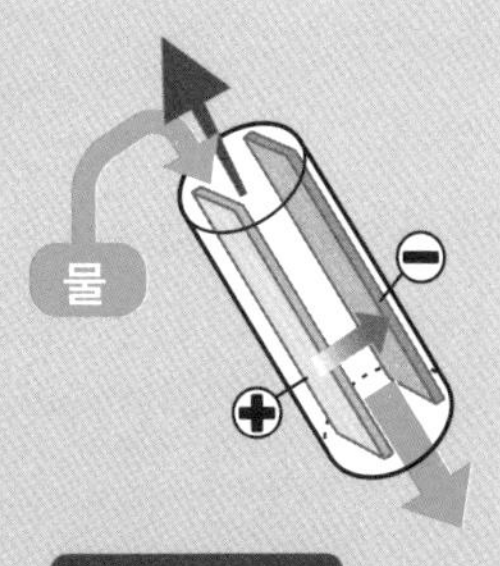


### 전자추진

물에 대해 전류를 흘려보내는 것으로 로렌츠력을 이용해 물줄기를 만들어 내어 그것을 추진력으로 이용.

### ●스텔스성의 부여

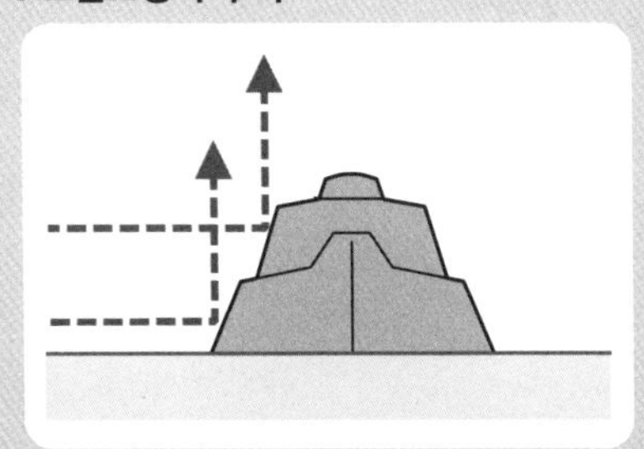

함체측면에 경사를 주는 것으로 레이더파를 상대에게 돌아가지 못하도록 반사시킨다.

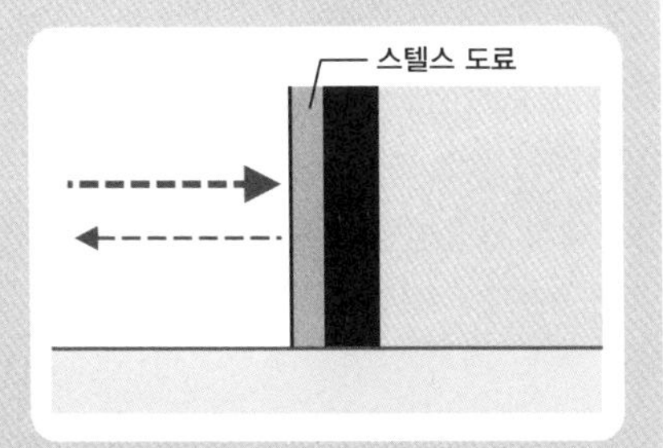


선체에 전파를 흡수하는 도료(스텔스도료)를 칠해서 레이더파의 반사를 경감시킨다.

관련항목

●미래의 항모는 어떻게 될 것인가? → No.061
●군함은 어떻게 앞으로 나아가는가? → No.013
●코르벳이란 무엇인가? → No.082

No.101

# 제2차 세계대전의 무공함은?

제2차 세계대전에서 많은 전과를 올린 군함의 이름은 사람들의 기억에 남아 영원히 후세에 오르내릴 것이다.

## ● 각국의 무공함

무공함으로서 유명한 함은 그 나라에서 이후 건조되는 같은 클래스 혹은 같은 용도의 군함에 이름이 전승되는 경우가 있다.

미항모 「엔터프라이즈」(19,800t)는 요크타운급 항모에 「빅E」라고 하는 애칭으로 불리고 있었다. 개전 시에 진주만에서 기습을 받았지만 운 좋게 생환, 두리틀대의 공습, **미드웨이 해전**, 레이테 해전, **이오지마 전투**, 오키나와 공략전까지 주요작전마다 참가하여 살아남았다. 함명은 세계최초의 원자력항모에 이어지게 된다.

일본 구축함 「유키카제」(2,000t)는 강운으로 알려진 가게로급 구축함이다. 필리핀 공략전에서 미드웨이, 과달카날, 마리아나, 레이테 등 각해전에 참가하여, 항모 「시나노」의 호위, 오키나와에서 「야마토」 특공 등 많은 작전에 종사하였지만 피해다운 피해를 입지 않고 살아남았으며 전사자도 몇 명뿐이다. 전후에는 **중화민국에 인계되어**, 「단양」으로 이름을 바꾸어 해군기함으로 사용되었다. 유키카제의 함명은 해상자위대 최초의 일본산 호위함 「유키카제」로 이어졌다.

독일 잠수함 「U-47」(수중 753t)은 U-VIIB급 U보트이다. 영국본토의 스캐퍼플로우 군항에 침입하여 영국 전함 「로얄 오크」(29,150t)를 격침시켰다. 함장인 귄터 프린이 「스캐퍼플로우의 숫소」라는 별명으로 불리게 된 것으로부터 콧김을 거칠게 내뿜는 숫소가 함에 그려졌다. 합계 20만톤이나 되는 상선을 침몰시켰지만 41년 5월에 행방불명이 되었다.

영국전함 「워스파이트」(33,410t)는 퀸 엘리자베스급 전함으로 「위대한 올드레이디」라는 애칭을 갖고 있다. 제1차 세계대전에서는 유틀란드 해전에 참가. 제2차 세계대전에서도 노르웨이나 지중해의 해전, 이탈리아 상륙작전, 노르망디 상륙작전 등에 참가하여 생환했다. 제2차 세계대전에서 가장 활약한 전함이라고 할 수 있다.

## 제2차 세계대전의 무공함은?

### 항모 「엔터프라이즈」(미국)

배수량 : 19,800t　　속도 : 33노트
취역 : 1938　　제적 : 1956
병장 : 12.7단장X8, 28mm 4연장X4

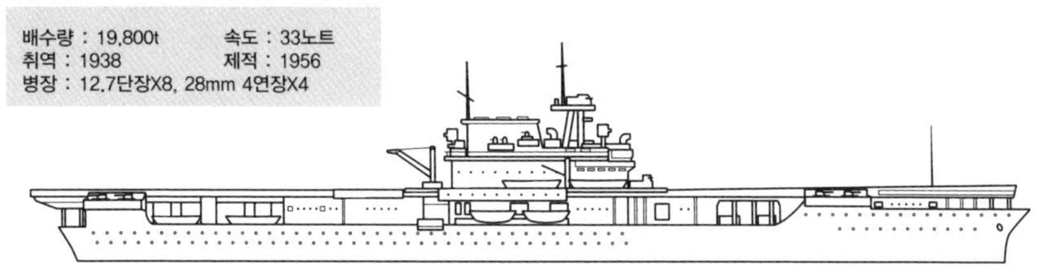

### 구축함 「유키카제」(일본)

배수량 : 2,000t　　속도 : 35노트
취역 : 1940　　제적 : 1945→중화민국「단양」으로서 1966년제적
병장 : 12.7cm연장X3, 25mm 연장X261cm 어뢰발사관X2

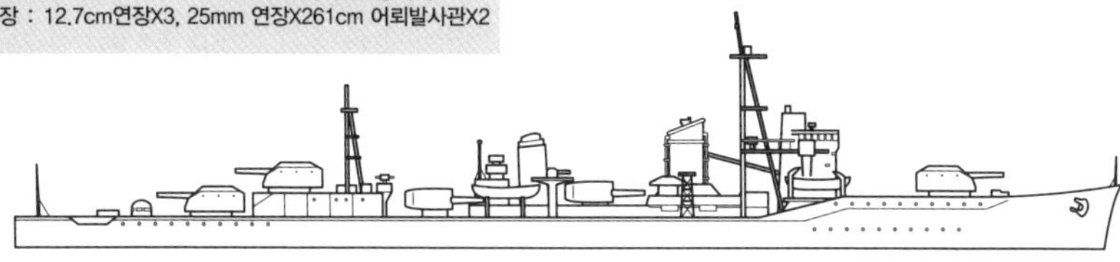

### 잠수함 「U-47」(독일)

배수량 : 753t　　속도 : 수상 17.2노트/수중 8노트
취역 : 1939　　전몰 : 1941
병장 : 53cm어뢰발사관X588mm단장X1, 20mm단장X1

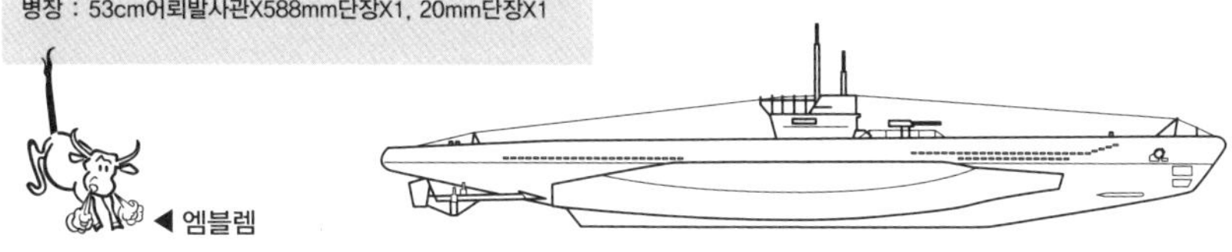


### 전함 「워스파이트」(영국)

배수량 : 33,410t　　속도 : 24노트
취역 : 1915　　제적 : 1946
병장 : 38.1cm연장X4
15.2cm단장X8
10.2cm연장X4

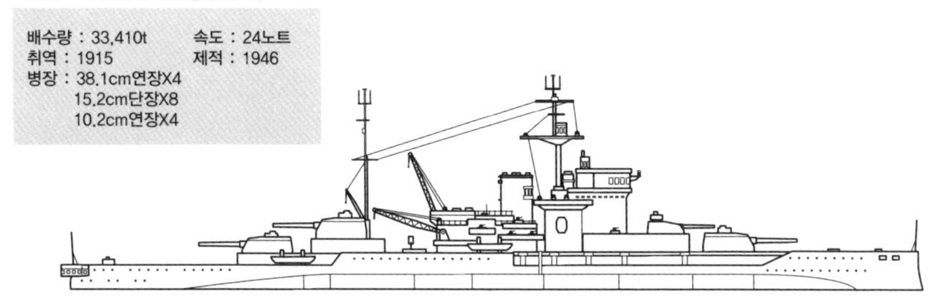

관련항목

- 해전은 어떻게 변화하였는가? → No.096
- 종전 후의 군함은 어떻게 되는가? → No.098
- 해병대는 엘리트였는가? → No.094
- 함대결전으로 전쟁을 끝낼 수 있는가? → No.024

# 색인

## 〈영 · 숫자〉



## 〈가〉



## 〈나〉



## 〈다〉

**〈라〉**



**〈마〉**



**〈바〉**



**〈사〉**

## 참고 문헌 · 자료 일람


「후쿠이 시즈오 저작집 : 군함 75 년 회상기」 1~12 권
「시리즈 군사력의 본질 2「시 파워 : 그 이론과 실천」」
「해상권력사론」
「함정학 입문 : 군함의 루트 철저연구」
「방위백서」
「항모」
「도해 바다의 자위대」
「제 1 차 세계대전」
「제 2 차 세계대전」
「철저도해 배의 구조」
「일본의 전쟁 : 도해와 데이터」
「미국 해군 항모사」
「군함메카 일본의 항모」
「연합함대 군함명명전」
「일본의 군함」 NO.7
「해군 쿠로시오 이야기」
「해군 취사병 이야기」
「해군 취사병 이야기 총결산」
「해군 잡다한 이야기」
「미국 해병대」
「일본 해군기전집」
「제 2 차대전의 미해군기」
「일본해군기 사진집」
「제 2 차 세계대전의 영국군용기」
「해군 오피서 군제이야기」
「대도해 세계의 잠수함」
「해상자위대「콘고」형 호위함」
「스카파 프로에의 길」
「독일 해군혼 : 되니츠 원수자서전」
「미사일 사전」
「연합함대 함선가이드」
「제 2 차 세계대전 기상천외병기 2」
「전함「야마토」의 건조」
「잠수함 입문」
「톰 클랜시의 원잠해부」
「항모 입문」
「순양함 입문」
「전함 입문」
「전쟁의 테크놀로지」
「제 2 차 세계대전 : 이런 이야기 저런 이야기」
「진상 , 전함 야마토의 최후」
「장렬 ! 독일 함대」
「군함메카 개발이야기」
「전함 테크놀로지 개발이야기」
「조함 테크놀로지 개발이야기」
「앗 , 발명해버렸다 !」
「독일해군전기」
「증보 잠수함」
「전함 야마토 탄생」( 상 · 하 )
「레이테」
「함포사격의 역사」
「거대전함 비스마르크」
「U 보트」
「Warships file 전함명감 1939~45 개정판」
「함선 메커니즘 도감」
「결정판 ! 알기쉬운 함정의 기초지식」
「도해 제국해군연합함대」
「대도해 세계의 항모」

「미소 원자력함대」
「제 2 차 세계대전 전작전도와 전황」
「세계의 함선」
「마루」
「군사연감」
「아사구모」
「마루 스페셜」 NO.1~56
「제 2 차 세계대전의 영국 군함」
「제 2 차 세계대전의 미국 군함」
「제 2 차 세계대전의 독일 군함」
「제 2 차 세계대전의 이탈리아 군함」
「제 2 차 세계대전의 프랑스 군함」
「미국 전함사」
「세계의 항모」
「항공모함전사」
「[역사군상] 일본의 항공모함 퍼펙트 가이드」
「[역사군상] 도해 일본해군 입문」
「[역사군상] 세계의 전함」
「[역사군상] 미국의 항모」
「철저해부 ! 세계의 최강 해상전투함」
「MILITARY CLASSICS」
「시 파워」
「미국에서 본 특공 KAMIKAZE」

「Command Magazine」 XTR
「Strategy & Tactics」 Simulation Publications
「U.S.Naval Institute Proceedings」 Naval Institute Press
「Some Principles of Maritime Strategy(Classics of Sea Power Series)」
Julian Stafford, Sir Corbett US Naval Institute Press
「Jane's All the World's Fighting Ships 1898(reprint)」 Fred T. Jane David & Charles
「Conway's All the World's Fighting Ships 1860–1905」
Roger Chesneau, et al Conway Maritime Press
「Conway's All the World's Fighting Ships 1906–1921」
Roger Chesneau, et al Conway Maritime Press
「Conway's All the World's Fighting Ships 1922–1946」
Roger Chesneau, et al Conway Maritime Press
「The Naval Institute Guide to Combat Fleets of the World, 15th Edition」
Eric Wertheim Naval Institute Press
「Task Force : The Folklands War, 1982」 Martin Middlebrook Penguin Books
「Kursk」 Peter Truscott Pocket Books

●보드 게임
「Harpoon 1990~91 Data Annex」 Larry Bond GDW Games
「Command at Sea」 Larry Bond, Chris Carlson, and Ed Kettler Clash of Arms Games

AK Trivia Book No. 14

# 도해 군함

개정판 1쇄 인쇄 2025년 4월 25일
개정판 1쇄 발행 2025년 4월 30일

저자 : 다카히라 나루미, 사카모토 마사유키
번역 : 문우성

펴낸이 : 이동섭
편집 : 이민규
디자인 : 조세연
기획 · 편집 : 송정환, 박소진
영업 · 마케팅 : 조정훈, 김려홍
e-BOOK : 홍인표, 최정수, 김은혜, 정희철, 김유빈
라이츠 : 서찬웅, 서유림
관리 : 이윤미

㈜에이케이커뮤니케이션즈
등록 1996년 7월 9일(제302-1996-00026호)
주소 : 08513 서울특별시 금천구 디지털로 178, B동 1805호
TEL : 02-702-7963~5 FAX : 0303-3440-2024
http://www.amusementkorea.co.kr

ISBN 979-11-274-8824-6 03390

図解 軍艦
"ZUKAI GUNKAN" by Narumi Takahira, Masayuki Sakamoto